Ein neues Leseerlebnis

Lesen Sie Ihr Buch online im Browser – geräteunabhängig und ohne Download!

Und so einfach geht's:

- Gehen Sie auf **https://mybookplus.de**, registrieren Sie sich und geben Sie Ihren Buchcode ein, um auf die Online-Version Ihres Buches zugreifen zu können
- **Ihren individuellen Buchcode finden Sie am Buchende**

Wir wünschen Ihnen viel Spaß mit myBook+!

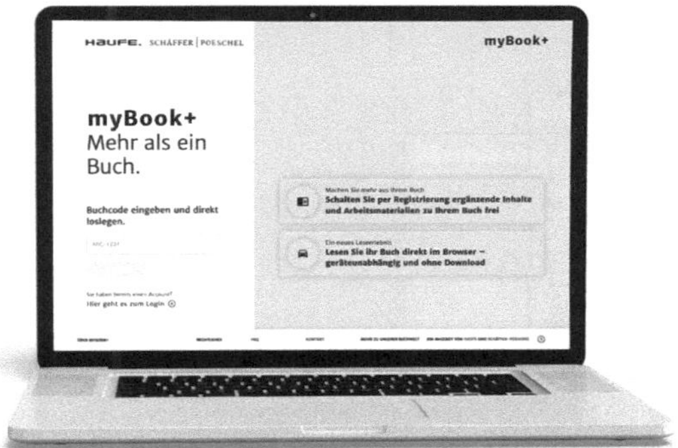

Modern Teaming

Werner Bünnagel/Servan Adsiz

Modern Teaming

Praxisleitfaden für eine digitalisierte Arbeitswelt

1. Auflage

Schäffer-Poeschel Verlag Stuttgart

Neues in Altes integrieren, damit alles in Bewegung bleibt – und am Ende Mehrwert entsteht.

Bibliografische Information der Deutschen Nationalbibliothek

Die Deutsche Nationalbibliothek verzeichnet diese Publikation in der Deutschen Nationalbibliografie; detaillierte bibliografische Daten sind im Internet über http://dnb.dnb.de/ abrufbar.

Print: ISBN 978-3-7910-6223-5 Bestell-Nr. 13131-0001
ePub: ISBN 978-3-7910-6224-2 Bestell-Nr. 13131-0100
ePDF: ISBN 978-3-7910-6225-9 Bestell-Nr. 13131-0150

Werner Bünnagel/Servan Adsiz
Modern Teaming
1. Auflage, Februar 2024

www.schaeffer-poeschel.de
service@schaeffer-poeschel.de

Bildnachweis (Cover): © malerapaso, iStock

Produktmanagement: Dr. Frank Baumgärtner

Schäffer-Poeschel Verlag Stuttgart
Ein Unternehmen der Haufe Group SE

Inhaltsverzeichnis

Teil 1
New Work – Zukunft gestalten

Der sich in der Gesellschaft vollziehende Wandel bringt auch Veränderungen der Arbeit und Beschäftigung mit sich. Wenn eine ständige Dynamik das Arbeitsumfeld beeinflusst, erfordert dies auch dort entsprechende Anpassungen. Aktuell stoßen die Technologisierung und die digitale Transformation überall im Tagesgeschäft Entwicklungen an, zum Teil mit weitreichenden Auswirkungen. Der Begriff *New Work* weist in diesem Zusammenhang darauf hin, dass sich bis in die Arbeitsorganisation eine Neuordnung vollzogen hat. Digitalisierung und technologische Vernetzung bereiten nicht den Weg in die Zukunft, die Zukunft hat bereits mit *New Work* begonnen. Mit Digitalisierung und Virtualisierung wird also die angebrochene Zukunft gestaltet. Aber bei aller Euphorie muss immer wieder der kritische Blick auf die Wirtschaftlichkeit gerichtet werden. Nicht jeder digitale Fortschritt schafft auch Mehrwert. Dieser ist sehr spezifisch, denn die Relation von Aufwand und Nutzen hängt von der Situation und dem konkreten Bedarf vor Ort ab.

Im ersten Teil des vorliegenden Buches erfolgt eine schrittweise Annäherung an die drei zentralen Themen *Digitalisierung*, *Virtualisierung* und *Quantifizierung*. Außer den Begrifflichkeiten gilt es, die unterschiedlichen Aspekte von Dynamik anzureißen und die Ausschnitte, die sie beleuchten, festzulegen. Aufgrund der Vielfalt der Neuerungen ist es im Rahmen der vorliegenden Betrachtung notwendig, diese Mannigfaltigkeit einzugrenzen. Die sukzessive Herangehensweise hat jedoch weniger den Charakter einer Chronologie, da es bei einigen Bausteinen vorteilhaft scheint, sie zunächst losgelöst von allem anderen zu betrachten. Das hindert dennoch nicht daran, immer wieder Verbindungslinien zu knüpfen.

Der zweite Buchteil bleibt eng am Operativen, sodass sich immer wieder Fragen stellen, wie zum Beispiel:

Leitfragen

- *Was ist bei der Digitalisierung sowie Virtualisierung wichtig für die Gestaltung des Arbeitsalltags?*
- *Wo greifen die Veränderungen?*
- *Wie verändern sich die Arbeitsformate?*
- *Wie wird das Neue in die Abläufe integriert?*
- *Wie können Mitarbeiter mitgenommen werden?*
- *Was sind konkrete Maßnahmen, damit Veränderungen greifen?*
- …

Die Leitfragen helfen, die Situation zu erfassen, und ermöglichen es, die Perspektive zu wechseln. Sie sind demzufolge Hilfestellungen und Handreichungen. Ein weiterer Begleiter durch diesen Leitfaden sind die Merksätze. Über die beiden Buchteile hinweg sorgen diese Merksätze zum einen für eine thematische Verdichtung, zum anderen können sie – ähnlich wie Aphorismen – zu Ihren Wegbegleitern werden und in der eigenen Arbeit als Handlungsaufforderungen dienen. Das »*Festzuhalten bleibt*« darf demnach durchaus beim Wort genommen werden.

Insgesamt ergeben die einzelnen Themen ein Ganzes, denn *New Work* als eine veränderte Arbeitswelt steht im Zeichen der Dynamik als Ergebnis von Vernetzungen. Netzwerke sind in dieser Betrachtung keine rein technischen Realisierungen, sondern ganz allgemein das Ergebnis von Verknüpfungen jeglicher Art. Die Effektivität dieser Netzwerke hängt von der ihnen innewohnenden Bewegung ab. Das heißt, die einzelnen Knoten müssen sich miteinander verbinden und die einzelnen Anknüpfungspunkte müssen in Bewegung geraten, damit Neues entstehen kann. *New Work* als modernes Arbeitskonzept fördert das Agieren in Netzwerken und reduziert die Bedeutung der physischen Präsenz von Mitarbeitern.[1] Es wird auf Wissensvernetzung und die Möglichkeiten der digitalen Vernetzung gesetzt.

Weder die Digitalisierung im Allgemeinen noch die digitale Transformation als besondere Entwicklung stellen etwas Einmaliges oder Punktuelles dar. Sie sind einer Entwicklungsphase in Gesellschaft und Arbeitswelt zugehörig. Dabei geht es nicht um einzelne spezifische Entwicklungen, wobei gewiss einige Erfindungen, Innovationen oder Optimierungen einen tiefgreifenden Wandel angestoßen haben. Die modernen Technologien haben vor allem die Anzahl der Veränderungen sowie die Geschwindigkeit, mit der sie auf die Gegenwart des menschlichen Daseins hereinbrechen, zunehmen lassen. Das Digitale ist dennoch kein Fremdkörper in der Arbeitswelt, es wird als Normalität empfunden. Die Spannbreite der digitalen Features, die den Arbeitsalltag bereichern, ist außerdem so groß, dass kaum von einem einheitlichen Phänomen die Rede sein kann. Trotzdem ist Einiges von Veränderungen unberührt geblieben: Teams bestehen weiterhin, um gemeinschaftlich ein Arbeitsergebnis zu erbringen, Einzelne müssen weiterhin eine Leistung erbringen, die eine Entlohnung rechtfertigt, und Ziele, deren Erreichen die Zukunft sichert, haben weiterhin einen betriebswirtschaftlichen Hintergrund. Auch wenn dies etwas platt und pauschal wirken mag, gibt es dennoch den Rahmen für die Unternehmensführung vor. Die digitale Welt im Unternehmen steht nicht für sich, sie ist Teil der Unternehmensorganisation und damit Teil der operativen Arbeit. Meist dient Digitalisierung der Optimierung und als Werkzeug für die Mitarbeiter. Egal welchen *Hype* digitale Neuerungen auslösen und welche Erwartungen damit geschürt werden, entscheiden sich Angemessenheit, Bedarfsadäquatheit, Umsetzbarkeit und nicht zuletzt Nutzen am Einsatzort.

Was die Handlungsempfehlungen oder die Angebote zum Verstehen betrifft, ergeben sie einen Leitfaden. Dieser darf jedoch nicht mit Handlungsanweisungen verwechselt werden, denn das Handeln in *New Work* bleibt spezifisch sowie individuell, sodass alles, was von außen kommt, lediglich als Impuls dienen kann.

1 Aus Gründen der besseren Lesbarkeit wird bei Personenbezeichnungen und personenbezogenen Hauptwörtern in diesem Buch das generische Maskulinum verwendet, z. B. Führungskraft, Mitarbeiter, Mitglieder, Teilnehmer, Führung, Teamleitung oder Teamleiter. Entsprechende Begriffe gelten im Sinne der Gleichbehandlung grundsätzlich für alle Geschlechter. Die verkürzte Sprachform hat nur redaktionelle Gründe und beinhaltet keine Wertung.

1 Das Spannungsfeld der Modernität

Modernität ist zunächst eher eine Losung, als dass damit konkrete Handreichungen einhergehen. Damit Modernität nicht eine Phrase bleibt, werden aus all den Trends, mit denen vorgegeben wird, Zukunft zu schaffen, drei Entwicklungsrichtungen herausgefiltert: *Digitalisierung*, *Virtualisierung* und *Quantifizierung* veranschaulichen als einzelne Trends, wie Veränderungen maßgeblich den Arbeitsalltag beeinflussen und die Unternehmens-/Organisationszukunft bestimmen. Es entsteht Bewegung. Sie zeigen aber außerdem, wie über ihre Verbindung weitere Dynamik erzeugt wird, Veränderungen angestoßen werden können und Synergien entstehen. Aus diesem Spannungsfeld heraus wirken neue Kräfte. Werden die Trends und Tendenzen in der Zukunftsgestaltung in einem Spannungsfeld gesehen, dann hat dies eine positive Bedeutung, denn Spannung ist zugleich eine Energiequelle und nicht zwangsläufig eine Quelle negativer Beziehungsmomente. Dynamik übergreifend zu sehen, Modernität zu konkretisieren und Synergiemöglichkeiten zu erkennen – das bedeutet, die wirkende Kybernetik zu erfassen, die Zusammenhänge zu verstehen und Dynamik gezielt zu erzeugen und zu steuern.

Erste Fragen dienen hier dazu, einen Zugang zu den unterschiedlichen Themen zu schaffen und sich dem gewählten Ausschnitt der Modernität anzunähern:

Leitfragen

- *Welchen Anteil hat die digitale Transformation am Changemanagement?*
- *Wo hat die Digitalisierung tiefe Spuren hinterlassen?*
- *Von wo bis wohin reicht die Virtualisierung in der Praxis der Teamarbeit?*
- *Wo leistet die virtuelle Arbeit einen Beitrag zur Prozessoptimierung?*
- *Wie kann die moderne Informationstechnologie das Quantifizieren von Zielvorgaben voranbringen?*
- *Wie wirken Digitalisierung, Virtualisierung und Quantifizierung zusammen?*
- *Wie werden diese drei Themen in die Praxis eingebracht und prägen Veränderungsdynamik?*
- *Was ist das Neue bei allen drei Themen?*

Aus der Digitalisierung, Virtualisierung und Quantifizierung entsteht eine Dreiheit, die über die verschiedenen Wechselwirkungen Modernität erzeugt (siehe Abb. 1).

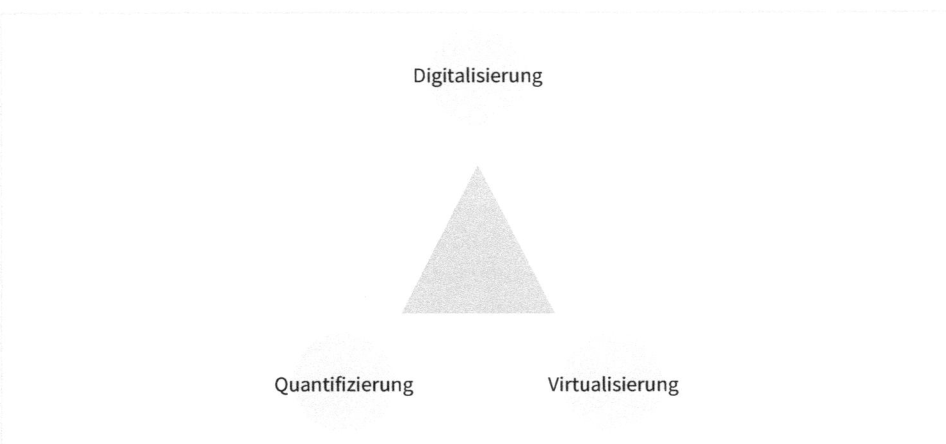

Abb. 1: Dreiheit der Modernität

Der Schlüssel zur Umsetzung dieser thematischen Dreiheit liegt in der Einbindung der Mitarbeiter, dem Vollzug des Wandels und der Erzeugung weiterer Dynamik. Insbesondere die Dynamik legt das Grundmuster für eine erfolgreiche Unternehmens-/Organisationsentwicklung, denn mit der zunehmenden Entwicklungsgeschwindigkeit in allen Bereichen wird die Dynamik zum bestimmenden Moment im Wandel. Für eine erfolgreiche Einbindung von Mitarbeitern muss notwendigerweise das *Teaming* in den Vordergrund rücken. Mit all den Veränderungen, die u. a. durch die digitale Transformation angestoßen wurden, hat sich die Teamarbeit gewandelt. Dies wird im Weiteren unter dem Begriff *Modern Teaming* subsumiert.[2] *Modern Teaming* umspannt ein Netz von Faktoren, in deren Zentrum das Machen steht. Auf der einen Seite sorgt das Handeln für Bewegung, in der Folge auch für Veränderung und am Ende für eine Dynamik, die die Unternehmensentwicklung prägt und zugleich Zukunft schafft. Diese Zukunft baut auf Gemeinsinn und Kooperation im Tagesgeschäft auf. Das setzt allerdings voraus, dass alle Teammitarbeiter einbezogen werden. Auf diesem Wege erhalten sie die notwendige Sicherheit, die sie für das selbstständige Erledigen der Teamaufgaben brauchen. Auf der anderen Seite muss Entwicklung bei so viel Bewegung großgeschrieben werden. Das heißt für die Teamführung, Lernen zu fördern und Wissen zu vernetzen, denn erst so bekommt Flexibilisierung wahrnehmbare Konturen. Am Ende entscheiden Wissen sowie Wissensvernetzung über die Unternehmenszukunft, und erst mit der Einbeziehung der Mitarbeiter gewinnt das Ganze an Dynamik.

2 Siehe dazu auch Werner Bünnagel/Beata Teresa Tarnowska (2023): *Innovative Teamarbeit. Wie Teambildung und Teamentwicklung in Zeiten von New Work gelingen können*, Freiburg: Haufe, dort »4 Modern Teaming und New Work«, S. 57 ff., und Werner Bünnagel/Alwine Pfefferle (2023): »Digitale Zukunft braucht moderne Führung«, in: *wissensmanagement. Das Magazin für Digitalisierung, Vernetzung und Collaboration*, 2 (2023), S. 38–41.

1.1 Im Zeichen des Wandels

Führung und Team waren bislang sehr strukturorientiert. Die Einführung von Agilität und agiler Führung brachte viel Bewegung in die Teamkultur. Damit wurde das rein Strukturelle, das Starre zurückgedrängt. Mit dem Dynamischen war es jedoch notwendig, die Führung und die Teams zu einem Paradigmenwechsel herauszufordern. Teamführung in virtuellen Arbeitswelten oder bei der mobilen Arbeit ist eben etwas anderes als eine spontane Teambesprechung auf dem Flur. Allein die Umstellung auf Videokonferenzen verlangt mehr als das Starten des Konferenzsystems. Es erfordert, sich des Umfangs und der Vielfalt der Teamkommunikation bewusst zu werden. Auch in der Virtualisierung gilt es, der Emotionalität Raum zu geben. Schließlich ist ein Team kein statisches, rein strukturelles System. Es sind neue Arbeitsformate entstanden, die an ein Teamkonzept angebunden sein müssen. Ein Team ist eine Gemeinschaft und ein Team lebt vom Teamgeist. Das sind wesentliche Aspekte, die sich in modernen Konzeptionen zum Team wiederfinden müssen.

Es darf z.B. nicht pauschal angenommen werden, dass die Energien der Einzelnen über ein Videosystem einfach abgerufen werden können. Zudem ist es schwierig, in einem virtuellen Meeting die verschiedenen Energiefelder der Mitarbeiter zu erschließen, während erst im Zusammenführen von Energien Synergien entstehen, die Neues hervorbringen. Dafür müssen sich Führungskräfte mit den Potenzialen ihrer Mitarbeiter auseinandersetzen. Die Ideen und die gesamte Schaffenskraft des Teams sind es dann, die Wandel lebendig werden lassen und die eine fortgesetzte Bewegung sicherstellen. Versteht man das als Agilität, dann muss klar sein, dass dies mehr als bloßer Aktionismus ist. Agilität birgt in sich eine Struktur, die über Kommunikation steuerbar ist. Es muss also eine Kommunikation geschaffen werden, die das Zusammenwirken fruchtbar werden lässt. Teamleitung und Team müssen sich abstimmen und Verantwortlichkeiten klären, sie müssen schließlich dieselben Ziele erreichen. Außerdem müssen Einsatz- und Veränderungsbereitschaft gefördert werden. All das verdeutlicht die Komplexität von *New Work* und die Reichweite des Wandels am Arbeitsplatz durch die neuen Arbeitsformate. Zum Paradigmenwechsel wird das Ganze – ohne die Begrifflichkeit künstlich strapazieren zu wollen –, weil Team und Teamführung neu gedacht werden müssen. Alle müssen sich auf das Neue einlassen, die Möglichkeiten erkennen und angemessene neue Strukturen schaffen. Die digitale Transformation beschleunigt das Ganze, weil ständig Neuerungen in den Arbeitsalltag hineinwirken.

Aus der Prozesssteuerung heraus hat das Digitale seinen Weg schnell in alle möglichen Bereiche gefunden. Außer in den betrieblichen, programmgesteuerten Prozessen tauchen die digitalen Bausteine heutzutage genauso in der privaten Kommunikation auf. Während die mitarbeitergestützte Produktionswirtschaft weiter von einer automatisierten Produktion und der Informations- wie Datenwirtschaft zurückgedrängt wird, beherrscht das Digitale schon den Dienstleistungsbereich. Die Vernetzung von Daten und das Informationsmanagement bilden dort einerseits eine mittlerweile unentbehrliche Basis für die Erledigung von Aufgaben, bergen andererseits verschiedene Gefahren, deren Bewertung kaum unterschiedlicher sein kann. Die

Vielzahl der Programme, die zum Einsatz kommen, dient der Steuerung und Verknüpfung von Daten. Dadurch, dass dies für die darin eingebundenen Personen nicht mehr oder nur schwer nachzuverfolgen ist, steigt das Risiko, die persönliche Kontrolle über diese Daten zu verlieren. Der Verlust der Kontrolle als Risikofaktor wird unmittelbar spürbar, wenn z. B. personalisierte Angebote über verschiedene Kanäle Konsumenten erreichen. Im Arbeitsleben ist die Vernetzung ähnlich präsent, doch dort sollen Vernetzungen eher einen betriebswirtschaftlichen Mehrwert generieren. Das schließt nicht aus, dass Daten zu anderen Zwecken missbraucht werden. Vereinbarungen der Betriebsparteien helfen, Fehlentwicklungen zu vermeiden.

Wandel braucht heutzutage offenkundig Digitalisierung, doch Wandel sollte den Menschenverstand nicht zurücklassen. Inwieweit Technologisierung tatsächlich für die Weiterentwicklung unumgänglich ist, bleibt in letzter Konsequenz eine philosophische Entscheidung. Die Betriebswirtschaft hat eine klare Entscheidung für die Digitalisierung getroffen, weil Unternehmenssicherung heutzutage fortwährend Wandel braucht und *Change*[3] durch digitale Transformation geradezu befeuert wird. Den Verantwortlichen im operativen Bereich der Unternehmen bleibt nichts anderes übrig, als sich dem Neuen zu stellen und zu entscheiden, wie sie es am besten einbinden.

1.2 Von Trends hin zu Arbeitsformaten

Die digitale Transformation vermittelt den Eindruck einer schönen neuen Teamwelt. Dazu muss die digitale Revolution allerdings zuerst genau betrachtet werden, denn nicht jeder digitale Baustein passt in vorhandene Strukturen hinein. Obschon sich die Formen der Zusammenarbeit und die Arbeitsformate als individuelle Formen der beruflichen Tätigkeit zum Teil stark gewandelt haben, bleiben Kernfunktionen eines Teams unberührt von technologischen Neuerungen. Die Arbeitswelt als Ganzes hat ihre festen Strukturen, die Art wie eine Arbeitsleistung erbracht wird, kann jedoch durchaus sehr stark variieren. Mag also die digitale Arbeitswelt als etwas völlig Neues empfunden werden und die Möglichkeiten der digitalen Welt Euphorie freisetzen, bleiben die Grundkomponenten Arbeitsleistung und

3 *Change* und Changemanagement haben eine vielfältige Fachliteratur hervorgebracht, sie lässt sich häufig kaum von anderen, inhaltlich nahen Themen abgrenzen. Dass an solchen Stellen Führung hineinspielt, Transformation einen Veränderungsprozess repräsentiert und Veränderung viele Deutungen zulässt, liegt auf der Hand. Beispielhaft für die Publikationsflut zu diesen Themen stehen Heike Pröbstl (2023): *Crashkurs Change Management. Transformation erfolgreich gestalten*, Freiburg: Haufe; Werner Fleischer/Benedikt Fleischer/Martin Monninger (Hg.) (2023): *Change Management. Problemlösungen, Krisen und Veränderungen führen*, Stuttgart: Kohlhammer; Ralf Hildebrandt (2023): *Die dynamikrobuste Organisation. Von echter Teamarbeit, Dynamikinseln und der Sackgasse Change Management*, München: Vahlen; Ralf Stegmaier (2023): *Führen in Veränderungsprozessen. Psychologisches Wissen für Change Leader*, Göttingen: Hogrefe; Sebastian Borchers/Marcel Verweinen (Hg.) (2023): *Betriebliche Transformation gestalten. Konzepte und Umsetzungen für die Zukunftsfähigkeit von Unternehmen*, München: Hanser; Niels Dechow/Frank Homrighausen/Martin Schulte/Thilo Sekol (2022): *Digitale Transformation managen*, Freiburg: Haufe; Winfried Berner (2022): *Reorganisation und Restrukturierung. Strukturen weiterentwickeln, ohne die Unternehmenskultur zu ruinieren*, Stuttgart: Schäffer-Poeschel.

Team unverändert als Säulen stehen. All die digitalen Möglichkeiten dürfen nicht darüber hinwegtäuschen, was die eigentlichen Aufgaben des Einzelnen sind und welche Funktion das Team hat.

Digitalisierte Arbeitsprozesse und virtuelle Arbeitswelt mögen zunächst als Trends verstanden worden sein. Mittlerweile prägen sie im Verbund mit dem Begriff *New Work* ein innovatives Arbeitsformat. Immer mehr Arbeitsbereiche sind von digitalen Prozessteilen durchsetzt und Kommunikation wird zunehmend virtueller. Der Begriff der Virtualisierung bedarf in diesem Zusammenhang einer eingehenderen Beschreibung. Während Virtualisieren in der Informatik den Wechsel von der Hardware-Ebene auf eine Abstraktionsschicht beschreibt, wird im Weiteren das Virtuelle allgemein als die Loslösung vom Realen, Physischen hin zu einer künstlichen Repräsentation verstanden. Arbeitsplätze sind dabei keine realen Büros mehr, Kommunikation findet nicht mehr in der gewohnten Zusammenkunft statt und *To-do*-Listen werden nicht mehr auf Papier geführt. Das Haptische, die physische Präsenz und der körperliche Kontakt treten zunehmend in den Hintergrund und werden durch IT-gestützte Anwendungen, Videokonferenzen, Netzwerke, *Cloud*-Systeme und generell durch neue Arbeitsformate ersetzt. Vermeintlich unveränderliche Strukturen lösen sich schlagartig auf, neue Kommunikations- wie Kooperationsformen prägen das Teamgeschehen. Selbstverständlich ist trotz der Verlagerung ins Virtuelle alles letztlich real und authentisch, aber befindet sich in einer anderen Welt – einer virtuellen, nur indirekt zugänglichen. Das Medium, das in diese virtuelle Welt führt und den Zugang zu neuen Möglichkeiten der Arbeit schafft, ist digital.

Das Neue und die Entscheidung dafür erzeugen ein Spannungsfeld in Unternehmen wie Organisationen, da die Bewegung die einzelnen Bestandteile im System in Schwingung versetzt. Das muss nicht zwangsläufig etwas Negatives sein. Wenn neue Materialien eingesetzt werden, Abläufe sich ändern, interne Strukturen angepasst oder Teams neu zusammengesetzt werden, muss die Bewegung an diesen Stellen nur aufgenommen und fortgesetzt werden. Das erfordert Flexibilität im Umgang mit Neuerungen und Veränderungen, was nicht ohne Kommunikation funktionieren kann. Daran kann es an manchen Stellen fehlen, sodass sich dann ein negatives Spannungsfeld aufbaut.

Veränderungen sind unabhängig von den möglichen Formaten der Zusammenarbeit der Treiber für Wandel. Im Idealfall nehmen die Mitarbeiter die Bewegung auf und entwickeln eine individuelle Flexibilität. Das Entscheidende sind nicht die verschiedenen Ausprägungen von Arbeit, die Arbeitsformate erhalten ihre Prägung von der umgebenden Dynamik als richtungsgebendes Moment zur Erreichung von Modernität.

1.3 Die neue Arbeitskultur – New Work

Die Loslösung von der physischen Präsenz und der Verzicht auf die Beobachtbarkeit der Leistungserbringung haben einen tiefgreifenden Wandel in der Arbeitswelt bis hin in die Teamarbeit nach sich gezogen. Manche Führungskraft muss erst lernen, mit so viel Veränderung umgehen. Ein Ergebnis der zunehmenden Veränderungskraft ist *New Work*.[4] Im Zusammenhang damit interessiert vor allem das, was *New Work* zugleich zu einem Paradigmenwechsel macht. *New Work* weist zunächst darauf hin, dass sich Arbeitsbedingungen geändert haben. Eine Teamleitung muss sich darauf einstellen, die Teammitglieder nicht jeden Tag auf dem Flur oder in der Kantine zu treffen. *New Work* impliziert auch viel mehr Kommunikation, als in den traditionellen Arbeitsformaten üblich war, da das mobile Arbeiten weniger strukturiert ist. Austausch und Abstimmung erhalten einen höheren Stellenwert. Mittlerweile hat sich die Mobilität zu einem neuen Arbeitsformat entwickelt, das für die Teamarbeit ein paar grundlegende Veränderungen notwendig macht. An erster Stelle steht etwa die Herausforderung, ein stabiles sowie funktionierendes Kommunikationssystem zu etablieren. Damit ist nicht gemeint, diese Aufgabe an die IT-Abteilung weiterzureichen. Dialog und Kommunikation nehmen durch Formate wie Videokonferenzen oder Online-Besprechungen völlig neue Dimensionen an, deren Herausforderungen sich nicht nur in der Einführungsphase zeigen. Es entstehen auch Freiheiten, die eine gewisse Lenkung erfordern, da viele erst lernen müssen, mit diesen neuen Freiheiten umzugehen.

Es ist unvermeidlich, sich bei der Annäherung an *New Work* folgende Fragen zu stellen:

Leitfragen

- *Was soll denn in New Work anders sein?* Daran schließen sich unmittelbar weitere Fragen an:
- *Warum muss man sich neuen Arbeitsformaten stellen?*
- *Was soll besser an sein an New Work? Wie führt man New Work ein? Was braucht man dafür?*

---

4 Siehe dazu den nachfolgenden fachliterarischen Querschnitt, der sowohl Grundlegendes als auch Kritisches zu einem Trend enthält, der sich als Entwicklungsstadium der modernen Arbeitswelt konstituiert hat. Zu dieser Entwicklung von Trend über Digitalisierung und Virtualisierung bis zur Führung gehören: Ulrike Dolle Ulrike/Andreas Dolle (2023): *Mega Trend New Work. Chancen hybrider Arbeitskultur*, Paderborn: ADM Akademie des Managements; Simone Kauffeld/Sandra Rothenbusch (Hg.) (2023): *Kompetenzen von Mitarbeitenden in der digitalisierten Arbeitswelt. Chancen und Risiken für kleine und mittlere Unternehmen*, Berlin: Springer; Marc Helmold/Miriam Landes/Eberhard Steiner/Tracy Dathe/Lars Jeschio (2023): *New Work, Neues Arbeiten virtuell und in Präsenz. Konzepte und Werkzeuge zu innovativer, agiler und moderner Führung*, Wiesbaden: Springer Fachmedien; Doris Dull (2023): *New Work – die Illusion der großen Freiheit. Ausprägungen der neuen Arbeitswelt*, Wiesbaden: Springer Fachmedien; Carsten C. Schermuly (2023): *New Work Dystopia. Scheitern im Wandel und wie es besser geht*, Freiburg: Haufe-Lexware; Christian Polz (2023): *Souverän in Führung. Strategien und Mindset für erfolgreiches Leadership in Zeiten von New Work*, Weinheim: Wiley; Dominique Stroh (2021): *Mythos Agilität. Wie New wirklich gelingt*, Stuttgart: Schäffer-Poeschel.

Die Antworten dazu sind vielfältig und stellenweise theoretisch. Daher muss über die Fachdiskussion zur Arbeits- wie Führungsmethodik hinweg durchgängig nach einem Zugang zur Pragmatik gesucht werden. Dazu werden konkrete Entwicklungen herangezogen, die dazu beigetragen haben, dem Begriff Gestalt zu geben. Insbesondere sind die Mitarbeiter einzubeziehen – wie sie mit den Neuerungen umgehen und wo sie Unterstützung brauchen. Sich an die digitale Welt anzupassen, bedeutet für einige eine große Herausforderung, bei der sie Unterstützung wie Begleitung brauchen. Mit den Veränderungen für die Mitarbeiter hat *New Work* ein zentrales Organisationsthema befeuert: das Lernen. Eine Anpassung ist nichts Mechanisches, wenn Menschen daran beteiligt sind. *Lebenslanges Lernen* darf in der Unternehmenspolitik nicht bloß Aushängeschild sein, das Thema braucht Substanz, in der Konsequenz dazu dann Umsetzung. Der Weiterbildungskatalog reicht da nicht mehr aus. *New Work* und in engem Bezug dazu das Lernen müssen in der Praxis verschmelzen, wobei die Dynamik neue Lernkonzepte notwendig werden lässt. Das selbstorganisierte Lernen und Selbstlernangebote sind ausgewählte Lösungen, mit denen angestrebt wird, Beweglichkeit in Teams zu erzeugen. Dies gehört in die Organisation der Arbeit und nicht in die Freizeit.

1.4 Die neuen Begriffshorizonte – Digitalisieren und Virtualisieren

Es mag zwar leicht möglich sein, Definitionen für bestimmte Begriffe zu verfassen, jedoch entwickeln sich in der Regel konkrete Vorstellungen zu diesen Begriffen. In Folgenden liegt das Hauptinteresse weniger auf den Definitionsinhalten, sondern vielmehr auf den konkreten Themen, die mit diesen Begriffen verbunden sind, sowie den Abgrenzungen, die eine gezielte Auseinandersetzung mit den einzelnen Themen ermöglichen. Den Anfang macht in diesem Zusammenhang die digitale Transformation. Sie ist ein bestimmendes Moment bei der Digitalisierung in Unternehmen sowie Organisationen.

1.4.1 Digitale Transformation

Die digitale Revolution in der Prozesswelt der Unternehmen steht im Zeichen der Automatisierung. Ein besonderer Aspekt der Automatisierungen von Abläufen erfährt häufig keine bewusste Beachtung: Nur mittelbar wird wahrgenommen, dass durch die verschiedenen Prozessoptimierungen Personalressourcen freigesetzt werden. Daher ist es wichtig, im Zuge dieser Optimierungen zu überlegen, wie die freiwerdenden Mitarbeiterressourcen sinnvoll genutzt werden können. Mit der Verlagerung der Beschäftigung muss die Auslastung neu bewertet werden – vor allem, sobald der Wirkungshorizont in seiner ganzen Breite geöffnet wird.

Betriebswirtschaftlich wie politisch ist die digitale Transformation ein Sammelbegriff, der die Dynamik in der Entwicklung moderner Technologien wiedergeben soll.[5]

Außerhalb der Prozessautomatisierung hat die *Digitalisierung* ferner Einfluss genommen auf die Kooperation im Team. IT-gestütztes Projektmanagement verlangt außerhalb der Aufgabenverwaltung neue Formen der Kommunikation. Digitalisierte *To-do*-Listen sind bei entsprechender Programmierung unbarmherziger beim Nachhalten als der Zettel, auf dem verfolgt wird, wer was bis wann zu machen hat. Die Vernetzung über Plattformen, die Kommunikationssteuerung mittels computerbasierter Telefonanlagen und die digitalisierten Wissensarchive haben die Zusammenarbeit stark verändert. Werden alle Möglichkeiten umfänglich ausgeschöpft, erhält die Zusammenarbeit neue Dimensionen und wird durch die digitale Parallelwelt oft sogar wesentlich intensiver.

Mit Bezug auf die Arbeitsformate muss noch festgehalten werden, dass u. a. mobiles Arbeiten, *Desksharing* oder *Cloud-Computing* ganz neue Strukturen geschaffen haben. Auch andere digitale *Features*, die zwar zum Teil nur bedingt etwas mit Arbeitsformaten zu tun, haben dennoch Einfluss auf die Arbeitsplatzgestaltung, indem sie die vorhandenen Strukturen aufbrechen. Das Digitale – mag es als Werkzeug und Erleichterung gedacht gewesen sein – bestimmt längst die Teamarbeit und steuert die Zusammenarbeit. Digitale Transformation ist kein punktuelles Ereignis – die Digitalisierung, die die Arbeitswelt zum Teil tiefgreifend verändert hat, ist ein anhaltender und breit wirkender Prozess. Dieser reicht bis in den Alltag: Kommunikation wird ins Digitale verlagert, das Geschriebene löst das Gesprochene ab. Sogar in der gesprochenen Sprache hat die digitale Welt Fuß gefasst. Das *Handy* ist schon gar nicht mehr aus der Alltagssprache wegzudenken, Jüngere sind bestrebt sich *upzudaten*, der *Chat* ist allgegenwärtig und *ChatGPT* sorgt für Aufregung. So sollte nachvollziehbar sein, dass Grenzlinien wenig Sinn ergeben, wenn Digitalisierung und *New Work* erfasst werden sollen. Es müssen stattdessen die Auswirkungen und die Veränderungen betrachtet werden und der spekulative Blick auf die Weiterentwicklung zugelassen werden.

---

5 Zur digitalen Transformation Fachliteratur zusammenzustellen, mag kein Unterfangen sein, doch es hat etwas Willkürliches, aus der Reihe und der Breite der Publikationen einige wenige auszuwählen. So hat die nachfolgende Aufzählung etwas Subjektives, mag aber dennoch einen Einblick vermitteln. Die vollständigen bibliografischen Angaben sind im Anhang aufgeführt. Zur digitalen Transformation im Unternehmen resp. in Projekten siehe Wieland Appelfeller/Carsten Feldmann (2023), Timo Braun/Gordon Müller-Seitz (2023), Christian Grawe (2023), Silke Heerwagen/Hernández Vera, Monique/Daniela Krug-Gottwald/Sven Lübbers/Nicholas Rohmann/Thomas Westerhoff (2023), Sebastian König/Simon Drescher/Ulrich Hemel (2022), Günther Schuh/Violett Zeller (Hg.) (2022), Andreas Holtschulte (2021). Einiges zur digitalen Transformation wird unter dem Titel *Industrie 4.0* behandelt, dazu M. Niranjanamurthy/Sheng-Lung Peng/F. Naresh/S. R. Jayasimha/Valentina Emilia Balas (Hg.) (2022), Robert Obermaier (Hg.) (2023). Beispielhaft für die Branchenspezifität siehe Cornelia Siegmann/Tobias Sick/Elisa Lutz/Torsten Eichel (2023). Aspekte zur Transformation im Zusammenhang mit Bildung und Medienkompetenz haben Marc Fabian Buck und Miguel Zulaica y Mugica (Hg.) (2023) zusammengeführt, zu *Future Skills* siehe Arndt Pechstein/Martin Schwemmle (2023). Es gibt den rein technologischen Blick auf die Transformation mit Daniel Burgwinkel (Hg.) (2023), Friedrich Peschke/Carsten Eckardt (2023). Die Bedeutung der Transformation für Arbeitnehmer sowie Arbeitnehmerrechte behandeln Mattias Ruchhöft (2023), Rainer Gröbel/Inga Dransfeld-Haase (Hg.) (2021), Karin Augsten (2021), wobei der kritische Blick auf die Entwicklungen nicht fehlt, siehe Christian Fuchs (2023). Die gewerkschaftlich orientierten Zeitschriften *Computer und Arbeit* und *Gute Arbeit* greifen die digitale Transformation ebenfalls hin und wieder mit dem Bezug auf das Arbeitsrecht und den Datenschutz auf.

1.4.2 Virtuelle Arbeitswelt

Das Virtuelle als Nachbildung der Realität ist mit Bezug auf den Arbeitsplatz Wirklichkeit geworden und gibt reale Arbeitsbedingungen vor. Während die Informatik das Virtuelle noch als Mögliches und nicht wirklich Vorhandenes klassifiziert, wird in der virtuellen Arbeitswelt das Konkrete in den Mittelpunkt gestellt. In der Kommunikation werden beispielsweise die *Online-Sessions* als neue Wirklichkeit der Arbeit wahrgenommen und darüber wird das Zusammenarbeiten ganz real gesteuert. Dieser neuen Realität muss in ihrer gesamten Breite Rechnung getragen werden. Videokonferenz, Telefonie oder *E-Learning* können als Fassbares der virtuellen Unternehmenswelt verstanden werden. Ein weiteres Beispiel liefert die Loslösung von festen Arbeitsplätzen. Die mobile Arbeit, ermöglicht durch die IT-Technologie und der elektronischen Vernetzung, hat die Arbeitslandschaft grundlegend verändert und *New Work* klare Konturen gegeben, die über das abstraktere Verständnis des Virtuellen in der Informationstechnologie hinausgehen. Auch für die Teamarbeit und die Führung von Mitarbeitern wird die technologische Definition erweitert. Vor allem hinsichtlich der Kommunikation hat die Digitalisierung viele neue Formen geschaffen, die die physische Präsenz ersetzt haben.

Im Weiteren bezieht sich der Begriff *Virtualisierung* vor allem auf das Ausbleiben der physischen Präsenz, weil dies die besondere Herausforderung für die Zusammenarbeit in einem Team ist. Die einschneidende Bedeutung dieser Veränderung wird zum einen klar, wenn der Blick auf die Kommunikation gerichtet wird, und zum anderen augenfällig, sobald die Bindung verloren zu gehen droht. Dass Prozesse digitalisiert werden und die Zusammenarbeit zunehmend virtuell wird, das ist aktuelle Arbeitsrealität. Dass dabei nicht nur der betriebswirtschaftliche Erfolg von Interesse sein darf, wird spätestens dort klar, wo die Mitarbeiter aussteigen resp. Veränderungsbemühungen scheitern oder nur schleppend Früchte tragen. Da sich oft nicht allein die Kommunikation ändert, sondern der Umgang mit den neuen Medien nähergebracht werden muss, haben *Changemanager* eine komplexe Herausforderung zu bewältigen. Es reicht oft nicht, die neue Technologie zu präsentieren und kurz auf die Handhabung hinzuweisen. Der Blick muss zusätzlich darauf gerichtet sein, wie Teammitglieder das Neue annehmen und wo Schwierigkeiten bei der Nutzung auftreten. Die Darlegung sowie das Herausstellen der Vorteile für die Einzelnen bildet einen Ankerpunkt. Schließlich wird eine Neuerung eher angenommen, wenn die persönlichen Vorteile, die Erleichterungen erkennbar sind (siehe dazu auch Abb. 2).

Abb. 2: Von der Innovation zur Weiterentwicklung

Digitalisierung und Virtualisierung entwickeln so viel Dynamik, dass es unausweichlich wird, die einzelnen Entwicklungen, Maßnahmen wie Möglichkeiten zu prüfen. Nicht alles passt überall hinein, doch noch wichtiger ist, den Mehrwert herauszuarbeiten. Aufwand und Nutzen in eine Relation zu bringen, taucht als Forderung an allen Stellen betrieblicher Prozesse auf, so gilt dies in gleicher Weise für alle Innovationen. Kommt das Moderne, die digitale Neuerung ins Spiel, wird die Diskussion um den Mehrwert oft genug in den Hintergrund gedrängt. Die Euphorie und die Leichtfertigkeit im Umgang den Nutzungsmöglichkeiten des Neuen führen dazu, dass der Aufwand kaum Aufmerksamkeit erfährt und der Nutzen überbewertet wird. Alles das zeichnet den Weg vor für die *Quantifizierung*. Dafür muss dieses Thema meist aus der Finanzabteilung in die Teams getragen werden. Insbesondere für Führungskräfte gehört es ins Kompetenzspektrum, einen Mehrwert konkretisieren zu können. Damit wird die Quantifizierung zu einem Führungsinstrument auf dem Weg zu einer erfolgreichen Teamentwicklung. Berechenbarkeit braucht einen Rahmen und die Führungskräfte ein entsprechendes Kompetenzspektrum, Kennzahlen bestimmen zu können. Außer den direkten Kosten haben z.B. die Seiteneffekte sowie Nachwirkungen genauso eine Bedeutung für das Quantifizieren von Innovationen. Das Digitale hat häufig einen beträchtlichen Kostenblock im Schlepptau, daher darf nicht leichtfertig nur auf die Vorteile, auf das Neue und die angenommenen Verbesserungen geschaut werden.

Wie oft wird die Videokonferenz allein unter dem Aspekt der vorgeblichen Kosteneinsparung gesehen, ohne darauf zu achten, wofür eine Videokonferenz geführt wird. Letztlich hat jede Besprechung ein Ziel, wobei das Medium eine untergeordnete Rolle spielt. Werden in der Produktion digitale Optimierungen vorgenommen, kann der Mehrwert unmittelbar festgestellt werden. In den Bereichen der *weichen* Optimierung wird das Berechnen des Mehrwerts wahrnehmbar schwieriger und erfordert Erfahrung wie Geschick neben den üblichen mathematischen Berechnungsmodellen, die zur Verfügung stehen. Zu Anfang, wenn die Quantifizierung angegangen wird, muss klar sein, welche Kennzahlen, welche Messwerte ins Visier genommen werden sollen, was sie zu messen haben und was mit dem Ergebnis zu machen ist.

1.5 Nachhaltigkeit als Programm

Innovationen oder Neuerungen können Produkte, Dienstleistungen, aber genauso gut interne Veränderungen sein. Unabhängig davon ist Nachhaltigkeit entscheidend, was eine Nachverfolgung unabdingbar macht. Manchmal hat es den Anschein, dass das Veränderungsmarketing dies vergisst. Das Neue wird für sich gesehen, wird als notwendig, als einzigartig und als Chance betrachtet. In der Euphorie kann in der Folge vergessen werden:

Leitfragen

- *Wo kommt das Neue denn an?*
- *Wie weit reicht die Wirkung einer Neuerung?*
- *Wie wird das Neue aufgenommen?*
- *Welche Nachwirkung haben Innovationen?*

Es wird allzu schnell vergessen, dass Neuheiten nachzuhalten sind, dass deren Wirkungsgrad sowie Wirkungsreichweite bemessen werden muss. Nicht die Einführung macht den Erfolg aus, sondern der Nutzen, die Nutzbarkeit und die Nutzungsdauer bestimmen den Wirkungsgrad und damit den Wert. Ziele, Zielgruppen und die Zielerreichung in einzelnen Aktionen zu segmentieren verleiht der Nachhaltigkeit eine Struktur, die dabei hilft, den Mehrwert zu erkennen (siehe Abb. 3).

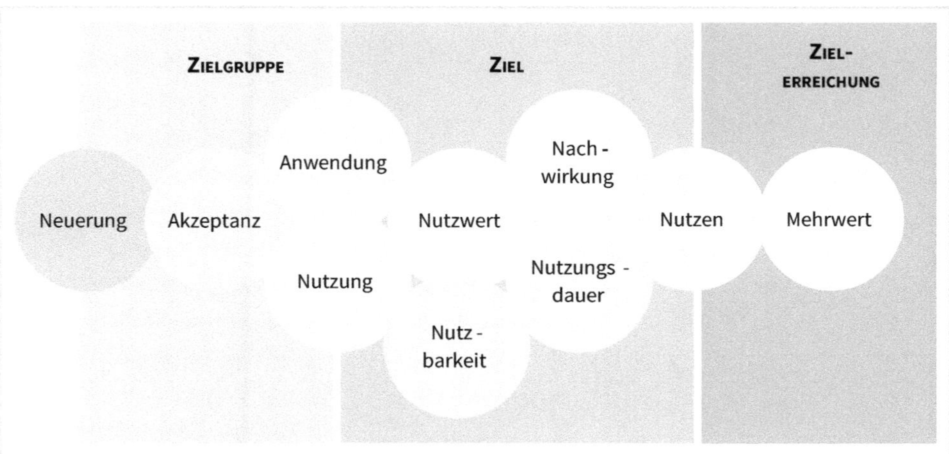

Abb. 3: Nachhaltigkeit als Programm

In der Begeisterung für das Neue wird gelegentlich außer Acht gelassen, dass das Neue außer einem punktuellen Mehrwert noch eine Nutzungsdauer hat, die den Gesamtnutzen maßgeblich beeinflusst, aber nicht immer die gebührende Berücksichtigung findet. Das Schema der Nachhaltigkeit als Programm hilft, sich klarzumachen, dass Innovationen über ihre eigentliche

Einführung hinausreichen. Die Ziele und die damit verbundenen Zielgruppen bestimmen die Wirkungsrichtung und letzten Endes liefert die Zielmessung den Mehrwert einer Neuerung. Die Vorstellung von einem Mehrwert liefert die quantifizierte Vorgabe, sodass sich aus dem Abgleich von einem errechneten Aufwand zum erwarteten Nutzwert der Mehrwert erkennen lässt.

2 Im Dienst der Dynamik

Die Sicherung der Wettbewerbsfähigkeit, der Erhalt der Beweglichkeit und Veränderungsbereitschaft sowie die Zukunftsgestaltung bedürfen einer von *innen* wirkenden Dynamik. Dies muss mit derart Nachdruck herausgestellt werden, weil insbesondere die Digitalisierung und die Virtualisierung der Arbeit oft als Trends verstanden werden, die allein von außen einwirken. Weder ein Unternehmen noch eine Organisation ist ein reaktives System. Zukunftsgestaltung muss von innen kommen, moderne Informationstechnologie sowie virtuelle Formate sind Instrumente, Werkzeuge oder moderne Arbeitsformen, sie stehen im Dienst der Zukunftsgestaltung. Führungskräfte sowie Mitarbeiter nutzen die Innovationen zur Verbesserung der Arbeitssituation, zur Erleichterung der Aufgabenerfüllung bzw. zur Optimierung ihrer Arbeitsabläufe.

Diese von innen wirkende Dynamik braucht einerseits immer wieder Impulse, damit Bewegung erzeugt wird, andererseits muss so viel Flexibilität in der Struktur existieren, dass all die Bewegung gezielt und nachhaltig auf die Entwicklung einwirken kann. Konzepte zur Dynamisierung sind demzufolge weit entfernt von einem Aktionismus, dem eher ein einfaches Reagieren auf von außen einwirkenden Veränderungen eigen ist. Was vielleicht logisch, leicht durchführbar und verständlich anmutet, bedingt in der betrieblichen Wirklichkeit Erfahrung, Sachkenntnis und darüber hinaus ein Konzept zur Dynamisierung. Schnelle Veränderungen verlangen eine hohe Anpassungsfähigkeit. Die Dynamik, die von außen einwirkt, muss kompensiert werden und bestenfalls die von innen wirkende Dynamik befeuern. Unternehmen und Organisationen können diese Herausforderungen nur bewältigen, wenn sie der internen Dynamik eine klare Struktur geben, die Mitarbeiter aktiv in ein Dynamisierungskonzept einbezieht.

Leitfragen

- *Warum ist Dynamik wichtig?*
- *Wie wird sie intern erzeugt?*
- *Wer sind die Protagonisten bei der Gestaltung von Wandel?*

Dynamik entsteht nicht einfach so, einen entscheidenden Anteil haben die Mitarbeiter. Sie einzubeziehen, erzeugt Veränderungsbereitschaft, lässt Beweglichkeit entsteht und setzt in der Folge Handlungsorientierung voraus. Diese genaue Betrachtung ist notwendig, weil das Handeln zu kurz kommen könnte, wenn die Problemdiskussion Raum greift. Veränderungen werden durch Verändern wirksam, nicht durch die Umsetzungsplanung oder Problemdiskussion. Impulse für den Wandel sollen kein *Brainstorming* sein, das von vornherein nicht auf Umsetzung ausgerichtet ist, sondern ein Startschuss für eine Durchführung, für ein Machen.

Festzuhalten bleibt:

... Dynamik schafft Zukunft, bleibt die Bewegung aus, bleibt Zukunft auf der Strecke.

Change ist keine Technik und Wandel entsteht nicht allein auf der Grundlage von Prozessen, Veränderung hat auch eine Psychologie. Manchmal brauchen Veränderungsprozesse eine lange Anlaufphase, bis alle ihre neue Rolle gefunden haben und verstehen, wie ggf. neue Werkzeuge zu nutzen sind. An den hybriden Arbeitsplatz werden sich einige erst gewöhnen müssen und ein digitales Signaturverfahren braucht einige Zeit, bis die Vorteile und Einsparungen richtig wirksam werden. Innovationen dürfen nicht unmittelbar nach ihrer Einführung bewertet werden, der Optimierungsprozess muss verfolgt werden und auf einer festgelegten Zeitschiene hinsichtlich seiner Werthaftigkeit beurteilt werden. In jedem Fall sollte der Prozess voranschreiten und nicht stagnieren. Dranbleiben lautet hier die Arbeitsmaxime. Relativierend ist noch aufzuzeigen, dass die Nachwirkung von Neuerungen heutzutage kürzer ist als früher, da ihr *Lifecycle* ebenfalls kürzer wird. Moderne Informationstechnologie, vernetzte Projektarbeit, hybride Arbeitsformen und Virtualisierung sind Innovationen, die schrittweise eingeführt werden sollten. Die digitale Transformation bringt tiefgreifende Veränderungen und eine Vielzahl von Innovationen mit sich, wobei die Verkürzung der Entwicklungszyklen manche herausfordert. Diese Dynamik erfordert hohe Lernbereitschaft und Lernfähigkeit. Eine strukturierte Begleitung und ein kleinschrittiges Vorgehen sind entscheidend, um das Neue effektiv zu integrieren. Organisationen sollten über eine neue Lernkultur nachdenken, damit die Mitarbeiter mit dem Tempo der Veränderungen Schritt halten können.

Um Bewegung zu erzeugen, müssen Führungskräfte *Performer* sein. Sie müssen mitreißen und begeistern. Das stellt die Fachkompetenz nicht infrage, vielmehr muss das Kompetenzspektrum von Führungskräften weiter gefasst werden. Mit der Einbeziehung von Mitarbeitern in das Handeln und in die Unternehmensdynamik liegt auf der Hand, dass das Führen deutliche Akzente im Führungskonzept braucht. Kommunikation wurde und wird in diesem Zusammenhang immer wieder zu Recht genannt. Aber Empathie, Transparenz, Kooperation und kollektives Wissen sind in gleichem Maße wichtig. *New Work* kann nur so erfolgreich sein, *Modern Teaming* nur so funktionieren und Dynamik nur so von innen heraus entstehen. *New Work* mit den grundlegenden Änderungen des Arbeitsplatzes und der Arbeitsbedingungen erfordert zunächst ein Umdenken, aber in der Folge vor allem das Handeln – eines der grundlegenden Wirkprinzipien in einer neuen Arbeitswelt, denn die Dynamik und die damit einhergehenden Veränderungen erfordern Anpassungen, und selbst die Unternehmensentwicklung macht ein fortgesetztes Integrieren von Neuerungen unabdingbar. Dafür sorgen bestenfalls ebenso die Mitarbeiter, die an ihrem Platz unablässig schauen, welche Innovationen ihre Arbeit weiterbringt und wertvoller macht.

2.1 Bedeutung von Teams

Teams sind heutzutage von zentraler Bedeutung für die Unternehmensentwicklung, denn sie sind ein wesentlicher Teil der Unternehmensdynamik und ein bestimmender Faktor des Unternehmenserfolges. Sie gestalten die Zukunft von Unternehmen mit, deshalb muss das Interesse daran groß sein, die richtigen Stellschrauben für Teamengagement und Teamleistung zu finden. Ein bloßes Ideenmanagement, das ohne Bezug am Teamrand rumdümpelt, oder einzelne Kreative in der Mannschaft reichen nicht mehr aus, mit der aktuellen Geschwindigkeit bei Neuerungen mitzuhalten. Das Team wird immer mehr zur Quelle für Neuerungen. Damit die Ideen sprudeln, müssen geeignete Maßnahmen sowie entsprechende Rahmenbedingungen geschaffen werden. Eventuell müssen sogar Teambildung und Teamentwicklung neu aufgesetzt werden, denn Dynamik lässt sich nicht per Dekret erzeugen. Führungskräfte stehen hierbei in der Verantwortung. Sie wirken auf die Unternehmensorganisation ein, indem sie das Mitgestalten fördern und Team dabei unterstützen, sich in Neurungen einzufügen. Aber die Organisation wirkt genauso auf das Team zurück. Besonders deutlich wird dies am Beispiel der mobilen Arbeit.

Festzuhalten bleibt:

... das Zusammenwirken, die Identifikation mit dem Team und idealerweise noch die Freude am gemeinsamen Tun müssen in Zeiten der Dezentralisierung in Teams aufrechterhalten werden.

Bei aller Dynamisierung, Individualisierung, Dezentralisierung und Digitalisierung darf nicht vergessen werden, dass die Teams die Keimzelle von Bewegung sind. Wer Dynamik will, muss auf die Veränderungsbereitschaft von Teams setzen. Sie erzeugen bestenfalls Synergien und treiben so Veränderungen voran. Agilität entsteht nicht allein durch die Initiative Einzelner. Bei aller Selbstständigkeit von Mitarbeitern, bei aller Selbstorganisation und bei aller örtlichen Loslösung von Teammitarbeitern, machen das Gemeinschaftliche und die Synergien die Teamdynamik, den Teamerfolg und die Weiterentwicklung aus. In der Unternehmenspolitik werden die großen Themen, wie z.B. digitale Transformation oder *New Work*, die meiste Aufmerksamkeit erhalten. Das lässt vergessen, dass es die Teams sind, die durch ihre Leistungen als operative Einheiten das Ergebnis bringen und so die Geschicke und die Entwicklung eines Unternehmens/einer Organisation bestimmen. Daher Dürfen Digitalisierung, Virtualisierung und Quantifizierung nicht für sich betrachtet werden, vielmehr müssen Verknüpfungen zu den operativen Einheiten gesehen wie hergestellt werden.

2.2 Eine zukunftsweisende Quadratur: Dynamik, Team, Führung und Digitalisierung

Die Eckpunkte *Dynamik*, *Team*, *Führung* und *Digitalisierung* bilden die Quadratur der Unternehmensentwicklung und nicht zuletzt ebenso des Unternehmenserfolges. In der Praxis sollte dies zu einem rundum stimmigen Ganzen integriert werden. Bewegung entsteht nicht dadurch, dass eine Richtung vorgeben wird. Impulse erzeugen Bewegung, die zu einem Entwicklungsfluss wird, der aus allen möglichen Ecken gespeist wird. Das Team, das spürt, welche Bedeutung Veränderungen für die Unternehmensentwicklung und damit für die Arbeitsplatzsicherung haben, wird Impulse von außen aufnehmen und eigene Impulse zurückgeben. Dazu bedarf es aber eines operativen Rahmens. Das bedeutet, Strukturen wie Instrumente helfen dabei, Dynamik zu entwickeln und zu steuern. Die Digitalisierung ist derzeit eine enorm treibende Kraft, wenn es um Innovation geht. Werden also diese vier Bezugspunkte in einen Rahmen und in einen Wirkungszusammenhang gebracht, entstehen Bewegung und Beweglichkeit, die der Unternehmens- wie Organisationsentwicklung zugutekommen. Die Technologisierung versperrt manchmal das Blickfeld, sodass ausschließlich auf die technologischen Entwicklungen geschaut wird, statt beim Wandel mit gleicher Aufmerksamkeit auf das Potenzial der Mitarbeiter zu achten. Deshalb funktioniert eine Quadratur erst als ein Wirkungskreis, wenn die Teams mit ihren Teammitgliedern und im Zusammenhang damit die Mitarbeiterführung einbezogen sind. Deshalb ist es keine Quadratur des Kreises, vielmehr eine Hinwendung zu den Beziehungen unter den vier Eckpunkten, wodurch das Quadrat in eine Kreisbewegung übergeht. Aus der Quadratur heraus als Quelle der Innovationskraft muss der Fokus auf die Situation und den Bedarf gerichtet werden, denn nur so ergibt die Entfaltung von Energie Sinn (siehe auch Abb. 4).

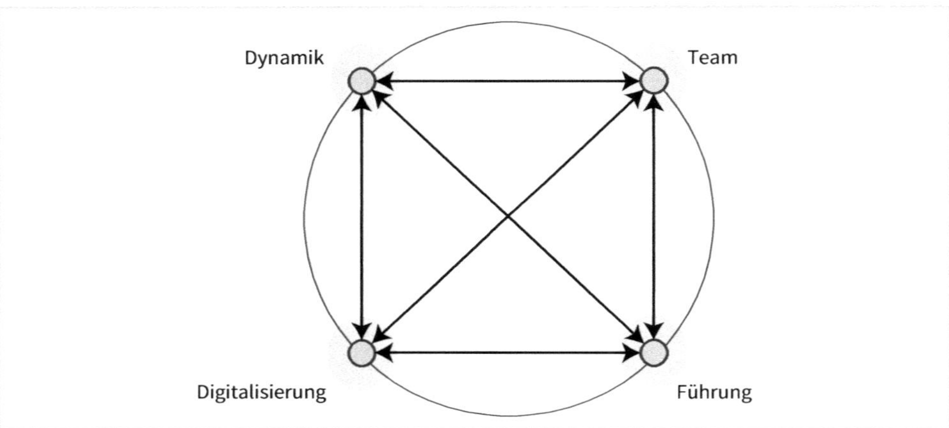

Abb. 4: Von der Quadratur zum Kreis

Festzuhalten bleibt:

... Entwicklung und Erfolg hat viele Faktoren, doch wer Dynamik will, muss vor allem aus heutiger Sicht Dynamik, Team, Führung und Digitalisierung in einen Wirkungszusammenhang bringen.

Digitalisierung und Virtualisierung signalisieren moderne Arbeitswelten und kontinuierliche Veränderungsbereitschaft. Diese Bereitschaft zum Change ist entscheidend für die innere Dynamik und den Erfolg des Unternehmens. Dafür ist eine Struktur notwendig, um die Innovationskraft der Mitarbeiter aktiv ins Changemanagement zu integrieren.

2.3 Agilität – Schlagwort und Handlungskonzept zugleich

Agilität und unternehmerisches Handeln sind im Kern spezifische Handlungsweisen. Das meiste betriebliche Agieren ist bei genauer Betrachtung ein Reagieren, da es zielgerichtet und vorgabebasiert ist. Aber eben dieses Handeln in einem Rahmen ist noch lange kein Gestalten, kein

Agieren im Sinne eines selbst gewählten Veränderns. Man muss nicht mit dieser Spitzfindigkeit ans Werk gehen und man kann mit einer Nische, wie z. B. der Ideenfindung, dem üblichen agilen *Teaming* etwas Gestalterisches hinzugeben. Doch es muss bewusst wahrgenommen werden, dass selbstbestimmtes, losgelöstes Agieren wirkliches Unternehmertum ist. Agilität mag daher ein wenig Blendwerk sein, um Mitarbeiter zu mehr Leistung zu bringen – nicht in deren Sinne, sondern im Sinne der Führung, die die Mitarbeiter beweglich halten und noch mehr Bewegung erzeugen will. Wenn Mitarbeiter unternehmerisch handeln würden, wären sie selbst Unternehmer und damit Konkurrenz. Mitarbeiter dürfen nur begrenzt selbstbestimmt sein, sie müssen sich im Rahmen der Strategie wie Zielsetzungen der Unternehmensorganisation bewegen. Unternehmer schaffen Abhängige. Wer selbstbestimmt und agil im Sinne von Agieren statt Reagieren ist, wird zum Unternehmer. Das soll kein politisches Manifest sein, es muss lediglich nüchtern festgehalten werden, dass die Bewegung von Mitarbeitern in Unternehmen trotz der teilweise wirksamen Selbstbestimmtheit weitestgehend gesteuert ist. Vielleicht sollte, damit keine Missverständnisse entstehen, von Selbstorganisation gesprochen werden. Hierbei lässt sich das selbstbestimmte Handeln in einen unternehmerischen Rahmen einfügen, während Selbstbestimmung bei vielen den Eindruck hinterlässt, dass Mitarbeiter machen können, was sie wollen.

Konzepte zur Agilität im Unternehmen sind unabhängig von politischen wie philosophischen Betrachtungsweisen notwendig. Denn wie soll sonst Bewegung erzeugt werden, die die Unternehmenszukunft sichert? Dafür brauchen die Mitarbeiter Freiräume. Sicherheit hat in dieser Betrachtungsweise ein besonderes Gewicht, denn nur diejenigen, die sich ihrer Sache sicher sind, treffen rasche Entscheidungen und handeln zügig. Handeln, Sicherheit und Entscheidungsfreude prägen das dynamische Dreieck der Agilität (siehe Abb. 5).

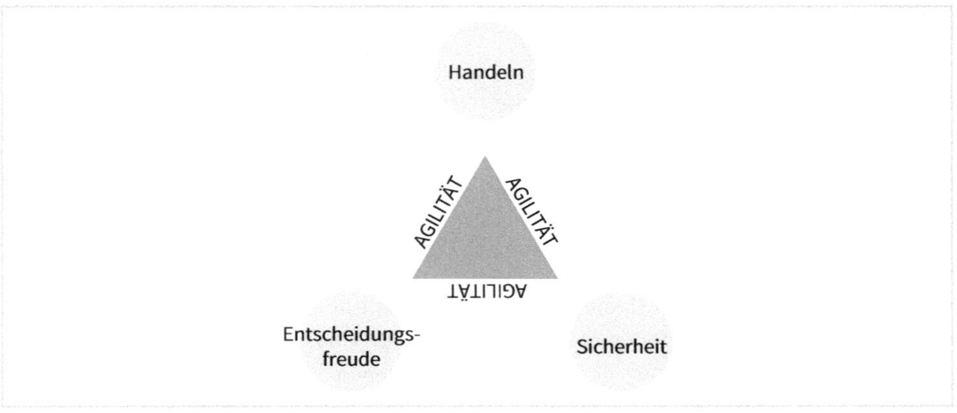

Abb. 5: Das Dreieck der Agilität

In der Betrachtung moderner Agilitätskonzepte lassen sich einige Elemente eines *Kick-and-rush*[6] erkennen. Ähnlich wie in dieser Weise, Fußball zu spielen, ist ein Ziel gesteckt, werden einzelne Themen als Richtung vorgegeben, alle setzen sich in Bewegung und fokussieren das vorgegebene Ziel. Dabei spielen alle zusammen, weil sie gemeinsam das Ziel erreichen wollen. Das Besondere in der Agilität von Teams sowie im *Kick-and-rush* ist die Bewegung der Einzelnen nach vorn, deren selbstbestimmtes Handeln im vorgegebenen Rahmen und deren Zusammenhalt beim Erreichen des Ziels.

2.4 Dynamik und Impuls

Dynamik braucht bei zunehmenden Ansprüchen mehr als gelegentliche Impulse, bestenfalls werden die verschiedenen Impulse zu Synergien zusammengeführt. Wandel ist mittlerweile ein zentraler Faktor der Unternehmensentwicklung, sogar ein Erfolgsfaktor. Doch der fortgesetzte Wandel stellt Ansprüche an alle Beteiligten beim Erzeugen von Bewegung. Wird der Impuls als isoliert, als etwas ausschließlich Technisches verstanden, kommt die Wirkung zu kurz. Im System der Bewegung haben alle Beteiligten eine Funktion und damit eine Bedeutung. So sind Mitarbeiter integraler Bestandteil von Dynamikkonzepten und nehmen eine zentrale Rolle darin ein. Ein Impuls steht nicht für sich allein, er kann andere Impulse anstoßen, selbst Impulse erhalten und sich verändern. Impulse sind damit selbst dynamisch. Wird beispielsweise ein Prozess an einer Stelle verändert, kann er durchaus noch ergänzt, erweitert und weiter optimiert werden. Diese Zusammenführung von Impulsen kann dann als Synergien verstanden werden. Selbstverständlich muss synergetisches Wirken nicht zufällig entstehen. Dynamikkonzepte können auch Struktur und Steuerung haben. Dabei ist jedoch zu beachten, dass Strukturen und Lenkung nicht zur Gängelung führen dürfen, weil dies zwangsläufig Mitarbeiter bei der Impulsentwicklung hemmt.

Dynamik und Impulse müssen in einen Sinnzusammenhang gebracht werden, die Bewegung sowie die daraus folgenden Veränderungen müssen zielführend sein. Die Impulswelt in Unternehmen oder Organisationen muss als Ganzes gesehen werden, weil die verschiedenen Ideen, Anregungen und Veränderungen in einem Zusammenhang stehen. Impulse können sich gegenseitig bedingen, einander anstoßen oder in der Verquickung als Synergie etwas völlig Neues erzeugen (siehe Abb. 6). Damit wird ausgedrückt, dass Impulse sich verbinden, sich gegenseitig anstoßen und in eine Wechselwirkung treten können. Diese Impulse von innen sind Treiber des Changemanagements, die anerkannt und gefördert werden müssen. Für die Führung bedeutet dies, dass Ideen und Anregungen der Mitarbeiter ernst genommen werden, dass es ein System der Ideenförderung gibt und das darauf geachtet wird, dass aus den jeweiligen Impulsen Bewegung entsteht. Die entstandene Bewegung sollte weitergegeben werden, um schließlich eine deutliche Veränderung zu bewirken.

6 Siehe dazu Werner Bünnagel (2013): »Kick-and-Rush – Wie Projekte dynamisch werden«, in: *wissensmanagement. Das Magazin für Führungskräfte*, Heft 8/2013, S. 38–41.

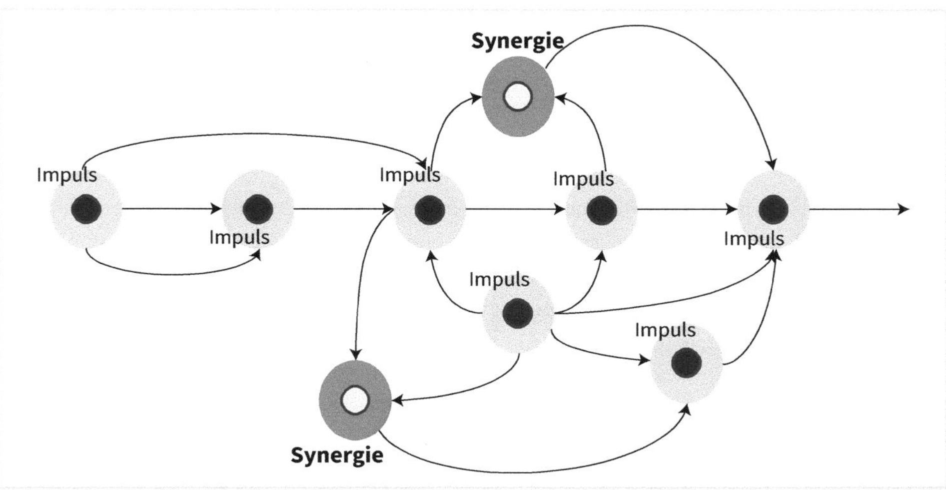

Abb. 6: Bewegung durch Impulse

Dynamik darf in der Unternehmensführung kein theoretisches Konstrukt bleiben. Auch dürfen sich die Verantwortlichen darauf verlassen, dass eingekaufte Neuerungen ausreichend Dynamik erzeugen. Dynamik braucht intern eine Struktur und damit eine gezielte Steuerung. Diese Steuerung ist jedoch nicht direktiv, sondern unterstützt die natürliche Wirkkraft der Dynamik, die aus Impulsen entspringt und ein Eigenleben hat. Von außen wird sie dann in der Weise gesteuert, dass sie die vorhandene Umgebung nutzbringend ändert und zur Weiterentwicklung beiträgt.

Festzuhalten bleibt:

… Dynamik geht auf Impulse zurück, Führungskräfte können Impulse geben und sie müssen Impulse einsammeln, was mit einer strukturierten Impulssammlung am besten gelingt.

2.5 Lernen als wirkende Variable

Leitfragen

- *Welche Möglichkeiten schafft das betriebliche Lernen?*
- *Wo muss sich betriebliches Lernen an New Work anpassen?*
- *Wie lässt sich betriebliches Lernen mit dem außerbetrieblichen Lernen verbinden?*
- *Was kann Lernen bewirken?*

Dynamik, Veränderung, Bewegung und Anpassung sind eng an das Lernen gekoppelt, was nicht unterschätzt werden darf. Lernen ist weder etwas Beiläufiges noch etwas Programmatisches. Lernen und die Weiterentwicklung der Mitarbeiter schaffen eine Voraussetzung wie Grundlage dafür, dass *New Work* Wurzeln legen kann. Dabei steht *EVA* (*Erkennen*, *Verstehen*, *Anwenden*) im Vordergrund. Wenn Mitarbeiter das Neue erkennen und verstehen, welche Möglichkeiten daraus erwachsen – also einen Mehrwert ihres Handelns vorausdenken können –, dann werden sie das Neue anwenden. Das veranschaulicht, dass Dynamik und Innovation nicht für sich stehen. Nichts ist losgelöst oder funktioniert als autarkes System im Unternehmen. Überall gibt es Verbindungen, und die Mitarbeiter repräsentieren einen solchen Berührungspunkt. Ihr Lernen entscheidet mit darüber, wie viel Bewegung entsteht. Soll die größtmögliche Wirkung erzielt werden, müssen Verbindungslinien geknüpft werden. Nach der Situations- und Bedarfsanalyse muss demnach die Einbindung der Teammitglieder erfolgen. Das ist zugleich die Gelegenheit, deren Ideen einzusammeln und Begeisterung für das Neue zu erzeugen. Dabei geht es nicht nur um schemenhafte Stimmungsmache, sondern darum, die Mitarbeiter zu begeistern – sie mitzunehmen, sie teilhaben zu lassen, ihnen Aufmerksamkeit zu schenken und sie für die Wirkkraft der Kooperation zu sensibilisieren. Auf operativer Ebene ist dann gefordert, konkrete Lernanlässe und Lernmöglichkeiten zu schaffen. Das Lernen und die Freude daran sind der Motor der Dynamik – und dieser Motor braucht Treibstoff. Lernen, Lernprogramme, Lernangebote, Lernanreize und Lernförderung sind keine statischen Größen; das gesamte Lernen muss aus dieser Sicht als Variable verstanden werden, die von der Ausgestaltung abhängt. Der Umgang mit Lernen und die aktive Förderung schaffen eine hinreichende Voraussetzung für den Wandel.

Lernfördernde Strukturen und die aktive Steuerung durch Führungskräfte bilden nach Situationsanalyse und Bedarfsermittlung die Grundlage und Systematik. Kommunikation sowie die einzelnen Umsetzungen geben den Aktionsrahmen vor. Im Anschluss an das unmittelbar wahrnehmbare Handeln lässt sich der Erfolg messen. Letztlich schließt sich mit dem Quantifizieren der Kreis, der die Wirtschaftlichkeit von Handeln begründet. Die Qualität des Lernens wird u. a. durch seine Geschwindigkeit bestimmt. Die Art und die Intensität des Lernens tragen dazu bei, dass der Lernprozess schneller vonstattengeht. Das hängt wohl auch damit zusammen, dass bei häufigem Lernen mehr Lernstrategien entstehen und Lernmuster stetig verbessert und angepasst werden können. Am Ende ist wichtig, dass Lernen und dessen Förderung im Teamleben ihren festen Platz haben. Dabei darf nicht vergessen werden, dass manche Mitarbeiter eine gewisse Lernentwöhnung zeigen. In diesem Fall hilft das Verordnen von Lernen wenig. Lernen braucht Lernmotivation, die durch Anreize von außen zwar in Bewegung kommt, aber sich ohne intrinsische Motivation nicht voll entfalten kann. Es ist wichtig, einen Zugang zu den Mitarbeitern zu finden, damit diese die individuellen Anreize von innen wirken lassen können.

Betriebliches Lernen steht in engem Zusammenhang zu Veränderung und Bewegung. Dieses Beziehungsverhältnis kann als eine Mikrokybernetik verstanden werden, denn Veränderungen lösen Bewegungen aus und Veränderungen erfordern eine Anpassung, die als Lernen zu verstehen ist. Lernen wiederum erzeugt in gleicher Weise Veränderungen und ist damit Bewegung. Impulse verbreiten sich in diesem Netz und schaffen Dynamik mit potenziellen Auswirkungen auf die Entwicklung der Organisation. Dieser allgemeine Wirkungszusammenhang ist nicht auf eine zeitliche Begrenzung angelegt. In Bezug auf die Mitarbeiter erlangt daher lebenslanges

Lernen eine große Bedeutung, da das Lernen mehr als eine ein punktueller Prozess oder irgendeine Lerneinheit ist. Lebenslanges Lernen ist schon seit geraumer Zeit immer wieder ein Thema der Entwicklungspropaganda. Die etwas despektierliche Bezeichnung »Propaganda« verweist darauf, dass viele Bemühungen, Lernen als zeitlosen Faktor der Lebensarbeitszeit zu etablieren, nicht erfolgreich waren. Damit diese Bemühungen nicht versanden, benötigt lebenslanges Lernen eine variable und trotzdem überdauernde Struktur. Lernmittel, Lernwege und Lerninhalte können und müssen variieren, weil sich Zeiten ändern, doch das Lernen muss im Verbund mit Wissenssicherung, Wissenstransfer sowie Wissensausbau eine Grundfeste der Unternehmensstrategie sein.

Festzuhalten bleibt:

... Lernen ist Veränderung, bringt Wandel und erzeugt Dynamik.

In den vorhergehenden Ausführungen wurde das lebenslange Lernen des Öfteren bewusst auf betriebliches Lernen begrenzt. Dieses ist jedoch nur ein Teil der Wirklichkeit, denn Lernen ist etwas Existenzielles für den Menschen. Es sichert den Fortbestand und das Überleben, weil Menschen sich ständig neuen Situationen anpassen müssen. Im Umkehrschluss bedeutet das, dass Menschen in einer sich verändernden Umgebung nicht überleben werden, wenn das Lernen ausbleibt. Ähnliches gilt für Unternehmen, die sich der umgebenden und ständig einwirkenden Dynamik stellen müssen. Hinter diesen Anpassungen und Veränderungen steckt das gleiche Lernen. Die Notwendigkeit, sich zu verändern, wird erkannt und man versteht, dass durch die Anpassung und das Lernen Veränderungen stattfinden. Das Umsetzen, das Handeln vollendet diesen Lernprozess, es macht sichtbar, dass etwas gelernt wurde.

2.6 Teams als Bewegungsfaktor

Teams und Teamarbeit sind eingeführt worden, um die Motivation der Mitarbeiter zu nutzen und in der Gruppe das Ineinandergreifen beim Arbeitsprozess zu optimieren. Eben das Emotionale, das in die Motivation hineinwirken soll, macht dabei ein Team aus. Damit sind Teams weniger ein Strukturmoment als ein Führungsinstrument zur Steuerung von Leistung und Nutzung vorhandener Energien. Führungskräfte haben ein Paradoxon zu überwinden, wenn sie auf der einen Seite Emotionalität nutzen und auf der anderen Seite im Sinne einer konfliktfreien Führung stets auf Fakten rekurrieren sollen, weil nur so Objektivität hergestellt werden kann. Teamführung in der Dynamik ist Steuerung von Bewegung. Das verlagert die gewohnte Blickrichtung, die auf Stärken und Schwächen konzentriert war, hin zur Bewegung und Beweglichkeit.

Als Konsequenz ergibt sich daraus die Notwendigkeit, Führungskräfte auf die neuen Zeiten, also auf *New Work* und Agilität einzustimmen. Teamleiter müssen erkennen, dass Bewegung nicht aus dem Nichts kommt, und sie müssen verstehen, dass Teammitglieder Impulse brauchen, um in Bewegung zu kommen, und Impulse geben können, um Veränderungen anzustoßen. An der Spitze dieses dynamischen Teamkonstrukts steht das Handeln. Damit das Team zum agilen Team wird, muss die Teamleitung außerdem verstehen, dass das Team nur über die Kommunikation zu erreichen ist, dass Lernen Veränderung ist und dass so aufgebautes Wissen Neuerungen erzeugen kann. Diese Form der Teambewegung ist nicht das Ergebnis isolierter Aktivitäten. In Zeiten von *New Work* zeichnen sich agile Teams dadurch aus, dass sie gemeinsam an der Bewegung arbeiten und gegenseitig von der Energie der anderen profitieren (siehe Abb. 7).

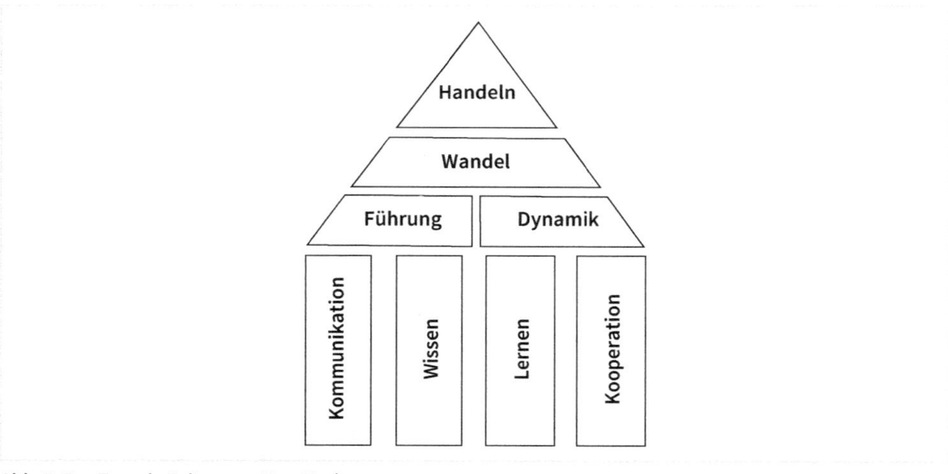

Abb. 7: Das Team in Zeiten von New Work

Diese Ausführung verdeutlicht den Kern dessen, was agile Teams ausmacht: Bewegung und Zusammenwirken. Da dies nicht intrinsisch im Teamwesen verankert ist, braucht das moderne *Teaming*[7] eine Führung, die Agilität erzeugt, fördert und aufrechterhält. Schnelle Änderungen, zeitnahe Anpassungen und prozessnahe Optimierungen können nur aus den Teams heraus gelingen. Führung ist in der Umgebung von *New Work* Steuerung von Dynamik und nicht mehr die Verwaltung von Fachkompetenzen. Führungskräfte sind aus diesem Grund in einer modernen Teamumgebung mehr Organisatoren sowie Gestalter; die Zeiten, in denen die Fachkompetenz im Vordergrund stand, sind längst vorbei. In der Übergangsphase zu *New Work* reicht die Rolle der Führung noch weiter, denn bevor Mitarbeiter ihre Schaffenskraft und Innovationsfreude einbringen können, brauchen sie ein Fundament, das ihnen Sicherheit und genug Selbstbewusstsein gibt, selbstständig zu agieren und Verantwortung zu übernehmen. Kurzum, ein modernes Team braucht eine moderne Führung. Das Moderne soll dabei keine Stilrichtung sein, es bringt zum Ausdruck, dass Teams in einer neuen Situation und in einer neuen Umgebung agieren, was zwangsläufig eine neue Form der Führung mit sich bringt. So bewegt sich neben den einzelnen Teammitgliedern und durch diese das Team als Ganzes, was als Teambewegung wahrgenommen wird. Eine derartige Bewegung äußerst sich in einer Teamleistung. Daher wird auch von einer Teamdynamik gesprochen, wenn alle Teammitglieder gemeinsam ein Ziel verfolgen.

7 Siehe dazu Werner Bünnagel/Beata Teresa Tarnowska (2023): *Innovative Teamarbeit. Wie Teambildung und Teamentwicklung in Zeiten von New Work gelingen können*, Freiburg: Haufe, dort insbesondere das Kapitel »Modern Teaming und New Work«, S. 57 ff.

Festzuhalten bleibt:

... New Work gibt die Richtung der Teamführung vor, vom Team als Leistungsträger hin zum Team als Bewegungsfaktor in der Unternehmensdynamik, die sich aus dem Zusammenwirken der verschiedenen Kräfte auszeichnet.

Sind es auch die Bewegungen der Einzelnen, die eher wahrgenommen werden, so darf die Bewegung der Teams nicht geringer geschätzt werden. In den Teams und aus den Teams heraus entsteht bei geschickter Führung in Summe mehr Dynamik als aus einfacher Addition der Bewegungskraft Einzelner. Es sind die Synergien, die aus der Teamdynamik und aus der Teamkraft etwas Besonderes machen. Die Energie Einzelner erzeugt in der Zusammenführung dieser wirkenden Kräfte eine neue Treibkraft.

2.7 Kompetenz-Performanz, ein Führungsproblem – Kompetenz-Performanz, ein Quantifizierungsproblem

Der kompetente Umgang mit neuen Werkzeugen ist ein Schlüssel für eine erfolgreiche Einführung von Neuerungen. Das Erfassen der neuen Möglichkeiten bestimmt den Wert der digitalen Transformation sowie deren Weiterentwicklung. Das zeigt im Falle der Digitalisierung, wie zielführend Qualifizierung und die enge Einbindung der Mitarbeiter bei Veränderungsprozessen ist. Das Qualifizieren – das Lernen – darf, wie bei einer Neuerung an sich, nicht einfach als begleitende, verordnete Maßnahme missverstanden werden. In einem interaktiven Lernprozess werden Mitarbeiter einbezogen und über Rückmeldungen verfolgt, inwieweit die Möglichkeiten des Neuen erkannt und Neuerungen in ihrer Handhabung verstanden wurden. Nur so kann gewährleistet werden, dass das Neue den Vorstellungen entsprechend angewendet und genutzt wird. So sieht die Planung aus – die Wirklichkeit hält da einige Hindernisse vor, die es zu überwinden gilt. Eine Anstrengung muss darin bestehen, Kompetenz und Performanz aufeinander abzustimmen (siehe Abb. 8).

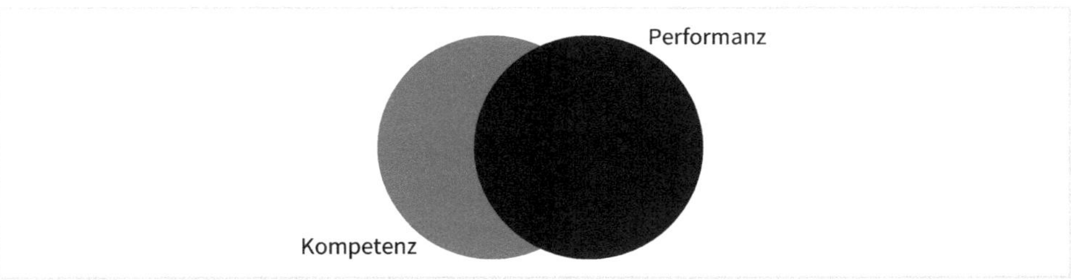

Abb. 8: Kompetenz und Performanz – eine Herausforderung für die Führung

Führung wird danach streben, Kompetenz und Performanz in Deckung zu bringen, da so Potenziale optimal genutzt werden. Dafür müssen jedoch zuerst die negativen Einwirkungen bekannt sein, die verhindern, dass Kompetenzen voll zur Entfaltung kommen. Mit dem Wissen zu den verschiedenen Einflussfaktoren kann gezielt entgegengewirkt, unterstützt und zum ungehinderten Einsatz von Kompetenz geführt werden. In der betrieblichen Wirklichkeit wird die Kompetenz-Performanz-Relation aber häufig vernachlässigt, weil zum Beispiel das vollständige Kompetenzspektrum der Mitarbeiter gar nicht bekannt ist. So gibt man sich mit dem zufrieden, was abgeliefert wird. Erst wenn Minderleistung festgestellt wird, sollen Gegenmaßnahmen dem entgegenwirken. Doch die Performance der Mitarbeiter wird nicht in Relation zu ihrem Potenzial gesetzt. Es werden Leistungswerte von außen vorgegeben, und wenn diese nicht erreicht werden, spricht man von Minderleistung. Wenn diese anhält, führt dies meist dazu, dass sich das Unternehmen von den betreffenden Mitarbeitern trennt.

Die Konsequenz aus dieser bislang sehr einseitigen Bewertung von Leistung resp. Minderleistung müsste sein, eine aussagekräftige Leistungsmessung zu etablieren, die insbesondere das Leistungsvermögen der Mitarbeiter einbindet. Dies kann Führungskräfte überfordern, da es den Führungsalltag sprengt. Sind Führungskräfte nicht in der Lage, das Leistungsvermögen ihrer Teammitarbeiter zu bemessen, muss das Personalwesen einspringen. Eine individualisierte Qualifizierungsplanung, entsprechende Qualifizierungsvereinbarungen und bedarfsadäquate Weiterbildung schaffen die Grundlage dafür, das Leistungsvermögen von Mitarbeitern realistischer einzuschätzen. Klaffen dann Kompetenz und Performanz immer noch auseinander, muss in der Mitarbeiterpsychologie nach möglichen Gründen gesucht werden. Das können wiederum die Führungskräfte eher leisten, weil sie ihre Mitarbeiter kennen (sollten). Das Bemessen von Leistung kann in diesen Fällen eher einer Orientierung dienen und Anlass zum Handeln sein, als dass ein vielschichtiges System der Leistungsmessung entworfen wird. Quantifizierung dient in diesem Falle als eine grobe Einordnung, die den Handlungsrahmen definiert. Das heißt, wenn es konkrete Anzeichen dafür gibt, dass Mitarbeiter nicht die durchaus möglichen Leistungen erbringen, ist der Anlass zum Handeln gegeben, sei es mittels eines Klärungsgesprächs oder anderer Maßnahmen zur Auflösung des Missverhältnisses von Leistung und Leistungsvermögen.

Festzuhalten bleibt:

…. mit ständigen Neuerungen sind die Kompetenzen der Mitarbeiter gefordert, da müssen Führungskräfte schon wissen, wozu die Teammitglieder imstande sind und wo sie sich verweigern, damit die Führung Neuerungen mit ihrem Team erfolgreich umsetzen können.

Es ist allerorts in der Unternehmenswelt ein Bedürfnis nach Standardisierung zu erkennen. Zum einen verspricht dies Orientierung und Sicherheit, zum anderen soll dadurch Berechenbarkeit geschaffen werden. Dabei wird übersehen, dass zu starre Strukturen oder zu strenge Standards Mitarbeiter veranlassen können, sich auf das Vorgegebene zurückzuziehen. Das heißt, sie machen das, was von ihnen erwartet wird, mehr nicht. Für die Dynamik haben solche Standards eine Bremswirkung. Die hier vorgestellten Bausteine der Dynamik schaffen zwar so etwas wie eine Struktur, sind aber kein Vorgehensmodell. Diese Bausteine sorgfältig betrachtet und nach einem eigenen Plan zu einem Bauwerk zusammengefügt zu werden.

3 Mit Bewegung in die Zukunft – Strategie braucht Umsetzung

Digitale Transformation entsteht aus einer Strategie. Selbst wenn Neues aus der digitalen Welt fast zwangsläufig in die Wertschöpfung eines Unternehmens oder in die Ablaufprozesse einer Organisation integriert werden soll, muss sich dies entweder aus der Strategie ergeben oder zumindest in diese einfügen. Eine digitale Neuerung wird nicht um des Neuen willen einfach in eine Unternehmenslandschaft implementiert, sie muss an der vorgesehenen Stelle hineinpassen und sie muss einen Mehrwert versprechen, auch wenn ab und zu Entscheider dem Reiz des Neuen erliegen, Neuerungen einkaufen und dann z.B. eine neue Technologie einfach der Mannschaft aushändigen.

Eine Zielsetzung verleiht der Strategie Leben und gibt den ersten Anstoß zur Umsetzung. Das in der Folge einsetzende Handeln hat dabei zwar Richtung, aber es bleiben noch ein paar wichtige Eckpunkte zu setzen. Sind die Ziele auf Gültigkeit geprüft und kann zuverlässig eingeschätzt werden, ob das definierte Handeln zur Zielerreichung führt, dann schafft dies die Grundlage des Quantifizierens. (Strategische) Ziele müssen messbar sein, sei es in Bezug auf das generelle Erreichen eines Zieles oder das Ausmaß der Zielerfüllung. Messbarkeit hilft, Fehlinvestitionen zu vermeiden.

Die Umsetzung ist im Ergebnis die Leistung. Wie Leistung betrachtet wird, welche Möglichkeiten im virtuellen Arbeiten gesucht werden und was Digitalisierung für die moderne Arbeitswelt bedeutet, hängt von der gewählten Perspektive ab. Damit erfährt jedoch die Art der Bewertung eine Subjektivität. Dagegen kann eine Annäherung an die drei Themen *Digitalisierung, Virtualisierung und Quantifizierung* darauf ausgerichtet sein, statt Bewertungen Impulse zu hinterlassen, wie Neues in die eigene Arbeit, ins eigene Arbeitsumfeld integriert werden kann. Dazu werden Digitalisierung, Virtualisierung und Dynamisierung strukturiert bewertet und durch wesentliche Aspekte verbunden. Den Rahmen bildet der Bedarf, um alles bedarfsadäquat wieder zu integrieren.

Leistung bringt nicht allein Erfolg, sie sorgt, wenn auch mittelbar, für Bewegung. Die Kunst der Führung besteht darin, einen Teil der Bewegung für die Zukunftsgestaltung zu nutzen. An morgen zu denken, ist genauso ein Handeln wie das Verrichten alltäglicher Arbeiten, sobald das Nach-vorn-Denken eine Umsetzung fordert. An dieser Stelle muss darauf hingewiesen werden, dass erst durch Tun, Machen, Handeln, Ausführen und Umsetzen die Bewegung erzeugt wird, die in der Folge zur Unternehmens-/Organisationsdynamik wird. Auch wirken Strategie und Umsetzung erst als Ganzes und müssen dazu eine Verbindungslinie haben. Wenn Bewegung einen Rahmen hat, dann erfolgt sie koordiniert und erst recht zielorientiert.

Sie lässt sich leichter steuern und der Wert von Veränderungen wird schneller erfasst. Damit wird nachvollziehbar, welche Bedeutung die Transparenz in der Strategie hat. Sie muss dafür in die Teamwelt transferiert und für die Teammitarbeiter gegebenenfalls übersetzt werden, damit sich diese mit der strategischen Zielrichtung identifizieren können. Dafür müssen die Teammitglieder miterleben, wie Strategie umgesetzt wird. Sind sie eingebunden, hat eine Strategie einen operativen Gehalt und können die Mitarbeiter der Zielrichtung folgen, werden sie bei der Umsetzung mitwirken und erzeugen dabei eine neue Dynamik. Daraus kann eine neue Strategie entstehen (siehe Abb. 9). Die weitreichendste Wirkung dieser Wechselseitigkeit ist eben die Dynamik, die ein Unternehmen in Bewegung hält. Diese Art der Existenzsicherung hat nichts Gezwungenes, Vorgegebenes oder Direktives. Das Dynamische kommt aus dem Innern einer Organisation, wenn diese Veränderungskraft Bestand haben soll.

Abb. 9: Strategie und Umsetzung in Wechselwirkung

Dass sich nicht alle von selbst in Bewegung setzen und dass ein In-Bewegung-Versetzen notwendig ist, lenkt erneut die Aufmerksamkeit darauf, wie wichtig die Vermittlung von Veränderungen und die Veränderungsbereitschaft sind. Zum Beispiel muss die Einführung hybrider Arbeitsplätze mit Unterstützung verbunden sein, damit der Reibungsverlust durch die Veränderung nicht zu groß wird und Möglichkeiten wie Optimierungen liegen gelassen werden. Umsetzung muss als Prozess, nicht als Schritt begriffen werden. Es steht außer Frage, dass das Initiieren von Bewegung ein zentrales Moment der Umsetzung ist, doch damit beginnt erst ein Prozess, der am Ende kritisch bewertet werden muss. Dazwischen liegen die einzelnen Schritte. Der große Sprung ergibt meist keinen Sinn, weil er entweder zu viel Anlauf braucht oder zu kurz gesprungen wird.

Festzuhalten bleibt:

… Strategie finden und die Mitarbeiter in Bewegung versetzen, so lautet die knappe und konzise Anforderung an jegliche Operationalisierung zur Strategiebildung.

Möglichkeiten der Digitalisierung, mobiles Arbeiten als Weiterentwicklung der Virtualität und die Aussicht auf Mehrwert schaffen einen fruchtbaren Boden für Veränderungen. Jedoch dürfen diese Möglichkeiten nicht im Stadium der Strategiebildung oder in der Diskussion stecken bleiben, auch wenn manche Verantwortlichen darin aufgehen, Szenarien zu entwerfen und die Analyse endlos voranzutreiben. Bevor ein solches Dilemma die Strategiebildung negativ beeinflusst, muss gleichwohl eine andere, nicht minder große Hürde genommen werden: die passende Strategie. Jede Strategie lebt von der Umsetzung, davon, dass die Vorhaben in Operatives verwandelt werden. Was vielleicht kaum wie eine Herausforderung anmutet, stellt in der Unternehmenswirklichkeit hohe Anforderungen. Zukunft sowie Situation, Bedarf sowie Potenziale und Perspektiven, Mehrwert sowie Nachwirkungen müssen in Einklang gebracht werden. Die Perspektivität und die damit zusammenhängenden Möglichkeiten veranschaulichen nicht nur, mit welchen Hilfsmitteln Strategien entwickelt, sondern auch wie über den Perspektivwechsel Lösungen gefunden werden können. Daran schließt sich unmittelbar die Notwendigkeit an, den Umgang mit Subjektivität und Objektivität zu professionalisieren. Denn all die Perspektiven haben nur Wert und Gültigkeit, wenn sie eng mit Objektivität verknüpft sind. Es ist nicht das Ziel, das ein Projekt auszeichnet, es ist die Umsetzung – und damit sind es die einzelnen Schritte, die dem Ganzen eine Kontur verleihen und am Ende in einem Ergebnis zusammenfinden.

3.1 Der Blick aufs Ganze

Um zu verstehen, was sich geändert hat oder was im Begriff ist, sich zu verändern, hilft der Blick aufs Ganze. Von Interesse ist weniger, was wodurch ersetzt wurde, sondern der Handlungsbedarf wird durch neue Anforderungen wie Erwartungen definiert. Bei der ersten Differenzierung wird darauf geachtet, was die aktuellen Größen zur Arbeitsorganisation sind und welchen Auswirkungen die Veränderung auf die Mitarbeiter als Einzelne und auf das Team hat. Hinsichtlich des Arbeitsplatzes fallen unmittelbar ins Gewicht: Optimierung, Weiterentwicklung, Dynamik, Digitalisierung und Virtualisierung (siehe Abb. 10). Vor allem die beiden letztgenannten Einflussfaktoren sorgen fortlaufend für Veränderungen in den Prozessen und in der Kooperation. Für die Mitarbeiter hat das zur Folge, dass sich Kompetenzanforderungen ändern und dass Lernen mehr Gewicht bekommt. Daher müssen Mitarbeiter Veränderungs- und Lernbereitschaft zeigen und Verantwortung für sich und ihre Arbeitsorganisation übernehmen. Die Selbstorganisation wird nicht zuletzt in der mobilen Arbeit zu einem Erfolgsfaktor. Erfolg als Zielvorgabe weist schon darauf hin, dass bei allen Veränderungen die Berechenbarkeit zählt.

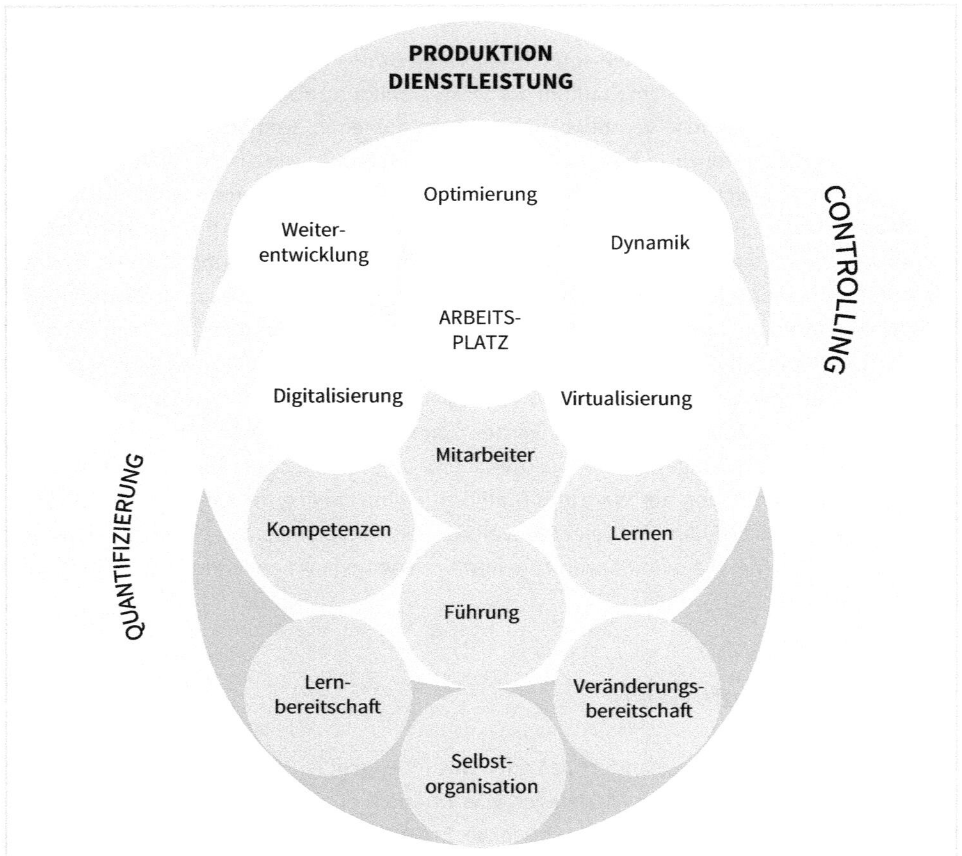

Abb. 10: Mitarbeiter – Arbeitsplatz – Quantifizierung

Doch die neue Arbeitswelt als *New Work* reicht bis ins Team hinein, denn all die Innovationen, die auf den Arbeitsplatz einwirken, haben gleichermaßen Einfluss auf das Team und die Steuerung der Teamarbeit. Veränderungen und Bewegungen müssen nicht nur kompensiert, sie müssen zudem generiert werden. Die Konzepte zur Agilität im Team zeugen von der zunehmenden Bedeutung der Beweglichkeit im Team. Das Team unterliegt einer ständigen Veränderung, allein schon durch die notwendigen Anpassungen. Gleichzeitig treiben die Teammitglieder den Wandel voran, u. a. indem sie durch selbstorganisiertes Arbeiten Verantwortung übernehmen und sich von einem starren Arbeitsplatzsystem lösen. Daraus ergibt sich ein neues Führungsverständnis, da Mitarbeiter nicht mehr strikte Anweisungen erhalten und Vorgesetzte nicht mehr alles vorschreiben. Führung wird so mehr zur Steuerung, indem Prozesse abgestimmt werden, Aufgaben verteilt, Rückmeldungen eingeholt und über Kommunikation Arbeit organisiert wird. *Modern Teaming* ist somit mehr als nur eine Begrifflichkeit – es gibt markante Eckpunkte, die eine moderne Teamarbeit von der traditionellen Form der Zusammenarbeit im Team abheben (siehe Abb. 11).

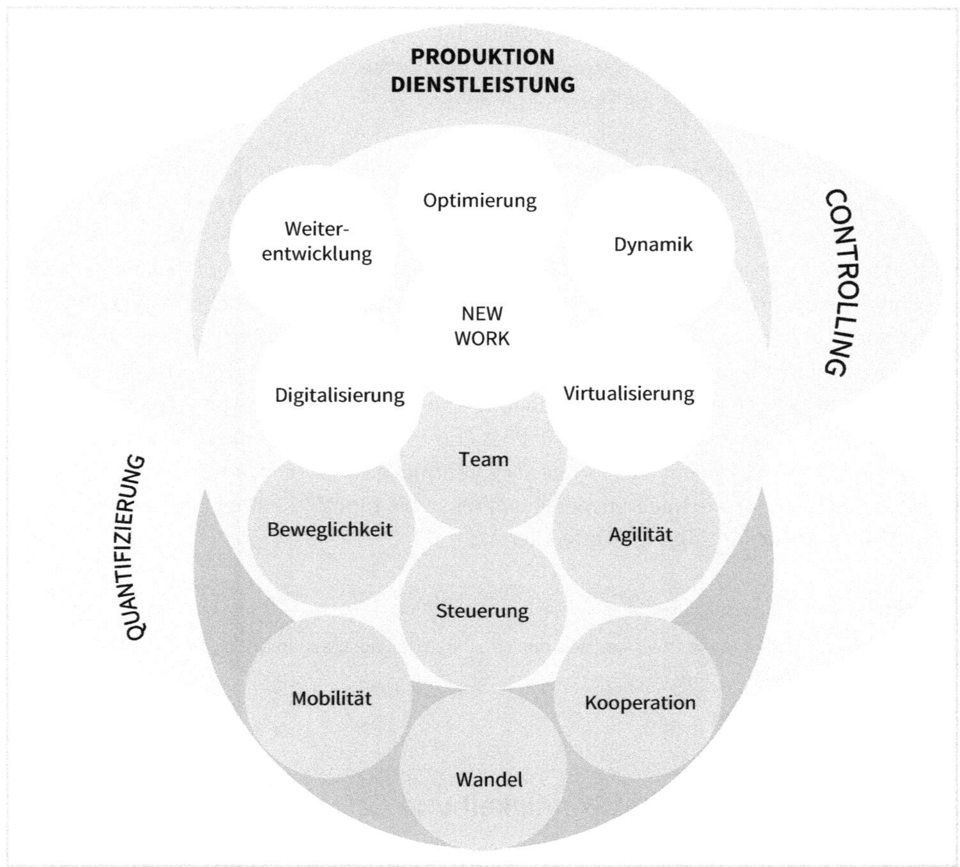

Abb. 11: Team – Arbeitsplatz – Quantifizierung

Diese Gesamtschau soll bewusst machen, dass die Digitalisierung meist eine Neuerung ist, die von außen auf ein Team und auf die einzelnen Mitarbeiter einwirkt, selbst wenn die Teammitglieder selbst Innovationen anstoßen können. Die Nuancierung soll darauf hinweisen, dass *New Work* nicht völlig neue Paradigmen einführt. Aber die zentralen Merkmale von *New Work* haben den Fokus neu ausgerichtet. Sind nicht alle spezifischen Komponenten von *New Work* an dieser Stelle erfasst, so wird trotzdem offensichtlich, wie sich Arbeit in dieser neuen Umgebung verändert hat und weiter verändert. Mobilität war in vergangenen Führungskonzepten eine Randerscheinung, während aktuell das mobile Arbeiten zu einem neuen Standard erhoben wird. Agilität als Führungsprinzip oder Veränderungsbereitschaft als Beweglichkeit – *New Work* hat vorhandene Strukturen an einigen Stellen umgekrempelt. Darauf muss sich Führung einstellen, denn Teammitarbeiter wollen nicht mehr bevormundet werden. Sie sind bereit, Verantwortung zu übernehmen, wenn sie dafür an Freiheiten, wie z. B. die Selbstorganisation und Selbstbestimmung, gewinnen. So erfährt die Delegation ihre eigentliche Bestimmung, indem die Mitarbeiter Verantwortung erhalten und übernehmen, während sie zuvor oft als Bestimmen oder als Weisung verstanden wurde und Selbstständigkeit dabei zu kurz kam. Mit einem neuen Führungskonzept wird der Ausgangspunkt dafür geschaffen, dass alle gemeinsam und aktiv an die Umsetzung von strategischen Zielen herangehen.

Das Machen selbst erhält im veränderten Kontext ebenfalls eine neue Dimension. Gemeinsames Handeln folgt keinen vorgegebenen Strukturen; es gibt keine strikten Ablaufpläne. Ganz anders als in den bisherigen Führungskonzepten ist allein das Machen die bestimmende Richtung und die Führungskraft ein Navigator. Konkrete Handlungsschritte werden aus einer selbst gewählten Perspektive entschieden. Sie führt immerhin dazu, dass Handeln einsetzt. Dies trifft selbstredend ebenso auf die Digitalisierung zu, wo entschieden werden muss, welche Innovationen sinnvoll sind und wie digitale Neuerungen eingeführt werden sollen. Eine Hilfestellung im Umgang mit dem Neuen bietet die Quantifizierung, wenn die Bewertung von Neuerungen ansteht. Anders als ein betriebswirtschaftliches Controlling wird nicht die volle Kontrolle angestrebt, das Quantifizieren umfasst formale wie informelle Verfahren zur Bewertung. Das fängt bei Entscheidungen sowie Neuerungen an und reicht bis zum Messen von Leistung, ohne dass damit eine Überwachungsfunktion intendiert ist.

Festzuhalten bleibt:

... wer New Work will, der muss wissen, was das neue Arbeiten ausmachen soll und welche Marksteine für den Wandel zu setzen sind.

3.2 Perspektivität – Notwendigkeit und Gefahr

Nicht alles Digitale muss vorbehaltlos aufgenommen, umgesetzt und eingesetzt werden. Es muss zuallererst geprüft werden, inwieweit es in die Situation sowie auf den Bedarf passt und es muss ein Mehrwert erkennbar sein. Der Punkt, an dem eine Bewegung erzeugt werden soll, der Blick auf die Art der Bewegung, das Verständnis für Dynamik im Unternehmen und die wirkende Kybernetik im Teamhandeln gehen auf eine Perspektive zurück. Sie ist Startpunkt wie hinreichende Voraussetzung für das Vorbereiten von Handeln und infolgedessen für Bewegung.

Die richtige Perspektive oder eine einheitliche Sicht auf alle Themen lässt sich im Grunde genommen nicht finden, da kein allgemeingültiger, alles umfassender Bezugspunkt existiert. Außerdem ist Gültigkeit kein eindimensionales Konzept. Die Qualitäten *richtig* und *falsch* belegen ja schon, wie Subjektivität in Bewertungen Raum greift. Es ist nicht das Ziel, stets die *richtige* Sicht zu finden, jede Annäherung muss dagegen darauf zielen, zum Handeln zu finden. Der Perspektivwechsel dient in diesem Zusammenhang als ein Werkzeug, diesen Weg zum Handeln anzubahnen (siehe auch weiter unten Kap. 3.3 und 3.4). Perspektivwechsel helfen, den Wirkungshorizont von Lösungen, Neuerungen oder Veränderungen weiterzudenken. Dieses Heraustreten aus und das Annehmen einer spezifischen Sichtweise erweitern nicht nur den Horizont, sondern schaffen zugleich eine Gelegenheit, Entscheidungen oder Vorhaben zu überprüfen. So wird eine Form der Objektivität erreicht. Das Sachliche, das Faktische lässt sich eher als solches identifizieren, wenn es der Prüfung von verschiedenen Seiten standhält. Optionales Denken darf dagegen nicht dazu verleiten, das Handeln aus den Augen zu verlieren, versteckt sich doch gelegentlich Unsicherheit hinter der Suche nach Optionen. So werden Probleme hin- und hergeschoben, sodass Optionen kleine Fluchten darstellen.

Die Perspektiven legen den Grundstein für die Relativität und die Erfassung von Optionen, was wiederum die Grundlage für die Objektivität bildet. Diese ist der beste Rahmen für Entscheidungen, aus denen in Folge Handeln entspringt. Im Sinne der Operativität wird das Tun dann nachverfolgt, schließlich ist es vorrangig, dass alles Handeln sowohl ein Ziel hat als auch einen Bedarf deckt. Operativität steht dann selbstverständlich ebenso in engem Zusammenhang mit allen Neuerungen, die erst durch das Umsetzen ihre Vollendung finden (siehe Abb. 12).

Abb. 12: Operativität als Ziel

Es zeigt sich, dass der Perspektivwechsel je nach Betrachtungsweise entweder eine Methode oder ein Führungsinstrument ist. Er kann dem Entscheider helfen, den besten Weg zum Ziel zu finden oder einem Problem eine geeignete Lösung zuzuführen. Somit unterscheidet sich diese Sichtweise von einem Vorgehen, das Szenarien zur Beschreibung von Lösungswegen entwirft, und ist eng an das Handeln angebunden. Diesbezüglich fügt sich alles unter dem Aspekt des Operativen zu einem Ablauf zusammen, der in Umsetzung und Nachverfolgung endet.

Festzuhalten bleibt:

… der Perspektivwechsel ist Mittel zum Zweck: Am Ende zählt das Handeln und eben dahin soll der Perspektivwechsel führen.

Der Perspektivwechsel sollte nicht willkürlich erfolgen, unbelegt nach neuen Standpunkten suchen oder ungeprüft Behauptungen ableiten. Objektivierung und Sachbezogenheit bleiben unabdingbare Voraussetzungen für den Wechsel der Perspektive sowie die Theoriebildung. Subjektivität von der Objektivität zu unterscheiden, muss dann gelegentlich erst gelernt werden. Angesichts der Vielzahl von Perspektiven zu einem Thema sind Transparenz und Offenheit entscheidend, um eigene Sichtweisen klar darzustellen und unterschiedliche Auffassungen aufzuarbeiten. Fragen regen zum Perspektivwechsel an, indem sie das Ganze in einzelne Teile zerlegen, die besser erarbeitet werden können, dem Leitsatz für Projektierungen folgend: Zerlegen und der Reihe nach abarbeiten. Fragen als Hilfestellungen fordern auch im Verlauf dieses Buches als Leitfragen immer wieder zum Perspektivwechsel auf.

3.3 Von Subjektivität und Objektivität

Ein gewisses Maß an Subjektivität ist unvermeidlich. Manche Behauptung – kommt sie durch Überzeugung zustande – passt in die eigene Weltsicht und wird schnell mit der Wirklichkeit gleichgesetzt. Es bleibt jedoch zu prüfen, wie die Wirklichkeit letztgültig aussieht. Der Perspektivwechsel eröffnet im ersten Schritt die Möglichkeit, die eigene Welt zu verlassen und etwas aus einer anderen Sicht zu betrachten. Im Zuge dessen wird die Sensibilität dafür geschaffen, dass die eigene Sicht zunächst subjektiv ist. Die Objektivität wird erst durch das Herauslösen von Fakten vorbereitet, wodurch subjektive Wertungen, wie sie in Behauptungen enthalten sein können, ausgeblendet werden. Objektivierung ist nicht nur das Schaffen von Bewusstsein und das Ausgrenzen von Behauptungen. Wenn die Objektivität sich auf Messverfahren bezieht, dann kommen zugleich empirische Maßstäbe zur Geltung.

Der Übergang zur Objektivität bei Messverfahren gelingt demnach erst, wenn Aspekte wie Gültigkeit und Zuverlässigkeit eine ausreichende Berücksichtigung finden. Objektivität ist ein zentrales Merkmal einer Bewertung, solange mit der Messung auch empirische Gültigkeit beansprucht wird. Dies mag schnell dazu verleiten, Ergebnissen Allgemeingültigkeit zu verleihen, doch dem ist die allem innewohnende Relativität entgegenzusetzen. Jeder Versuch, die Wirklichkeit in Kennzahlen abzubilden, wird aus einer gewählten Perspektive vonstattengehen, was bereits auf die Relativität der Ergebnisse hinweist. Das darf aber nicht davon abhalten, Leistung messbar machen zu wollen. Die Objektivierung von Verfahren zur Leistungserhebung bzw. -messung bereitet den Weg hin zu objektiven, gültigen Messwerten.

Handeln, Entscheidungen, Bewertungen und nicht zuletzt die Leistungsmessung erhalten ihren Wert durch die Objektivität, d.h. den Wunsch, ein Abbild der Wirklichkeit zu sein. Heruntergebrochen auf den Alltag der Leistungsmessung vor Ort bedeutet dies, unentwegt herauszutreten, eine kritische Distanz zu wahren und die Perspektive zu wechseln, auch um nicht irgendwelchen Emotionen zu erliegen. Das reicht außerhalb von Leistungsmessungen in gleicher Weise hinein in Digitalisierung und Virtualisierung. Neuerungen, die eingeführt werden sollen, müssen genauso einer objektivierten Bewertung unterzogen werden. Muss das Ganze auch keinen empirischen Charakter haben, so sollte zumindest die Orientierung an einer objektivierten Bewertung einer neuen Technologie erkennbar sein. Fehlinvestitionen schlagen im Bereich der Technologien in der Regel kräftig zu Buche.

Festzuhalten bleibt:

… bewusst die Perspektive zu wechseln, das hilft, den Weg aus der Subjektivität hin zur Objektivität zu finden.

Sich disziplinieren und sich objektivieren, das steht am Anfang. »Sich objektivieren« ist dabei eine sprachliche Neuschöpfung, die zum Ausdruck bringen soll, dass bewusst auf Tatsachen fokussiert wird. Das Disziplinieren sorgt dafür, dass der Prozess der Objektivierung regelmäßig ins Bewusstsein gerufen wird und Behauptungen beiseitegeschoben werden. Es ist nicht der empirische Anspruch, d.h. die Geltung empirischer Gütekriterien, was zählt. Sich bewusst auf eine kritische Prüfung einlassen und den Wechsel der Perspektive vornehmen, erfüllt bereits die Ansprüche, die an eine Bewertung von Investitionen gestellt werden.

3.4 Wirkmechanismus der Operativität

Die Orientierung an der Objektivität formt Verhaltensweisen, die das ganze Vorgehen bei der Umsetzung von Strategien und bei der Operationalisierung bestimmen. Schritte wie das Heraustreten, das Einnehmen der immer wieder geforderten kritischen Distanz, der Perspektivwechsel, das Bewerten und Entscheiden sind in Bezug auf das Operative die zentralen wie initialen Aktivitäten. Sie bilden die Vorstufe zur Umsetzung, und um das Handeln in geordnete Bahnen zu lenken, ist eine strukturierte Herangehensweise notwendig, damit Tun nicht zu Aktionismus führt. Das strukturierte Herangehen an die Umsetzung beginnt mit dem Heraustreten, das als eine Art *Stopp*-Signal verstanden werden sollte, damit die Subjektivität beiseitegeschoben wird. Der Vorgang, sich aus einer Situation zu lösen, führt fast zwangsläufig zur kritischen Distanz, die wiederum Voraussetzung dafür ist, dass ein Perspektivwechsel vorgenommen werden kann. Alle Schritte zusammen schaffen die Voraussetzung für eine objektivierte Betrachtung, wodurch sowohl der Sachlichkeit Vorschub geleistet wird als auch Tatsachen ins Zentrum einer anstehenden Entscheidung rücken (siehe auch zusammenfassend die Abb. 13).

Abb. 13: Operativ in die Zukunft

Von außen betrachtet ergibt sich unmittelbar die Möglichkeit, den Blickwinkel ganz gezielt auf die Sachlage, ein Problem oder auf eine Aufgabe zu richten. Nähert man sich sogar auf mehreren, unterschiedlichen Wegen, wird eine Bewertung, eine Entscheidung mit größerer Wahrscheinlichkeit objektiver sein und dem tatsächlichen Bedarf entsprechen. Der Zyklus aus Außensicht, Distanz, Perspektive und Bewertung/Entscheidung, die in Bezug auf ein gesetztes Thema das Handeln begleiten, wird zu einem wiederkehrenden Mechanismus. Daraus entsteht ein Automatismus, der bestenfalls dem Tun vorangestellt wird, sobald Entscheidungen, Bewertungen, Lösungen, Umsetzungen u.Ä. anstehen und sollte auch bei der Betrachtung von Digitalisierung und Virtualisierung zum Einsatz kommen.

Festzuhalten bleibt:

… operativ werden heißt handeln, ein wenig Struktur als Grundlage tut dem Ganzen gut.

Es kann nicht oft genug die Sachlichkeit als Maßstab angemahnt werden, da bei der Arbeit in einem Team alle ständig mit Emotionalität konfrontiert werden. Sie ist Wesensmerkmal und Antrieb in der Teamarbeit, dennoch darf darüber nicht die Sachlichkeit in den Hintergrund gedrängt werden. Genau diese Gefahr droht unerfahrenen Teamleitern, wenn sie sich auf Behauptungen einlassen, statt auf die Tatsachen zu schauen und die Fakten zu prüfen. Oft muss sich der Wirkmechanismus der Operativität erst als Prozess etablieren, bis routinemäßig die Sachlichkeit gesucht wird – mit dem Ziel, angemessen zu handeln.

3.5 Veränderungsbereitschaft erzeugen

Bewegung und Dynamik trifft irgendwann auf Mitarbeiter. Dort darf das Ganze nicht versanden. Veränderungen entfalten ihre Wirksamkeit und kommen zur Geltung, wenn sie von Mitarbeitern angenommen und weitergetragen werden. Modernität zieht nach sich, dass Veränderungen die gewohnten Abläufe unterbrechen und Neues ins Tagesgeschehen zu integrieren ist. Daher ist darauf zu achten, die Mitarbeiter mitzunehmen. Das gelingt nicht immer ohne Reibungsverlust und es setzt voraus, dass es eine wohlwollende wie offene Atmosphäre für *Change* gibt. Das Klima im Team ist wiederum ein Produkt der Teamkultur. Es wird ein Faktorennetz und zugleich eine Kybernetik erkennbar, die aufzeigen, dass Veränderung kein rein technischer Prozess ist. Das gegenseitige Bedingen von Faktoren und die Fortpflanzung von Impulsen sollten also bewusst wahrgenommen werden, auch wenn innovationsreiche Themen wie die Digitalisierung und Virtualisierung unablässig in die Organisation hineinwirken. Da Neuerungen im Allgemeinen die gewohnte Ruhe unterbrechen, hat Quantifizierung dieselbe Nachwirkung auf alltägliche Abläufe, da sich alle Beteiligten erst auf das Neue einstellen müssen. Die Einstellung zu fördern, zu verändern oder überhaupt aufzubauen, setzt eine durchgängige Bearbeitung der Teamkultur, einen ständigen Austausch mit den Mitarbeitern und eine eindeutige Kommunikation zu den Erwartungen voraus. Kultur sowie Atmosphäre als Ganzes prägen die Veränderungsbereitschaft und auf diese Weise die Geschwindigkeit, mit der Änderungen angenommen werden. Die allgemeine Dynamik und die Bereitschaft der Mitarbeiter haben darüber hinaus noch einen Nebeneffekt, denn Mitarbeiter werden eher eigene Ideen und ihre Veränderungsenergie einbringen. Wie viel digitales Feuerwerk und virtuellen Zauber ein Team und Einzelne im Team vertragen, hängt von der Situation und den individuellen psychologischen Gegebenheiten ab. Hinschauen, Kommunizieren und Gestalten sind die von Aktivität geprägten Wege hin zu einer gemeinsamen Zukunftsgestaltung. Changemanagement darf keine Einbahnstraße sein. Neuerungen brauchen Akzeptanz sowie Mitwirkung, damit die Änderungen nachwirken und das Veränderungsmanagement wirkt.

Das Zusammenwirken von Innovation und Team ist ein wesentlicher Bestandteil im Changemanagement und ebenso in der modernen Wissenswirtschaft. Neuerungen sind eng mit Wissensmanagement verbunden, daher müssen sowohl die Verbindungslinien als auch das Gesamtbild berücksichtigt werden. Die Bereitschaft, sich zu verändern und mitzugestalten, darf nicht mit einem simplen Mechanismus verwechselt werden. Steuerung kann nur über Empathie, Respekt und Teamfähigkeit gelingen. Letzteres muss sowohl bei der Teamführung als auch bei den Teammitgliedern spürbar werden. Viele Gelegenheiten, Neues einzuführen oder Prozesse zu optimieren, bleiben ungenutzt, weil Teammitglieder nicht mitziehen oder Führungskräfte die Potenziale nicht erkennen. Innovation ist nicht rein technisch, an einem gewissen Punkt kommt das Menschliche in diesem Prozess immer zum Tragen. Sobald Menschen Teil dieser Veränderungskybernetik sind, beginnt die Motivation eine besondere Rolle zu spielen. Qualität der Umsetzung, Grad der Einsatzbereitschaft und der Wille zur Veränderung sind die typischen Faktoren, an denen sich die Motivation der Mitarbeiter ablesen lässt. Technologische Möglichkeiten, digitale Revolution und Potenziale in der Virtualisierung reichen allein noch nicht aus, Veränderungen zur vollen Entfaltung zu bringen. Mitarbeiter werden zum wirksamen Baustein des Neuerungsprozesses. Dem muss Rechnung getragen werden, indem ihre Bereitschaft zur Veränderung einbezogen und vor allem gefördert wird. Deshalb kann Changemanagement nicht auf die technologische Revolution oder den Zauber der Virtualisierung beschränkt bleiben, die Psychologie der Veränderung sowie die Teilhabe der Mitarbeiter am Wandel sind fundamentale Wirkkomponenten der Zukunftsgestaltung.

Festzuhalten bleibt:

… alle zusammen und das mit Überzeugung – das darf keine hohle Phrase sein, erst das Echte daran erzeugt Bewegung.

Das Gegenteil von Bewegung ist die Trägheit, an ihr erkennt man die Gefahren für die Unternehmens-/Organisationsentwicklung am deutlichsten. Breitet sich die Trägheit aus, wird Dynamik herabgesetzt oder kann erst gar nicht entstehen. Trotz des Bewusstseins für die Zusammenhänge wird das Thema nicht durchweg ernst genommen. Bewegung braucht Impulse, dessen müssen sich die Verantwortlichen bewusst sein. Sie dürfen nicht über Unbeweglichkeit klagen, wenn sie selbst nicht mit Anreizen für Beweglichkeit sorgen. Beweglichkeit braucht Anstöße, denn sie entsteht nicht einfach aus dem Nichts.

3.6 Wissen als notwendige Grundsubstanz

Ob Wissen oder Können, ob Beherrschen oder Verstehen, dahinter verbirgt sich eine Art Treibstoff für alles, was mit Transformation und Digitalisierung zu tun hat, und selbstverständlich hat auch Wissen Bezugslinien in die Quantifizierung hinein. Die Relevanz von Wissen sollte nicht unterschätzt werden und verdient einen festen Platz in der strategischen Planung. In dieser Hinsicht kann die Konsequenz nur sein, von einer Wissenswirtschaft zu reden. Bei genauer Betrachtung der Wechselwirkung zwischen Wissen und Veränderung zeigt sich, dass digitale Neuerungen meist von außen kommen. Dies bedeutet, dass Teammitglieder den Umgang mit dem Neuen erst erlernen müssen. An dieser Stelle tritt bereits zutage, dass Lernen – ähnlich wie Kommunikation – eine Säule der betrieblichen (Zusammen-)Arbeit ist. Damit Wissen die erwartete wie geforderte Dynamik erzeugen kann, müssen die Verantwortlichen in Unternehmen wie Organisationen die Voraussetzungen dafür schaffen, dass Wissenstransfer stattfindet und Gelegenheiten zum Ausbau des individuellen Wissens angeboten werden. Da traditionelle Bildungskonzepte dem schnellen Wandel am Arbeitsplatz und den Anforderungen von *New Work* nicht mehr gerecht werden können, muss sich in Unternehmen eine moderne Wissenswirtschaft etablieren.[8] Sie reagiert auf die neue Situation mit bedarfsadäquaten Lernmaßnahmen, individuellen Lernangeboten und einer Orientierung am Mehrwert.

Wissen kann zwar als Ganzheit betrachtet werden, mehr Erkenntnisgewinn bringt es, sich Wissen von seinen Teilen her anzunähern. Ein Team als Ganzes ist eine Sammlung von Wissen, wobei jedes Teammitglied individuelles Wissen besitzt, das aus verschiedenen Wissensbausteinen besteht. Bei der Anlage von unternehmerischen Wissensnetzen sind daher die Verknüpfung der Wissensbausteine und die Förderung von Wissenstransfer unter den Mitarbeitern notwendig. Erkennen die Mitarbeiter die Vorteile von Wissensnetzen und finden für sich die entsprechenden Anreize zum Teilen von Wissen, einstehen Verknüpfungen wie Knoten eines Netzwerks. Es entsteht ein Fundus von Wissen, der Aufschluss darüber gibt, was in welcher Weise was bewegt, wie etwas funktioniert oder was zu tun ist, damit etwas richtig funktioniert. Datenspeicher und Datenbanken haben etwas Funktionales, sind zugleich aber reaktive Systeme. Die Mitarbeiter haben das Potenzial, zu agieren. Die Bedeutung dieser aktiven Rolle wird durch die zunehmende Ausrichtung auf Agilität deutlich, bei der von Einzelnen und Teams nicht nur erwartet wird, dass sie handeln, sondern auch aktiv die Zukunft mitgestalten und nicht nur mechanisch Aufgaben abarbeiten.

Festzuhalten bleibt:

… Wissen gehört als feste Größe in die Strategie, denn Wissen ist Zukunftsfaktor und zugleich Treibstoff für Dynamik.

8 Siehe dazu Werner Bünnagel (2011): *Handbuch zur Einführung einer modernen Wissenswirtschaft. Das Unternehmenswissen im Visier*, München/Mering: Rainer Hampp, oder ders. (2012): »Wissen vernetzen – Potenziale fördern«, in: *wissensmanagement. Das Magazin für Führungskräfte*, Heft 8/2012, S. 41–43, oder ders. (2009): »Nutzen spüren«, in: *PERSONAL, Zeitschrift für Human Resource Management*, Heft 10/2009, S. 46.

3.7 Handlungsorientierung statt Lösungsorientierung

Der Weg zum Handeln führt über die Grundannahmen zur Beweglichkeit in den Teams, der Veränderungsbereitschaft von Mitarbeitern und die Anforderungen an die Objektivität. Oft wird Lösungskompetenz von Mitarbeitern gefordert, ohne dass klar zugrunde gelegt wird, was damit verbunden ist. Genauso oft werden aber auch Lösungen diskutiert und gesammelt, ohne dass eine konkrete Handlung daran angebunden wird. Über Lösungen nachzudenken, ist noch lange kein Lösen – es ist allenfalls lösungsorientiert. Es besteht ein feiner Unterschied zur Handlungsorientierung, bei der die Lösungssuche eng mit dem Handeln verbunden ist. Das Spektrum reicht demnach von der Problemorientierung, bei der nur in Problemen gedacht wird, über die Lösungsorientierung bis zur Umsetzungsorientierung, bei der das Handeln als Problemlösung zur Zielvorgabe gemacht wird. Obwohl Lösen und Handeln zusammengehören, besteht der feine Unterschied darin, dass eine Lösung angewendet und umgesetzt werden muss, damit sie wirklich zur Lösung wird. Weisheiten allein bringen nicht weiter; Lösungen sind der eigentliche Anstoß zum Handeln. Das Suchen nach Lösungen ist ein zentraler Prozess, der letztendlich zu konkreten Aktionen führen muss, ohne dass die Lösungssuche zum Selbstzweck wird.

Bei der Handlungsorientierung liegt der Schwerpunkt darin, Lösungen ereignisorientiert umzusetzen. In Konzepten zu agilen Teams und zur Unternehmensdynamik gebührt dem Handeln eine zentrale Bedeutung, weil dadurch Bewegung entsteht und Veränderungen angestoßen werden. Es ist das konkrete Machen und Tun, das aus der Handlungsorientierung eine Handlungsrichtung macht. Für das operative Geschäft vor Ort wird der Erfolg des Handelns dadurch bestimmt, dass es nicht bloßer Aktionismus führt, sondern dass die Aktionen zielgerichtet und in ein Handlungskonzept eingebunden sind. Agile Teams arbeiten daher nicht in festen Strukturen, sondern Situation, Bedarf und die jeweiligen Kompetenzen bestimmen die Aufgabenverteilung und die Art des Zusammenwirkens. Zukünftig wird sich zeigen, inwieweit lose Teamformationen mit wechselnden Teammitgliedern den Anspruch an ein Team erfüllen können. Das psychologische Moment darf dabei nicht vernachlässigt werden, da es die Intensität der Kooperation der Mitarbeiter maßgeblich beeinflusst. In agilen Teams hängt vieles vom reibungslosen Miteinander und einem Sich-Ergänzen sowie Sich-Unterstützen ab.

Festzuhalten bleibt:

... Handeln steht an der Spitze der Pyramide zur Erzeugung von Bewegung, weil erst dadurch echte Bewegung entsteht,

Ein perfektes Ergebnis mag zwar das Ziel der Umsetzung sein, aber es steht nicht am Anfang. Auf den Handlungsbeginn als Grundstein folgen Schritt für Schritt die weiteren Handlungen, die immer wieder Gelegenheit zum Optimieren oder Anpassen geben.

4 *New Work* und Agilität

New Work und Agilität sind sowohl Vorboten als auch Eckpfeiler einer neuen Entwicklung, die Arbeit in Unternehmen am Ende grundlegend verändert hat. Neue Arbeitsformate wirbeln derweil die Arbeitsorganisation in der Praxis und die Organisationslehre in der Theorie durcheinander. Erscheint *New Work* auch als ein erreichter Zustand, als ein Ergebnis der Entwicklungen, erfordert die neue Arbeitswelt ein übergreifendes Konzept, das ihre Besonderheiten klar herausstellt. Dabei ist es entscheidend, nicht nur Definitionen aufzustellen, sondern auch aufzuzeigen, was anders und besonders ist. Darüber hinaus interessiert, wie *New Work* umgesetzt werden kann, welche Schritte zu vollziehen sind, damit sich die Arbeitsstruktur grundlegend ändert. Die gilt gleichermaßen für die Agilität. Die Forderung nach mehr Beweglichkeit der Mitarbeiter reicht nicht aus, Agilität im Team zu begründen.

Leitfragen

- *Wie entsteht Agilität? Was soll Agilität erzeugen?*
- *Wie kann Agilität erhalten werden?*
- *Wofür soll New Work stehen?*
- *Was soll sich mit New Work grundlegend verändern?*
- *Sind die Änderungen mehr Anpassungen oder einer sich ändernden Umwelt bzw. irgendwelchen Neuerungen geschuldet, die als viel- bzw. Erfolg versprechende Erkenntnisse propagiert werden?*

In der logische Folge ergeben die Antworten die Vorteile sowie die Argumente dafür, Arbeitsformate anzupassen und die Arbeitssituation ggf. grundlegend zu verändern. Als Begrifflichkeit und als Formen der Zusammenarbeit sind sowohl *New Work* als auch das agile Team längst etabliert. Es fehlt jedoch noch eine klare Übersicht, die eine strukturierte Darstellung ermöglicht und die wesentlichen Unterscheidungsmerkmale hervorhebt. Eine Charakterisierung als *Neues* reicht lange nicht aus hervorzuheben, wo die wirksamsten Veränderungen stattgefunden haben. Das Unterscheidungskritische hilft, ein unternehmensspezifisches Konzept zur *New Work* zu entwerfen.[9]

Die neue Arbeitswelt ist zweifellos agil. Auf der Beweglichkeit der Einzelnen fußen der Fortbestand und die Zunahme der Dynamik in Organisationen. Die großen Trends allein machen jedoch noch keine Zukunft. Gewiss wird die künstliche Intelligenz einige Veränderungen bringen, aber es muss sich erst noch zeigen, ob künstliche Intelligenz mehr als ein Trend ist. Die Erwartungen sind sehr hoch, das Erreichen der Ebene der menschlichen Intelligenz und des menschlichen Lernens steht als Entwicklungsstufe von Automaten und neuronalen Netzen noch aus. Die offensichtliche Dominanz von digitalen Systemen beim Datenmanagement darf nicht verblenden, die vermeintliche Überlegenheit muss kritisch hinterfragt werden. In jedem Fall hat die Digitalisierung Schwung in die Entwicklung gebracht, was wiederum Mitarbeiter in Bewegung gesetzt hat, denn ohne Anpassung und Lernen würde irgendwann alles stillstehen. Mit dem Arbeitsplatz hat sich folglich die Arbeit der Einzelnen verändert und manchmal ist nicht viel übrig geblieben von dem, was vormals vertrautes Tagesgeschäft war.

Die Digitalisierung hat einen großen Anteil an der aktuellen Dynamik und somit an der Beschreibung von *New Work*, nicht zuletzt weil damit das mobile Arbeiten eine sprunghafte Entwicklung genommen hat. Bei einem Versuch der Definition von *New Work* als einem neuen Arbeitsformat ist eine Abgrenzung zu anderen Formaten wenig sinnvoll. Dagegen sind es die Wesensmerkmale, die helfen, neue Arbeit zu begreifen. Außer Dynamik und Agilität sind es strategischer Wandel, Teamorganisation, Veränderungen bei den Anforderungen an die Mitarbeiter, die formatstiftenden Strukturen und im operativen Bereich die Führung, die der neuen Arbeit das Erscheinungsbild geben. Dazu gehören alle möglichen Formen der Vernetzung, von der allgemeinen Vernetzung der Mitarbeiter über die digitalen Netze bis hin zu den Wissensnetzen. Eng daran geknüpft sind die Notwendigkeit zur Kooperation, das gezielte Managen von Wissen, die Flexibilisierung und die Anpassungsfähigkeit von Mitarbeitern, die Vermittlung von Sicherheit

---

9 Die bereits erwähnte Fachliteratur zu *New Work* wird an dieser Stelle erweitert durch Simon Werther (2023): *New Work oder New Normal? Frag doch einfach! Klare Antworten aus erster Hand!* Konstanz: UTB; Andreas Schröer/Birgit Blättel-Mink/Antonius Schröder/Katrin Späte (Hg.) (2023): *Soziale Innovationen in und von Organisationen. Sozialwissenschaftliche Studien zur Transformation von Organisation*, Wiesbaden: Springer Fachmedien; Lena Marie Glaser (2022): *Arbeit auf Augenhöhe. Die New Work Revolution: Kreativ denken, neue Wege wagen und die Arbeit der Zukunft solidarisch gestalten*, Wien: Kremayr & Scheriau; Timo Otte (2022): *Auswirkungen der Digitalisierung auf die Arbeit in der Produktion unter besonderer Berücksichtigung von New Work*, Masterarbeit, Hamburg: Hochschule für Angewandte Wissenschaften Hamburg; Rüdiger Nolte (2022): *New Work & Smart Change. Die digitale Transformation: Staats- und Verwaltungsreform »reloaded«*, Brühl: Hochschule des Bundes für Öffentliche Verwaltung; Bettina Seibold/Walter Mugler (2022): *New Work: Neue Arbeitswelten, neue Chancen? Beschäftigteninteressen mit zukunftsorientierten Arbeitsformen verbinden*, Düsseldorf: Hans-Böckler-Stiftung; Andrea Matheus (2021): *Crashkurs New Work. Psychologische Sicherheit für Teamarbeit und Führung*, Freiburg: Haufe; John Erpenbeck/Werner Sauter (2021): *Future Learning und New Work. Das Praxisbuch für gezieltes Werte- und Kompetenzmanagement*, Freiburg: Haufe; Christine Thiel (2021): *New Work. Der mobile Alltag Digitaler Nomaden zwischen Hype und Selbstverwirklichung*, Frankfurt am Main: Campus Verlag; Carlos Frischmuth (2021): *New Work Bullshit. Was wirklich zählt in der Arbeitswelt*, Frankfurt am Main: Frankfurter Allgemeine Buch; Susanne Klein (2020): *60 Tools für den New Work Coach. Transformation aktiv gestalten*, Offenbach: GABAL; Götz Piwinger (2020): *New Work für Praktiker. Das unverzichtbare Handbuch für die Personal- und Organisationsentwicklung*, Stuttgart: Schäffer-Poeschel; Joana Breidenbach/Bettina Rollow (2019): *New Work needs Inner Work. Ein Handbuch für Unternehmen auf dem Weg zur Selbstorganisation*, 2. Aufl., München: Vahlen.

und die Freiheit, die Mitarbeiter zur Umsetzung von Selbstorganisation brauchen. Als Ganzes zeichnet dies Konturen, die dabei helfen, die *neue Arbeit* als ein Format zu verstehen, das mehr ist als ein Trend und eine temporäre Erscheinung.

4.1 Neue Arbeitsformate

Mobile, hybride und synergieerzeugende Arbeitsformate brauchen eine Struktur, die ihre Besonderheiten herausstellt. Auf der einen Seite reicht die Philosophie dazu nicht, auf der anderen Seite darf das Direktive nicht Überhand gewinnen, denn die neuen Arbeitsformate zeichnen sich durch Selbstorganisation aus. Nach den bisherigen Ausführungen und den Darlegungen zur Bedeutung des Operativen in der neuen Arbeit überrascht es wenig, dass – wenn die Rede von neuen Arbeitsformaten ist – das Handeln erneut zum Dreh- und Angelpunkt wird.

Vieles, was die neue Situation am Arbeitsplatz beschreibt, wird unter *New Work* subsumiert. *New Work* ist allerdings nicht einfach ein Sammelbecken für das Neue. Arbeit hat durch die Digitalisierung sowie Virtualisierung eine neue Entwicklungsstufe erreicht. Dabei zählt nicht mehr die physische Präsenz, sondern die Tätigkeit tritt in den Vordergrund und vor allem das selbstständige Arbeiten. Letzteres macht sofort deutlich, dass das Delegieren eine neue Bedeutung bekommt. Verantwortung wird übergeben und das selbsttätige Erledigen von Aufgaben prägt den Tagesablauf. Da alle aktiv und selbstorganisiert sind und trotz einem verstreuten Arbeiten zusammenwirken, begründen sie die Agilität der Teams. Mit dem Tun erzeugen Teammitglieder Bewegung. Dabei arbeiten sie nicht stur Aufgaben ab. Alle schauen, welche Anforderungen eine Situation stellt und wie sie den Handlungsbedarf decken. *New Work* wird daher oft in Zusammenhang mit agilen Teams gebracht, denn im modernen *Teaming* übernehmen die Teammitglieder Verantwortung und erledigen selbsttätig ihre Aufgaben.

Doch auch agile Teams brauchen eine Richtung – alle müssen dieselben gemeinsamen Ziele verfolgen. Auf dem Weg zum Ziel werden dann nicht stur Aufgaben abgearbeitet, sondern die Einzelnen im Team übernehmen Verantwortung, zeigen bei sich verändernden Anforderungen Flexibilität, organisieren sich selbstständig und gestalten Zukunft mit. Kommunikation ist das tragende Element in moderner Teamarbeit, um sicherzustellen, dass alle auf dem richtigen Weg sind. Zielvereinbarungen, Rückmeldungen, Klärungen, Transparenz, Offenheit und Respekt sind die Bausteine der Teamkommunikation in Zeiten von *New Work*. Kompetenzen werden in modernen Teams geteilt, Teammitglieder partizipieren untereinander an den Kompetenzen des anderen. Das alles setzt Flexibilität als eine Kernkompetenz bei den Teammitgliedern voraus. Aufgabenerfüllung ist nicht länger ein stures Abarbeiten, Mitarbeiter lassen sich auf ihre Aufgaben und auf mögliche Veränderungen ein. Agieren und Lösungsorientierung sind die neuen Maßstäbe, die für die Teamarbeit als Richtungsweiser gesetzt werden.

Für die Teambildung sowie Teamentwicklung ist daher entscheidend, dass Mitarbeiter an die Selbstorganisation herangeführt werden, dass eine Feedbackkultur entsteht, dass Flexibilität als die Beweglichkeit der Einzelnen zum Teamprinzip wird, dass Teammitglieder im Gemeinschaftlichen die Veränderungskraft erkennen und dass Anpassungsfähigkeit kein Offenbarungseid ist. Sich an eine veränderte Umgebung anpassen, Ziele gegebenenfalls bei Veränderungen angleichen und sich auf neue Situationen einstellen, das macht die Fähigkeit von Mitarbeitern aus, sich anpassen sowie neu organisieren zu können. Für Führung bedeutet dies, dass es nicht mehr um Delegieren als einfache Aufgabenverteilung geht, sondern dass die Teams an den neuen Teamgedanken herangeführt werden, Teamkompetenzen aufgebaut werden, Selbstorganisation gefördert und Gemeinschaft geschaffen wird (siehe auch Abb. 14).

Abb. 14: Teamgedanke und *New Work*

New Work will mehr als Neologismus sein. Die neue Arbeit ist Ausdruck einer Anpassung und einer Weiterentwicklung. Arbeit verändert sich mit der Zeit, so wie sich die Umwelt verändert. Marktanforderungen, Marktveränderungen, Technologisierung und gesellschaftlicher Wandel sind einige Faktoren, die den Wandel bestimmt haben. Unternehmen wie Organisationen müssen auf Veränderungen reagieren. Da Wandel mittlerweile viel schneller vonstattengeht und Neuerungen häufiger sowie in kürzeren Abständen auf die Unternehmensentwicklung einwirken, sind alle gezwungen, mit einer eigenen Dynamik, mit Veränderungsbereitschaft auf Veränderungen zu reagieren. Das macht es notwendig, die Entwicklung bei den Mitarbeiterkompetenzen neu auszurichten.

Festzuhalten bleibt:

... New Work macht neue Arbeitsformate notwendig, die wiederum die Arbeit an sich verändern und ein neues Kompetenzspektrum erfordern.

4.2 Agile Teams und Agilität als Zielkorridor

Die Agilität steht im Dienst der Dynamik, denn agile Teams sind nichts anderes als Orte, wo Bewegung aufgenommen und weitergetragen wird. Agilität umfasst von der Definition her verschiedene Formen von Beweglichkeit. Agiles Verhalten darf jedoch nicht mit Aktionismus verwechselt werden. Wer Bewegung im Team koordinieren will, wird schauen, welche Ziele gesteckt sind, die dem Team vermittelt werden können, wie die Bewegung und das Machen aussehen sollen und was damit zu erreichen ist:

- Ziele
- Koordination zur Abgrenzung von Aktionismus
- Zielvermittlung
- Operationalisierung durch Bausteine des Machens
- Anleitung zu den Bausteinen
- *Commitment*
- Zielkontrolle
- Nachhaltigkeit

Neben diesen Erfolgsmerkmalen können, um Agilität von anderen Veränderungen in der Teamarbeit abzugrenzen, als erster Differenzierungszugang sechs Kriterien angesetzt werden (siehe Abb. 15).

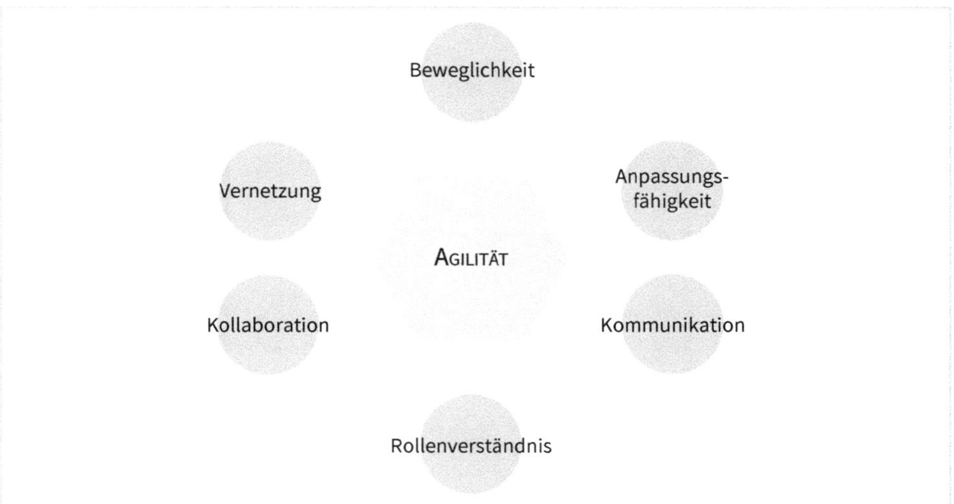

Abb. 15: Agile Teams und *New Work*

Es fällt auf, dass bestimmte Merkmale wiederholt auftauchen, was unterstreicht, dass vor allem Beweglichkeit (im Zusammenhang damit die allgemeine Dynamik), Kommunikation und Kollaboration/Kooperation als Entwicklungspunkte gelten. Weitere Quellen der Agilität bilden die Anpassungsfähigkeit, die Vernetzung und das Rollenverständnis. Ursprünglich sollten vor allem Projekte agil werden, mittlerweile sind es ganze Teams, die sich durch Agilität auszeichnen wollen. Die Grundstruktur der Agilität ist eine Bewegungsstruktur. Bekannt wurden diese Strukturen durch das Projektmanagement nach *Scrum*, *Lean* und *Kaizen*, die als praktische Umsetzungen der Agilitätstheorie die weiteste Verbreitung erreicht haben. Die Beweglichkeit als eine Art Anpassungsfähigkeit ist zum einen eine Reaktion auf Veränderungen, zum anderen eine Forderung, die durch die schnellen wie häufigen Veränderungen, Entwicklungen und Neuerungen, die von außen kommen, gestellt wird.

Wechselt man die Perspektive, lassen sich leicht noch andere strukturbildende Momente herauslösen. Als Orientierungspunkte erscheinen beispielsweise Vernetzung und Rollenverständnis sehr pauschal. Es sind die besonderen Ausformungen auf die Situation und den Bedarf hin, die *New Work* und Agilität einen spezifischen Charakter verleihen. Rollenverständnis schließt dabei Wissenstransfer ein, damit alle von der Rolle profitieren können. Dadurch entsteht Vernetzung und Kooperation kann so lebendig werden. Im Transfer selbst steckt wiederum Bewegung und alles zusammen sorgt für Dynamik. Die Faktoren oder die Ausformungen von *New Work* sowie Agilität im Team sind variabel, situationsspezifisch und vielgestaltig, sodass die ausgewählten Merkmale erst einmal eine Kontur schaffen und Wesentliches herausstellen. Wie sich das anfängliche Faktorenbündel erweitern lässt, zeigt die Gegenüberstellung einzelner Bausteine zur Agilität und zu agilen Teams (siehe dazu Abb. 16).

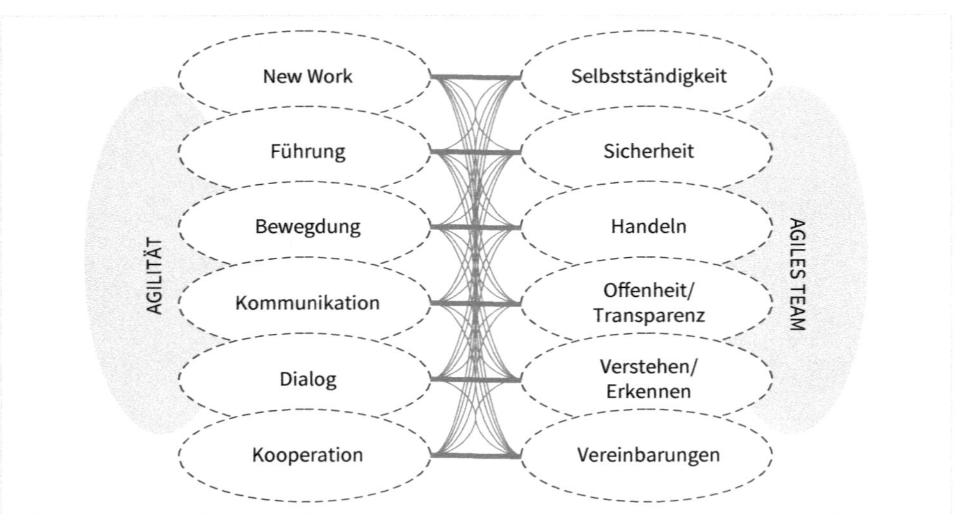

Abb. 16: Bausteine des Paradigmenwechsels[10]

Agilität ist kein Dopingmittel für die Teamarbeit. Sind alle diffusen Zauberformeln aus der Begrifflichkeit herausgelöst, bleibt der Kern der Agilität: die Bewegung. Die Flexibilität der Teams und die Handlungen der Einzelnen bestimmen die reale Ausprägung von Agilität. Die Führung muss das Instrumentarium beherrschen, Beweglichkeit zu erzeugen und aufrechtzuerhalten.

10 Aus Werner Bünnagel/Beata Teresa Tarnowska (2023): *Innovative Teamarbeit. Wie Teambildung und Teamentwicklung in Zeiten von New Work gelingen können*, Freiburg: Haufe, S. 69–71, Kap. »4.10 Agilität und New Work«, S. 69–71.

Bricht man diesen Kern auf operative Bausteine zu Erzeugung von Agilität herunter, bleiben zum Teil nur profane Zielsetzungen, die es im Grunde genommen alle schon vorher gegeben hat. Dynamik, Bewegung oder Agilität sind und waren mit ähnlichen Inhalten verknüpft. Daraus ergibt sich nicht das Neue. Ideen, Impulse, Erneuerung, *Change*, Wandel oder Optimierung werden nicht zu neuartigen Konzepten. Sie behalten ihre Bedeutungen.

Während außerhalb von Agilitätskonzepten mehr die Prozessbeschreibung verfolgt wurde, wird bei agilen Teams auf das Machen gesetzt. Alles orientiert sich am Handeln und Teamstrukturen werden so gelegt, dass sie auf das Tun ausgerichtet sind. In einem konzeptionellen Entwurf wird die Agilität auf die verschiedenen Bereiche begrenzt und es wird definiert, worauf sich das Handeln richtet (siehe Abb. 17).

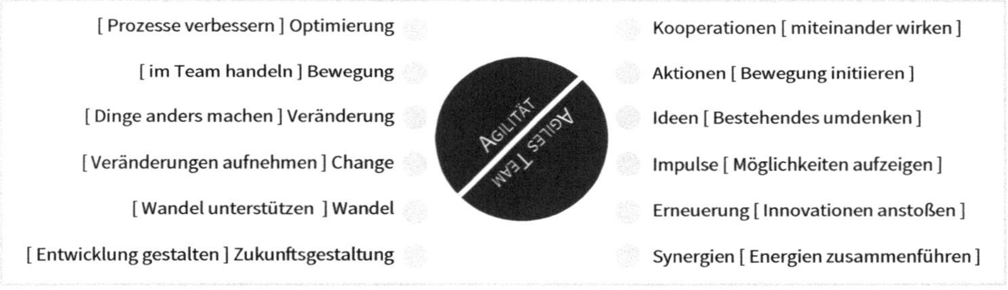

Abb. 17: Agilität als umfassendes Konzept[11]

Dass die Sichten auf das Agile und die Funktionsweise agiler Teams unterschiedlich sein können, scheint nachvollziehbar. Von daher verwundert es nicht, dass die Fachliteratur genauso unterschiedliche Wege beschreitet.[12] Es bleibt festzuhalten, dass im Zentrum die Bewegung steht, auf welchem Wege sie auch erreicht werden mag. Bewegung ist zu vielfältig, als dass es eine normierte Vorgehensweise dafür geben kann. Situation und Bedarf sind das Prägende, was die Agilität in Teams ausmacht.

Festzuhalten bleibt:

... ständige Veränderungen sowie notwendige Anpassungen erfordern ein neues Teamkonzept, in dem Agilität die Quelle der Bewegung im Team ist.

11 Ebda., S. 216 f.

12 Das Spektrum der Publikationen veranschaulichen Anselm Bilgri/Maurizio Singh (2022): *Agiles Arbeiten – agile Führung. Wo bleibt der Mensch bei Agilität? Impulse aus der benediktinischen Regel*, München: Vahlen; Jutta Rump/Silke Eilers (Hg.) (2022): *Arbeiten in der neuen Normalität. Sieben Trilogien für die neue Arbeitswelt*, Berlin, Heidelberg: Springer; Thilo Knuppertz/Frank Ahlrichs (2022): *Prozessmanagement und Agilität. Unternehmen in einem dynamischen Umfeld erfolgreich führen*, Freiburg: Haufe; Boris Gloger/Dieter Rösner (2022): *Selbstorganisation braucht Führung. Die einfachen Geheimnisse agilen Managements*, 3., überarb. Aufl., München: Hanser; Katrin Greßer/Renate Freisler (2021): *Agile Arbeitswelt und die Führung im Wandel*, Bonn: managerSeminare; Walter Zornek (2021): *Agile Strategieumsetzung. Wirkungsvoll führen durch aktives Selbstmanagement*, Freiburg: Haufe; Jörg Preußig/Silke Sichart (2018): *Agiles Führen. Aktuelle Methoden für moderne Führungskräfte*, Freiburg: Haufe.

4.3 Von der Bewegung zur Innovation

Innovationen oder einfach nur Veränderungen lösen nicht zwangsläufig Begeisterung aus. Deshalb ist das Mitnehmen von Mitarbeitern umso wichtiger. Im Kontext von *New Work* werden daran allerdings einige Ansprüche geknüpft, denn Mitnehmen ist mehr als die Weitergabe von Informationen. Um die Teammitglieder einzuladen, Zukunft gemeinsam zu gestalten, bedarf es des Zuhörens und des Verstehens. Erst dann kann erkannt werden, woran es möglicherweise hakt, wenn Mitarbeiter nicht mitziehen. Wie sollen Mitarbeiter Begeisterung entwickeln, wenn Vorbehalte oder sogar Ängste sie ausbremsen? Führungskräfte müssen sich im Zuge von *New Work* auf die höheren Ansprüche an die Teamkommunikation einstellen. Die erste Hürde ist für viele schon das Zuhören. Neben einigen Techniken und Signalen kann in gleicher Weise die Reflexion, das Sich-Bewusstmachen, eingesetzt werden. In jedem Fall bleibt zu berücksichtigen, dass Bewegung und Beweglichkeit eine Operationalisierung brauchen, da erst durch konkrete Handlungen echte Bewegung entsteht. *Handeln* und Lösen, Lernen und Sich-Weiterentwickeln, Sich-Anpassen und Zeigen von Flexibilität , Verändern und Mitgestalten (Abb. 18).

Abb. 18: Vielfalt der Beweglichkeit – Mitarbeiterdynamik

Das Erzeugen von Beweglichkeit verfolgt zwei Zielrichtungen. Einerseits sollen Flexibilisierung und Anpassungsfähigkeit als unabdingbare Anforderungen an das Personal vorgegeben werden, andererseits wird betont, dass Mitarbeiter sich selbst auf einen kontinuierlichen Veränderungsprozess einlassen müssen. Neben der Selbstorganisation als einer neuen Kernkompetenz gehört noch das selbstorganisierte Lernen ins persönliche Portfolio der Mitarbeiter. Es kann durchaus sein, dass Mitarbeiter hierbei Unterstützung brauchen, gegebenenfalls erst heranzuführen sind und die Führungskräfte lernen müssen, Schwächen wie Stärken zu identifizieren, weil sie daraufhin zuverlässig die Weiterentwicklung unterstützen können. Sind Mitarbeiter in Bewegung, besteht der nächste Auftrag darin, die Bewegung so weit zu fördern, dass die Mitarbeiter über ihre Tätigkeit hinausdenken. So können sie Optimierungen erfassen und ihre Arbeitsweise weiterentwickeln. Ideen und Vorschläge, die so entstehen, kommen aus der Praxis und sind so wertvoll wie all die *Changes*, die von außen kommen. Diese von einzelnen Teammitgliedern erzeugte Dynamik zeigt ihre Beweglichkeit. Bewegung im Allgemeinen und als Flexibilität verstandene Beweglichkeit zeichnen erfolgreiche Teams aus.[13]

Festzuhalten bleibt:

... aus der Beweglichkeit entstehen Ideen und Impulse dazu, wie die eigene Arbeit einfacher oder optimaler gestaltet werden kann, sodass Führung vor allem Bewegung und Beweglichkeit fördern muss.

4.4 Synergien erzeugen

Zu *New Work* gehört es selbstverständlich, dass über die Dynamik durchweg Neues erzeugt wird. Das Neue darf dabei nicht etwas Punktuelles sein, es muss vielmehr das Ziel sein, eine Struktur zu schaffen. Hierzu bietet es sich an, kontinuierlich auf Erfahrungen zurückzugreifen, um Veränderungen anzustoßen. Grundsätzlich gilt es, Erfahrungen zu erschließen, indem man sich von einem bestimmten Thema oder Problem löst, Abstand schafft und durch unterschiedliche Perspektiven neue Erkenntnisse gewinnt. Den Fixpunkt aufzugeben und weiterzudenken, um auf diese Weise den Erfahrungsschatz voll zur Geltung zu bringen, bildet den Ausgangspunkt. Als weiteren Schritt die Mitarbeiter mit ihren Sichten und Impulsen zusammenzuführen, erfordert, sie ernst zu nehmen und Gelegenheiten zu schaffen, bei denen sie ihre Erfahrungen zusammenbringen können. An erster Stelle steht, dass alle Teilnehmer mit Vertrauen und Offenheit an solche Impulsrunden herangehen. Die Führungskraft ist verständlicherweise ein Vorbild. Eine anberaumte und dirigierte Ideensammlung wird ihre vollen Potenziale nicht ausschöpfen können. Struktur bedeutet nicht, einen festen Termin zu setzen, auf den sich alle womöglich vorbereiten sollen. Dieser konstruierte Start einer kreativen Ideenfindung entbehrt der Spontaneität und Ungezwungenheit. Derartige dirigierte Veranstaltungen führen dazu, dass Mitarbeiter das Gefühl erhalten, sich vorbereiten und Erwartungen erfüllen zu müssen.

Der Ausgangspunkt liegt im gegenseitigen Umgang miteinander. Führen ist eben die Fähigkeit zum Zuhören, Zulassen und Vertrauen. Auf diesem Weg können die verschiedenen Energien und Kräfte sinnvoll zusammengefügt, harmonisiert werden. Harmonisieren setzt voraus, die verschiedenen Stärken wie Kräfte zu erkennen, und hat nichts mit Gleichmachen oder Standardisierung zu tun. Wie bereits erwähnt, ist im Hinblick auf die Standards Umsicht geboten. Sie sind weder Allheilmittel noch dürfen sie Flucht vor Verantwortung sein. Homogenisierung zielt

13 Siehe dazu auch Werner Bünnagel (2021): »In Bewegung bleiben, Mitarbeiter als Treiber der Unternehmensdynamik«, in: *wissensmanagement. Das Magazin für Führungskräfte*, Heft 2021/6, S. 29–31, und mit dem besonderen Blick auf Mitarbeiter als Changemanager siehe Werner Bünnagel (2021): *Mitarbeiter als Change Agents. Dynamik im Unternehmen neu denken, Strategie und Führung neu ausrichten*, Wiesbaden: Springer Gabler.

darauf ab, Bewegung zu erzeugen, und erfordert eine Abstimmung der einzelnen Maßnahmen, um mögliche Synergien freizusetzen. Synergien wirken dort, wo unterschiedliches Wissen und Erfahrungen zusammenfließen, wodurch etwas Neues erzeugt wird. Das geschieht freilich nicht aus heiterem Himmel.

Festzuhalten bleibt:

... Synergien zu erzeugen, gehört wohl zu den Höhepunkten der Teamarbeit, denn das Zusammenführen und gemeinsame Schaffen von Neuem kann als Vollendung der Teamarbeit und der Kooperation verstanden werden.

4.5 Innovative Teamarbeit – New Work umsetzen

Bei der Betrachtung von *New Work* stellt sich die Frage:

Leitfrage

- *Wie können Teambildung und Teamentwicklung in Zeiten von New Work gelingen?*[14]

New Work braucht keine konkreten Maßnahmen, stattdessen setzt die neue Arbeitswelt ein bestimmtes Bewusstsein voraus. Die bewusste Wahrnehmung der Situation führt zu einer Reflexion, die geeignete Veränderungen und Initiativen hervorbringen kann. Die Reihenfolge hat fast etwas Doktrinäres, doch es ist unabdingbar, zuallererst genau hinzuschauen, woraus sich der Bedarf zusammensetzt, aber vor allem zu klären, wie sich die Arbeitssituation verändert hat. Die Werbung für empfohlene Veränderungsmaßnahmen mag neugierig machen, manche technologische Neuerung wird sogar als unausweichlich angepriesen und alles Neue hat etwas Verlockendes – doch Situation und Bedarf sind notwendige und zudem konkrete Bezugspunkte.

Was *New Work* dennoch zu etwas Besonderem macht, ist die tiefgreifende Veränderung der Arbeitssituation. Mobiles Arbeiten und die zunehmende Veränderungsdynamik erfordern unausweichlich eine Reaktion und die Anpassung von Arbeitsformaten, Führung sowie Arbeitsorganisation. Bei genauerem Hinsehen wird jedoch deutlich, dass sich vielleicht gar nicht so viel verändert hat, denn zum Beispiel die Kommunikation bleibt weiterhin ein mächtiges Instrument in der Zusammenarbeit im Team. Dennoch haben sich bestimmte Aspekte des *Modern Teaming* stark verändert und diese Veränderungen müssen bewusst von der Teamführung eingebaut werden. An dieser Stelle werden immer wieder genannt: Dynamisierung, Freiheiten, Selbstbestimmtheit, selbstorganisiertes Lernen, virtuelle Kooperation und moderne Wissenswirtschaft.

14 Siehe dazu Werner Bünnagel und Beata Teresa Tarnowska (2023): *Innovative Teamarbeit. Wie Teambildung und Teamentwicklung in Zeiten von New Work gelingen können*, Freiburg: Haufe.

New Work hat den Arbeitsplatz verändert und wirkt stetig auf die Gestaltung von Prozessen zur Kooperation im Team ein. Dies erfordert eine fortwährende Auseinandersetzung mit der Gestaltung von Arbeit und Führung.

Festzuhalten bleibt:

... Modernes Teaming ist eine Konsequenz von New Work, weil das Arbeiten in einer digitalen, virtuellen Arbeitswelt sowohl eine Neuorganisation der Teamarbeit als auch eine neue Führungsform verlangt.

4.6 Verlagerung der Kernkompetenzen

Im Zuge von *New Work* haben sich auch die Kompetenzen verschoben und teilweise sind neue Kompetenzanforderungen entstanden. Lernen bekommt dadurch noch mehr Gewicht. Folgende Kernkompetenzen bilden die Grundlage einer Anpassung an die neue Arbeitswelt. Von zentraler Bedeutung ist neben dem Lernen, was keiner weiteren Erläuterungen mehr bedarf, und der Kommunikation, die weiterhin der Schlüssel erfolgreicher Zusammenarbeit darstellt, die Veränderungskompetenz – denn vieles ändert sich, und das immerfort und schneller. Dazu kommen eine neue, berufsorientierte Medienkompetenz, die Vernetzungskompetenz und schließlich die Fähigkeit zur Selbstorganisation (siehe auch Abb. 19).

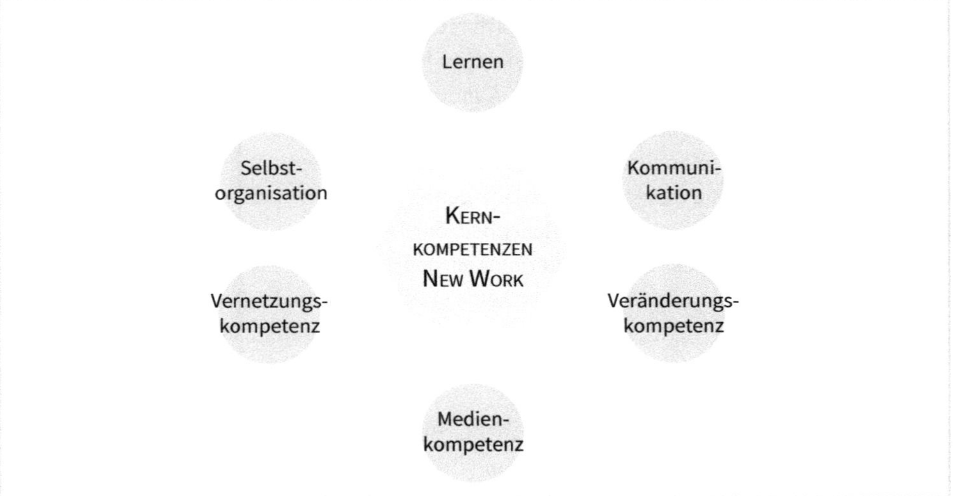

Abb. 19: Kernkompetenzen in Zeiten von New Work

Mit der Medienkompetenz ist eine neue Kernanforderung an die Mitarbeiter herangetragen worden. Da neue Kommunikationsmittel und moderne Informationstechnologie nicht nur das Arbeitsleben, sondern auch das private Leben erreicht haben, besteht allein schon aus diesem

Grund eine gewisse Motivation, sich auf Neues einzulassen. Das Virtuelle in der Arbeit erfordert selbstredend eine besondere Kompetenz, denn das Vernetzen mit anderen und das Teilen von Wissen über Plattformen setzen voraus, dass sich Mitarbeiter die dazu notwendigen Medien beherrschen. Die anderen Kompetenzen sind vertraute Anforderungen an die Fähigkeiten der Mitarbeiter, deren Stellenwert sich augenscheinlich verändert hat. Auch wenn z. B. in traditionellen Arbeitswelten Selbstorganisation nicht fehlen durfte, sind die Anforderungen an diese Kompetenz durch das mobile Arbeiten erheblich gestiegen.

Neue Arbeitsformate, neue Arbeitssituationen bringen es mit sich, dass sich das gewohnte Kompetenzspektrum verschiebt. Damit können die Mitarbeiter nicht allein gelassen werden. Sie brauchen die Chance, sich auf die neuen Anforderungen einzustellen, und sie brauchen die Unterstützung, um neue Erwartungen erfüllen zu können. Vernetzungskompetenz geht über die Anmeldung im *Intranet* hinaus. Es kann durchaus sein, dass Führungskräfte hierbei auf die Persönlichkeit ihrer Teammitglieder eingehen müssen. Dies verlangt möglicherweise eine gewisse Überzeugungskraft, damit Mitarbeiter erkennen und verstehen, wie wichtig die Vernetzung für den Teamerfolg ist.

Festzuhalten bleibt:

… in einer neuen Arbeitswelt verändern sich fast zwangsläufig die Kernkompetenzen, so müssen auch unter dem Einfluss von New Work die Kompetenzen an die Erwartungen angepasst werden.

Kompetenzen unterliegen derselben Dynamik wie z. B. die Unternehmensentwicklung und die Informationstechnologie, daher kann man sich nicht auf ein einmal entworfenes Kompetenzmodell zurückziehen. Die digitale Transformation führt vor, wie schnell und wie tiefgreifend sich Anforderungen an Mitarbeiter ändern können. Dynamik und Lernen gehen hierbei im Gleichschritt, denn ein erworbenes Kompetenzbündel reicht längst nicht mehr für eine Berufshistorie. Lernen muss einen festen Platz im Kompetenzmanagement einnehmen, was selbstverständlich fortwährend den Mitarbeitern klargemacht werden muss, denn das Managen von Kompetenzen ist keine exklusive Angelegenheit der betrieblichen Personalentwicklung. Die Mitarbeiter erkennen selbst, dass Weiterbildung den Arbeitsplatz sichert. Personalentwicklung wird zum Bestandteil der Dynamik, ist keine starre Funktion der Personalverwaltung und braucht ein ernst zu nehmendes *Commitment* zwischen Unternehmen und Mitarbeitern.

4.7 Handeln im Zentrum der Führung

Mit der Mobilität und der Dezentralisierung wächst der Anspruch an die Verantwortung und Eigenverantwortlichkeit. Die eigenen Arbeitsprozesse müssen gestaltet werden, sie werden nicht rigide vorgegeben. Das verlangt die Fähigkeit, Aufgaben und Arbeiten zu segmentieren und Verantwortung für die Erledigung zu übernehmen. Für die Führung von Mitarbeitern in einer modernen Arbeitsumgebung bedeutet das, weniger an Kontrolle und Kontrollierbarkeit zu denken und stattdessen den Fokus auf unterstützende Maßnahmen zu legen. Das Handeln steht an der Spitze der Führungsfunktionen. Es erfordert ein Konzept und vor allem Ziele, schließlich sollen die Anstrengungen des Teams nicht in planlosem Aktionismus enden. Es sind erneut erste Fragen, die sich stellen und deren Beantwortung eine Handlungslinie vorgeben:

Leitfragen

- *Was macht zielgerichtetes Handeln aus?*
- *Wie kann der kürzeste Weg zum Handeln gefunden werden?*
- *Wie kann auf Handeln fokussiert werden?*
- *Welche Aufgabe hat Führung im Zuge des Initiierens von Handeln?*
- *Welche Werkzeuge stehen zum Erzeugen von Handeln zur Verfügung?*
- *Wie lässt sich Handeln bewerten?*

Dieser Wandel hat verständlicherweise Auswirkungen auf das Führen von Teams, da die Teamleiter vom fachlichen Vorgesetzten zum Organisator, zum *Changemanager* und zum Motivationserzeuger werden. Letzteres muss unmittelbar derart relativiert werden, dass sich Mitarbeiter nur selbst motivieren können, indem sie Anreize aufnehmen, die sie zum Tun veranlassen.

Wer Handlungskompetenz fordert, muss Weiterentwicklung im Programm haben. Denn handeln können nur diejenigen, die sich auf Neues einlassen, was in letzter Konsequenz Lernen sowie Lernbereitschaft ist. Handeln ist zielgerichtet und es erfordert Wissen. Bei der Bindung von Fachkräften sowie bei der Rekrutierung von Nachwuchskräften wird zunehmend auf das Thema Personalentwicklung gesetzt. Denn man hat erkannt, dass Mitarbeiter den Wert von Qualifizierung kennen und dieser einen besonderen Stellenwert zuschreiben. Damit werden Qualifizierung und Weiterbildung zugleich zu einem Anreiz. Nachwuchsförderung und Entwicklungsmöglichkeiten zu kombinieren, gilt als modernes *Employer Branding*. Steht Handeln, Selbstorganisation und Sicherheit hoch im Kurs, was das Wirken eines Teams betrifft, dann muss die Teamleitung frühzeitig dafür sorgen, dass Nachwuchskräfte ihre Potenziale entfalten können, damit sie nicht untern den Einfluss des möglichen Defätismus älterer, desillusionierter Mitarbeiter im Unternehmen gelangen. Lethargie ist der Feind des Handelns. Wollen Führungskräfte das Handeln, dann müssen sie dafür sorgen, dass die Tätigkeit zum Mitarbeiter passt und Teammitarbeiter nicht überfordert. Handlungskompetenz ist kein Monolith im Kompetenzspektrum, die Anbindung sowie die Nähe zu Entscheidungskompetenz, Selbstsicherheit, Lernen, Organisation, Gestaltung und Verantwortungsbewusstsein wird bei jeder Entscheidung für das Handeln erkennbar.

Mit Handlungskompetenz verbindet sich auch ein Erkenntnisprozess, dass eine Erfahrung sich auf andere, ähnliche Situationen übertragen lässt. Das Anwenden der Erfahrung begründet das Handeln, wodurch sich zeigt, dass Handeln im Team kein Aktionismus ist. Führungskräfte müssen dies ihrem Team näherbringen und bei der Verarbeitung von Erfahrung Unterstützung geben. Teammitglieder dürfen keine Einzelkämpfer sein. Trotz Selbstverantwortung und Eigenständigkeit muss deren Handeln ins Team, zur Teamaufgabe und zum Teamziel passen.

Festzuhalten bleibt:

... Teams sind die operativen Arme eines Unternehmens/einer Organisation und deren Hauptaufgabe ist das Handeln.

Viele Inhalte und Begrifflichkeiten tauchen immer wieder auf, egal, aus welcher Perspektive Teamarbeit betrachtet, Agilität beschrieben, *New Work* definiert oder Kommunikation als zentrales Werkzeug gefordert wird. Zum einen verdeutlicht dies die Relevanz dieser Inhalte, zum anderen kreist dies die wesentlichen Erfolgsfaktoren der *New Work* ein. Die Agilität steht dabei im Mittelpunkt – schließlich sorgt Dynamik als eines der strategischen Unternehmensziele für die Zukunftssicherung.

4.8 Und dann noch KI

New Work kann nicht betrachtet werden, ohne einen Blick nach vorne zur richten. Alles ist im Wandel, das trifft in gleicher Weise auf *New Work* zu. Kommt dann noch die Digitalisierung hinzu, muss man sich zwangsläufig mit der künstlichen Intelligenz (*KI*) befassen. Es zeichnet sich ab, dass die *KI*-Welle noch mehr verändert, als es die bisherige digitale Transformation getan hat. Die Einbeziehung der künstlichen Intelligenz erfolgt an vielen unterschiedlichen Stellen der Wertschöpfung, sodass neben der reinen Produktion die Dienstleistungsbranche sowie die internen Dienste sich den neu geschaffenen Möglichkeiten stellen müssen.

Die Vorbehalte, die der künstlichen Intelligenz entgegengebracht werden, mögen je nach Blickwinkel berechtigt sein, doch das Positive darf deswegen nicht verdrängt werden. Die zweite digitale Revolution schreitet unaufhaltsam voran. Einiges könnte eventuell aufgehalten werden, doch die Dynamik in der Entwicklung wird in alle Bereiche hineindringen. Es gibt noch einige Unklarheiten hinsichtlich der KI, denn nicht alles, was in der Programmierung als Intelligenz erscheint, ist allenfalls intelligent. Die wahre Intelligenz beginnt bei den selbstlernenden Systemen. Da können Zweifel, Bedenken oder Skrupel gelegentlich berechtigt sein, vor allem dann, wenn die Kontrolle über die Systeme verloren gehen könnte. Die ersten Prototypen dieser Systeme verbreiten keinen Schrecken, doch die Entwicklungsdynamik ist so enorm, dass kaum eine klare Entwicklungslinie prognostizierbar ist. Die Zukunft hat schon begonnen, sie lässt sich jedoch aufgrund der Vielzahl der Entwicklungslinien und des Reichtums an Optionen und Lösungen nicht so leicht vorhersagen. Noch besteht die künstliche Intelligenz aus Algorithmen, die auf einer Programmiersprache basieren. Dies lässt sich noch leicht steuern, und selbstlernende Systeme beschränken sich auf einen kleinen Ausschnitt der Wirklichkeit. Der Algorithmus zum Lernen wird von Menschen programmiert. Es ist nicht abwegig, dass Automaten in Zukunft selbst programmieren, statt nur Algorithmen auszuführen, die auf der Basis von Variablen Routinen erzeugen, die nicht vorgegeben und damit neu sind. Euphorie, Hysterie oder pauschale Bedenken sind keinesfalls die richtigen Ratgeber bei der Prüfung der Einsatzmöglichkeiten.

Festzuhalten bleibt:

… eine Zukunft ohne künstliche Intelligenz ist kaum denkbar, daher müssen sich alle den Herausforderungen stellen, die damit verbunden sind,

Die zweite digitale Revolution ist in vollem Gange und die Arbeitsplätze werden ein weiteres Mal einer tiefgreifenden Veränderung unterzogen. Es wird umso wichtiger sein, Mitarbeiter auf das Verändern und auf das Weiterlernen einzustimmen, einzustellen und sie dahin zu führen. Kompetenzerweiterung bringt mehr Flexibilität und erweitert das persönliche Einsatzspektrum. Nicht nur Produkte sowie Dienstleistungen ändern sich rasant, sondern zugleich die Wertschöpfungsketten und die damit verbundenen Anforderungen. E-Mobilität führt aktuell vor, wie sich eine gesamte Produktionsbranche grundlegend ändert. Erwartungen, die an Vernunft, Wirklichkeit und einen objektivierbaren Nutzen angebunden sind, finden in der künstlichen Intelligenz ein wertvolles Hilfsmittel bzw. Werkzeug.

Teil 2
Vom Erkennen und Verstehen zum Anwenden

Lehrreiches, Lehrhaftes oder Empfehlungen bleiben wirkungslos, wenn die Empfänger das angebotene Wissen nicht adäquat verarbeiten. Es reicht nicht zu erkennen, dass eine andere Handlungsweise Vorteile bringt oder eine Verbesserung das Arbeiten erleichtert. Wenn Mitarbeiter lernen, müssen sie nicht nur erkennen, sondern auch verstehen. Auf dieser Stufe im Erkenntnisprozess sind sie imstande, das Gelernte anzuwenden. Erst mit dem Verstehen und dem darauffolgenden Anwenden ist das Lernen vollständig. Diese feine Differenzierung dient dazu, auf ein besonderes Problem in Bezug auf das Lernen hinzuweisen. Wie oft gibt man vor, etwas verstanden zu haben, und wendet das neue Wissen dann doch nicht an? In diesem Fall muss angenommen werden, dass die Lerner doch nicht richtig verstanden haben, was sie glauben, gelernt zu haben. Die Anwendung neuen Wissens wird somit zum Beleg dessen, dass tatsächlich etwas gelernt wurde.

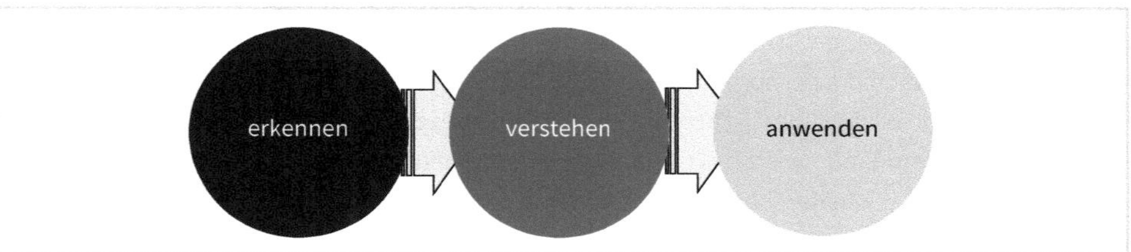

Abb. 20: Erkennen – Verstehen – Anwenden

Erkennen – Verstehen – Anwenden (*EVA*) gilt als Vordersatz, sozusagen als Prämisse, sobald das Ziel gesetzt wird, Mitarbeiter bzw. ein ganzes Team in Bewegung zu versetzen (siehe Abb. 20). Über diesen Prozess wird ein Bogen zum Mehrwert gespannt. Wird der Mehrwert nicht unmittelbar wahrgenommen, können beispielsweise beim Lernen Anreize eingesetzt werden. Sie helfen dabei, den persönlichen Mehrwert bewusst wahrzunehmen. Die Verknüpfung von *EVA* mit dem Mehrwert stellt keine überraschende Erkenntnis dar, kommt beim Führen im Allgemeinen und beim betrieblichen Lernen jedoch zu selten zum Einsatz. Es darf nicht verwundern, wenn eingeführte Neuerungen in einem Team wirkungslos bleiben, solange das Bewusstsein für den beschriebenen Wirkungsmechanismus ausbleibt. Digitale Bausteine und virtualisierte Arbeit sind Neuerungen, die ein Lernen erforderlich machen, da sich das Neue nicht durch rein mechanisches Nachahmen umsetzen lässt. Zur oben beschriebenen Prämisse ließe sich noch eine Maxime ergänzen: Neues braucht Lernen und Lernen braucht Anreize, sodass Führung stets darauf bedacht sein muss, diese Verknüpfung herzustellen und wahrnehmbar (spürbar) zu machen.

Handeln ist im Sinne der Operativität die Spitze der Pyramide. Um diese zu erreichen und damit Handeln freizusetzen, müssen Teamführung wie Teammitglieder immer wieder denselben Prozess durchlaufen. Sie müssen zunächst erkennen, das heißt, sie müssen Sinnhaftes in ihrem Tun sehen, sie müssen Vorteile oder einen Mehrwert in ihrem Handeln erkennen. Stellt das Handeln einen komplexen Prozess dar, den sie erst lernen müssen, dann müssen Mitarbeiter verstehen, wie das Neue wirkt, was es bewirkt, wie es funktioniert und wie sie es für sich nutzen können. Dies soll verdeutlichen, dass Kognition in diesem Falle ein gestaffelter Prozess ist, der weniger mit einer empirischen Erkenntnis oder einer wissenschaftlichen, psychologischen Theorie gemein hat. Der Vorgang veranschaulicht, dass das Verstehen, das auf das Erkennen folgt, ein bewusstes, schlüssiges Verstehen ist, was sich von dem bloßen Anschein des Verstehens unterscheidet. Wie oft wird einfach behauptet, etwas verstanden zu haben, oder eine Fehleinschätzung zum eigenen Verstehen abgegeben? Mit der Überzeugung, etwas verstanden zu haben, kann Motivation freigesetzt werden, die notwendig ist, Neugelerntes anzuwenden. So entsteht zielgerichtetes Handeln.

Die digitale Transformation hat das Lernen und im Besonderen das betriebliche Lernen richtig in Gang gebracht. Lebenslanges Lernen war im Vorfeld mehr Anlass zur politischen oder philosophischen Diskussion. Es fehlten konkrete Modelle oder Handreichungen zur Umsetzung. Die Digitalisierung hat die Möglichkeiten geschaffen, lebenslangem Lernen im betrieblichen Kontext eine Gestalt zu geben. Mit der Zunahme der Dynamik wird Lernen noch wichtiger und in der Konsequenz auch die Lernorganisation in der betrieblichen Weiterbildung. Es ist durchaus berechtigt, bei einer virtuellen Arbeitswelt im gleichen Atemzug von einer neuen Lernwelt zu sprechen. In diesem Sinne leisten im folgenden operativ ausgerichteten Teil dieses Buches die aphoristischen Kurz- wie Kernsätze (*Festzuhalten bleibt*) einen kleinen Beitrag zum Lernen, insbesondere in Verbindung mit der Aufforderung zum Handeln.

EVA gilt selbstverständlich nicht ausschließlich für Neues oder für Probleme, auch ganz normale Situationen können damit verarbeitet werden. Bei Fehlern hilft diese Vorgehensweise zum Beispiel wie folgt: Wenn der Fehler erkannt wird, und man dann versteht, was der Fehler war und warum er entstanden ist, dann wird man in einer ähnlichen Situation zu einem späteren Zeitpunkt anders handeln. Fehler, die man nur als solche erkannt hat, drohen dagegen, in ähnlichen Situationen ein weiteres Mal begangen zu werden. Dieser etwas simplifizierte Kognitionsprozess wirkt trotz seiner Vereinfachung prägend in das betriebliche Lernen hinein: Ohne Lernen keine Veränderung, d. h. ohne Lernen keine digitale Transformation, Virtualisierung der Arbeit, Leistungsbewertung und modernes *Teaming*. Die Antwort auf die Forderungen durch den Wandel ist zunächst: Dynamik erzeugen. Diese wiederum entsteht aus den Möglichkeiten, die sich durch Digitalisierung und Virtualisierung ergeben haben. Bei genauer Betrachtung werden erste Verbindungslinien zwischen den zentralen Themen deutlich. In der Dynamik entsteht folgerichtig das Handeln, das die Veränderung bewirkt.

Die digitale Transformation hat die Arbeitswelt umgewälzt. Manche Neuerung, wie z. B. das mobile Arbeiten, ist stellenweise auf Skepsis gestoßen oder hat sogar Vorbehalte aufkommen lassen. Eine Ur-Forderung an die geleistete Arbeit – nämlich die der Bewertung von Leistung – ist geblieben. Die Methoden oder Verfahren sind vielfältig, was noch fehlt, ist eine übergreifende und sinnvolle Verknüpfung von Virtualisierung und Leistungsbewertung. Dadurch wird auch der Weg zur Kapitalisierung von Wissen geebnet. Diese Verknüpfung schafft die Grundlage dafür, der Virtualisierung Vorschub zu leisten und der Leistungsbewertung Angemessenheit zu verleihen. Auf dieser Grundlage können Vorbehalte gegenüber modernen Arbeitsformen leichter aus dem Weg geräumt werden. Ist Leistung eindeutig formuliert, zeigt sich Leistungsmessung als zuverlässig – d.h., es wurde das gemessen, was zu messen war. Und sind die Leistungsergebnisse gültig – d.h., die Ergebnisse messen tatsächlich eine prozesskritische Leistung –, dann kann sich das Quantifizieren in den Arbeitsprozessen konstituieren und erhält somit ihre Rechtfertigung. Die einzelnen Punkte werden später noch ausgeführt, um zu zeigen, worin das Potenzial der virtuellen Arbeit für ein modernes *Teaming* steckt.

Modernität zielt in ganz verschiedene Richtungen und allein die Digitalisierung hat unzählige Aspekte. Daher ist es zu Beginn einer umfassenden Betrachtung der gesetzten Themen notwendig, die wichtigsten Perspektiven zu integrieren und mit diesen Blickwinkeln bereits ausgesuchte Themen als Wegmarken zu setzen (siehe Abb. 21). Nicht alle mit der digitalen Arbeitswelt verbundenen Aspekte können in der Übersicht Platz finden. Die künstliche Intelligenz als ein kleiner Ausschnitt mit der zurzeit größten Beachtung lässt erkennen, wie schwierig sich eine Systematisierung gestaltet und wie umfangreich das Gebiet ist. Kommen die anderen Themen dazu, wird nachvollziehbar, dass bewusst Ein- wie Abgrenzungen stattfinden müssen.

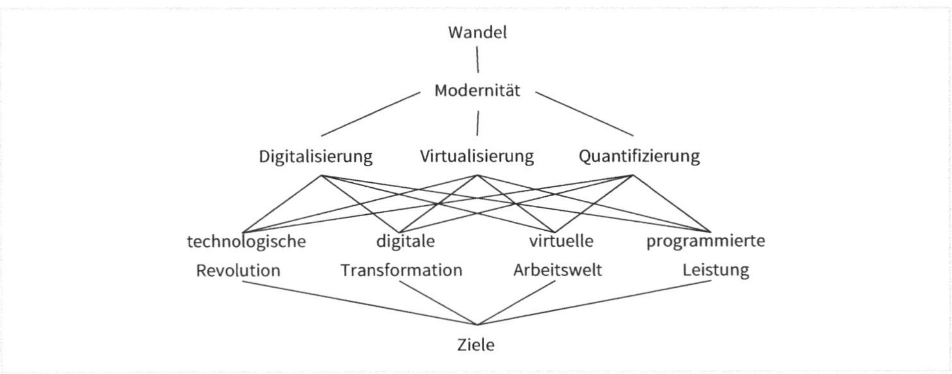

Abb. 21: Am Anfang war alles

Durch die Vielfalt digitaler Transformation scheint es unausweichlich, zuallererst zum einen das Thema *Digitalisierung der Arbeit* zu umgrenzen und zum anderen die gewählte Perspektive klar zu definieren. Digitale Transformation in Richtung Virtualisierung der Arbeit verfolgt aus unternehmerischer wie betriebswirtschaftlicher Sicht grundsätzlich die Senkung der Kosten, Optimierung von Prozessen und nicht zuletzt die Sicherung wie Steigerung der Qualität. Daneben kann je nach Blickrichtung noch verfolgt werden, wie sie sich die Arbeit erleichtern oder der Informationsfluss verbessern lässt. Auf diese Differenzierung hin kann im Nachfolgenden das Konkrete herausgelöst werden.

Jedes Thema könnte für sich ein ganzes Buch füllen, daher ist es angezeigt, den Fokus auf die Teamarbeit zu richten. Digitalisierung an sich wird zumeist von den Ingenieurwissenschaften vereinnahmt, was dazu führt, dass die Technologie in den Vordergrund gerückt wird. Virtualisierung fällt oft in den Wirkungsbereich der Psychologen und Pädagogen und die Quantifizierung kann doch nur dem Controlling oder der Betriebswirtschaftslehre zugeteilt werden. So mag es vermessen anmuten, dass alle drei Themen zugleich in einem Buch erscheinen. Doch hier steht die Teamarbeit im Mittelpunkt – sie bildet die Verknüpfungslinie und ihr werden diese drei Perspektiven zugeordnet. Sie werden auf die Arbeit im Team angewendet und alle drei Sichten werden zusammengeführt. Daraus entsteht ein ganzheitlicher Blick auf das moderne *Teaming*. Modernität soll in diesem Zusammenhang keinen Trend wiedergeben, es ist vielmehr die Aufforderung, die Bewegungen in der Arbeitswelt zu erkennen und mit den Aspekten Digitalisierung, Virtualisierung und Quantifizierung Zukunft zu schaffen. Denn das übergeordnete Ziel der Teamentwicklung genauso wie der Unternehmensentwicklung ist die Dynamik. Deren Erzeugung, Erhalt und Sicherung in Unternehmen oder Organisation schaffen Zukunft.

Virtualisierung der Arbeit und das Zusammenwirken im Team beschäftigen die Arbeitsorganisation. Zu tiefgreifend sind die Veränderungen, als dass man einfach über die digitale Transformation hinweggehen könnte. Die Integration von virtuellen Elementen in der Kooperation ist keine Überraschung, da die Informationstechnologie nicht nur die Unternehmensentwicklung, sondern auch den Alltag maßgeblich beeinflusst. Während im privaten Bereich ohne Zweifel der persönliche, subjektiv empfundene Mehrwert die Nutzung beeinflusst (hierbei ist ein persönlicher Wert gemeint, der mehr im Psychologischen anzusiedeln ist), muss in den Unternehmen erst durch das Quantifizieren ein betriebswirtschaftlicher Nutzen konkretisiert werden. In der neuen Arbeitswelt dient der Mehrwert und damit verbunden das konsequente Abwägen von Aufwand und Nutzen dem Schutz vor Fehlinvestitionen und Fehlentwicklungen.

5 Blick nach vorn

In einer Sammlung von Impulsen zur Organisationsentwicklung mit den vielen Aspekten zum Themenkreis *Dynamik, Wandel* und *Modernität* darf die digitale Transformation nicht fehlen. Digitalisierung und Virtualität gehören zum festen Themenkreis der Zukunftsgestaltung, die von Veränderungen lebt. Im Tagesgeschäft ist meist wenig Platz, theoretische Überlegungen anzustellen und potenzielle Richtungen auszuloten, wenn Führungskräfte vor der Aufgabe stehen, ihre Führung an die neuen Arbeitsformate anzupassen. Es sind konkrete Empfehlungen, die Bewegung bringen, und es sind Fragen, die Impulse geben, damit daraus Dynamik entsteht. Die Leitfragen in diesem Buch helfen daher dabei, die Situation sowie die Herausforderung genauer zu beschreiben und erste Impulse einzubringen, wie die erörterten Themen Digitalisierung, Virtualisierung und Quantifizierung in den Arbeitsalltag bzw. in die Praxis des *Teaming* übertragen werden können. Es ist dabei das Ziel, die Verbindungslinien von der digitalen Transformation hin zur Virtualisierung der Arbeit aufzuzeigen, damit darauf aufbauend am Ende die Möglichkeiten erkannt werden, wie sich Leistung quantifizieren lässt. Nicht um der Quantifizierung willen findet die Annäherung an die Leistung statt, es ist vielmehr das Ansinnen, gültige Kennwerte für die Bemessung von Leistungen zu isolieren und Wege aufzuzeigen, wie mit solchen Kennwerten zu verfahren ist. Mag die Quantifizierung in dieser Dreiheit auf den ersten Blick etwas befremdlich erscheinen, sind die Verbindungslinien viel fester, als es vielleicht scheint. Die fortschreitende digitale Transformation und das virtuelle Arbeiten schaffen nicht nur neue technologische Möglichkeiten, sondern machen es auch aufgrund der zunehmenden Mobilität erforderlich, sich der Leistungsmessung wie -bewertung nun noch einmal ernsthaft anzunähern.

In den nachfolgenden Abschnitten muss allerdings zuallererst konkretisiert werden, wie sich all das Theoretische auf die Praxis auswirkt und was sich wie in den Alltag übertragen lässt. Erkennt man die Potenziale digitaler Transformation, virtueller Arbeitswelt sowie der Messung von Leistung und versteht, wie all dies in Zusammenhang gebracht werden kann, dann ist es nicht weit bis zum Anwenden dieses neuen Wissens. Besonders hervorzuheben ist die Möglichkeit, durch die Integration von Leistungsmessung ein weites Feld für Innovationen zu erschließen. Das übergeordnete Ziel besteht darin, Verbindungen zu schaffen, um die die Wirkung der Zukunftstreiber zu maximieren und fortwährend Dynamik zu erzeugen. Wenn die Wirkkraft der Dynamik in Teambewegung umgewandelt wird und mit den Möglichkeiten der Virtualisierung zielgerichtet Veränderungen herbeigeführt werden, haben die Verantwortlichen ein Konzept zum Modernen und zur Zukunft und schaffen Verbindungen. Das heißt, am Anfang muss das Bewusstsein für die Verbindungen zwischen der aktuellen Arbeitsumgebung und der Moderne vorhanden sein. Daraufhin können einzelne Schnittpunkte erkannt werden. An diesen Stellen setzt das Operative an, weil dort die Handlungsmöglichkeiten identifiziert werden (siehe Abb. 22). Es entsteht ein Netz mit vielen Aspekten zur neuen Arbeitswelt.

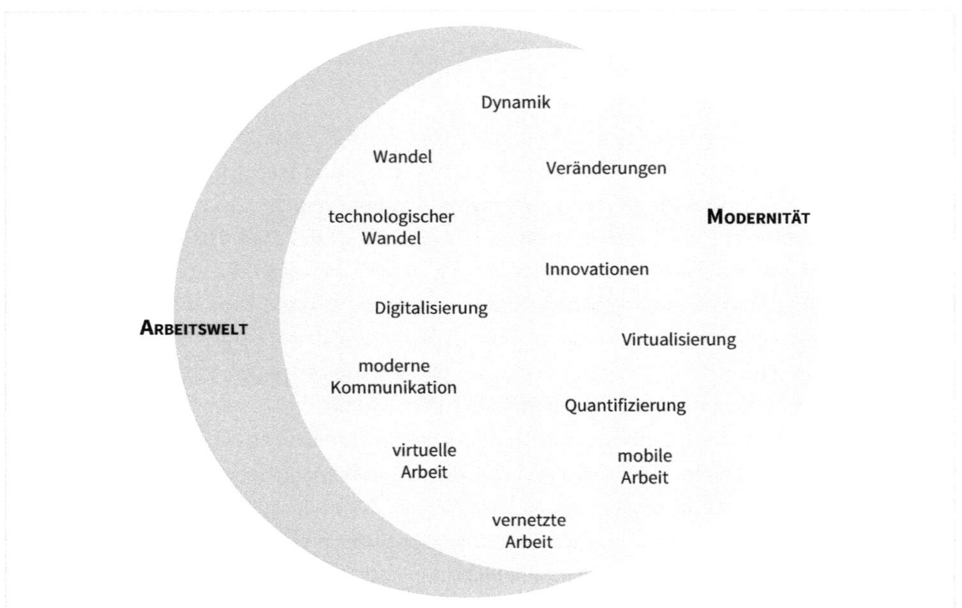

Abb. 22: Merkmale der Modernität

Der Blick nach vorn folgt dabei dem klassischen analytischen Vorgehen. Man schaut darauf, was zum *Ist* festzuhalten ist und wie das *Soll* aussieht. Dabei ist es erfolgskritisch, wie und wo Innovationen greifen sollen und wo Veränderungen anstehen. Über diesen Weg gelangt man dann an die Steuerungsmöglichkeiten und erfasst den Wirkungshorizont (siehe Abb. 23).

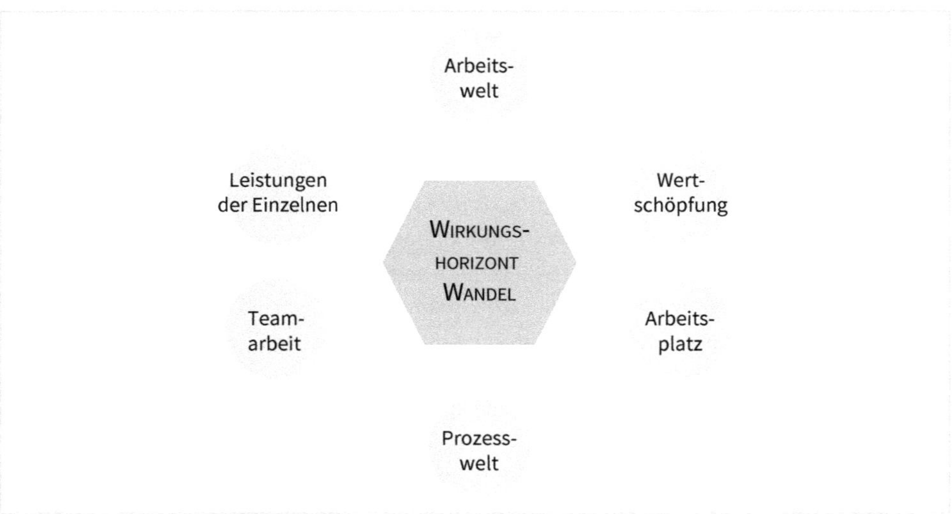

Abb. 23: Wirkungshorizont des Wandels

Technisch betrachtet weichen Digitalisierung und Virtualisierung an der einen oder anderen Stelle voneinander ab, doch die technologischen Feinheiten und definitorischen sowie deskriptiven Ansätze helfen nur begrenzt, da diese beiden Konzepte eng miteinander verflochten sind und die Digitalisierung als eine Art Oberbegriff fungiert. Wenn die Übertragung von Inhalten ansteht, dann helfen eher die praktischen Hinweise. Als Abgrenzung zur Digitalisierung umfasst in der Informationstechnologie die Virtualisierung die Übertragung von Objekten aus der »realen« digitalen Welt (*Hard-* und *Software*) auf eine abstrahierte Schicht. Für Anwender haben diese Abgrenzung und die Funktionsweise emulierter *Hardware* wenig Bedeutung. Sie werden das Virtuelle in ihrer Arbeit als eine neue Anforderung verstehen, sodass es sie mehr interessiert, was sie mit der Virtualisierung anfangen können und wie sie diese für ihre Arbeit nutzen können.

Losgelöst von fassbaren Arbeitsmitteln stehen Mitarbeitern mittlerweile zahlreiche technologische Hilfsmittel und Funktionen zur Verfügung, die digitaler Natur sind. In solchen Fällen könnte von Virtualität gesprochen werden, da dieses Virtuelle einen Zustand bzw. die Eigenschaft einer Sache beschreibt, die keine feste Form hat. In diesem Sinne sind das vernetzte Arbeiten und die Nutzung technologischer Netze ein virtuelles Arbeiten. Die Mitarbeiter sind faktisch, die Daten und Informationen gleichsam. Das Netz, das die Beziehungen herstellt, das die Daten zusammenbringt, das die Schnittstellen fürs Suchen und fürs Empfangen zur Verfügung stellt, ist weitaus weniger fassbar, wird trotz allem von den Anwendern als etwas Greifbares verstanden.

Die Veränderungen aufgrund der Umsetzung von Virtualisierungsoptionen wirken tief hinein in die Arbeitswelt. Der Begriff *virtuelle Räume* deutet an, dass reale Räumlichkeiten nicht mehr notwendig sind. Bürogebäude oder Bürokomplexe haben die zentrale Bedeutung verloren, die sie vor dem Aufkommen der Virtualität hatten. Die Notwendigkeit der physischen Präsenz bei Besprechungen oder am Büroarbeitsplatz ist *passé*. Virtuelle Räume sind zudem weitaus kostengünstiger als die in Beton gegossenen Gebäude an einem unverrückbaren Ort.

Festzuhalten bleibt:

... das Neue bewegt, es erzeugt Dynamik, die in den Teams aufgenommen wird, operatives Geschäft verändert und durch Vernetzungen nach vorn getrieben wird.

5.1 Digitalisierung im Kleinen

Leitfrage

- *Wie kommt Innovation im Team an?*

Datenerfassung erfolgt über *QR-Codes*, die Spracherkennung erleichtert das Schreiben am Computer und die Wiedervorlage im virtuellen Kalender stellt sicher, dass nichts vergessen wird. Das sind einige Anlässe, bewusst wahrzunehmen, dass Arbeit digitaler geworden ist. Es zeigt, wie stückweise kleine Neuerungen in ihrer Gesamtheit die Arbeit der Gegenwart verändert haben. Digitale Welt, digitale Transformation, Digitalisierung – die Begriffswelt rund um das Digitale vermittelt schnell einen Eindruck dazu, wie wenig fassbar das Digitale als Ganzes ist. Daher hilft nur die Fokussierung auf die Arbeitswelt und für den weiteren Verlauf die Zuspitzung des Fokus auf die Digitalisierung im Zusammenhang mit der Veränderung der Praxis der Arbeitswelt.[15] Vieles gehört schon zum Alltag, sodass es nicht mehr als etwas Besonderes wahrgenommen wird. Digitales ist damit zu Gemeingut und gesellschaftlicher Realität geworden. Für viele ist ein Leben ohne z. B. Mobilfunk, Internet und Nachrichtendienste kaum vorstellbar.

Weil digitale Transformation nun keine ganzheitliche, unmittelbar zusammenhängende Veränderung ist, sondern sich in viele kleinere Innovationen zergliedert, muss sie demzufolge im Kleinen betrachtet werden. Digitale Transformation soll sowieso ein Sammelbegriff sein, das Konkrete zu einer Entwicklungslinie zusammenzufassen. Digitale Kommunikation, Benachrichtigungsfunktionen im elektronischen Kalender, Plattformen für die Informationsrecherche, Scannen am Kopierer, Einwahl ins Firmen-WLAN und elektronische Arbeitszeiterfassung – solche Aufzählungen können beliebig lange fortgeführt werden, denn in fast allem steckt mittlerweile ein *Chip*. Mitarbeiter haben gelernt, mit diesen Neuerungen umzugehen, mal ganz schnell, mal weniger schnell, zumal sich die Grenzen zum privaten Leben an vielen Stellen verwischt haben. Bei allen Neuheiten sollte der Blick darauf gerichtet sein, was nützlich und wertvoll für die eigene Arbeit ist. Erinnerungsfunktionen können solch ein wertvoller Dienst sein, wenn das eigene Gedächtnis lückenhaft bestückt ist. Bei all den kleinen *Tools*, die zur Verfügung stehen, besteht hingegen die Gefahr, dass der Nutzwert fehlt.

Die Digitalisierung im Kleinen hat den Vorteil, dass Investitionen sowie Kosten leichter abschätzbar sind, während ein Datenbanksystem, eine *Intranet*-Plattform oder eine neue Rechnergeneration ganz andere Investitionsvolumen nach sich ziehen. Je größer und je unübersichtlicher das Ganze wird, desto größer wird das Risiko, dass der Mehrwert hinter dem Investitionswert zurückbleibt. Es sind die Einzelnen im Team, die zurückmelden können, was ihnen eine digita-

15 Es ist eine anspruchsvolle Aufgabe, einen begrenzten Überblick über die vorhandenen Veröffentlichungen zum Thema Digitalisierung zu bieten, denn jede Auswahl muss aufgrund der unüberschaubaren Zahl der Publikationen letztlich willkürlich sein. Dennoch wird mit der nachfolgenden, kleinen Publikationsliste ein Eindruck zum Spektrum der Veröffentlichungen gezeichnet. Siehe zum einen die philosophische Annäherung bei Jörg Noller (2022): *Digitalität. Zur Philosophie der digitalen Lebenswelt*, Basel: Schwabe Verlagsgruppe; und ähnlich in Jörg Noller (2023): *Philosophie der Digitalität. Realität – Virtualität – Normativität*, Heidelberg: J.B. Metzler, und zum anderen (ausführliche bibliografische Hinweise im Anhang) Elmar Zeller (2023), Anabel Ternès von Hattburg/Clarissa-Diana de Grancy (2023), Wieland Appelfeller/Carsten Feldmann (2023), Oberländer, Maren (2023), Simon Meier-Vieracker/Lars Bülow/Konstanze Marx/Robert Mroczynski (2023), Malanowski, Norbert (2023). Digitalisierung wirkt in viele Lebensbereiche hinein, was dann über die digitale Arbeitswelt hinausreicht. Dafür stehen Publikationen wie z. B. Peter Witt (2023 zur sozialen Bedeutungsdimension der Digitalsierung oder zur Bildung Sandra Aßmann (2023), Jessica Felgentreu/Christina Gloerfeld/Claudia Grüner/Heike Karolyi/Christian Leineweber/Linda Weßler/Silke Wrede (2023), Marc Fabian Buck/Miguel Zulaica y Mugica (2023), Oliver Bertscher/Frank Como-Zipfel (2023), Mark Harwardt/Peter F.-J. Niermann.Andre M./Schmutte/Axel Steuernagel (2023).

le Neuerung gebracht hat. Der Mehrwert wird dadurch noch etwas komplexer, weil nicht rein buchhalterisch Aufwand und Nutzen gegenübergestellt sind, sondern hinzukommt, dass Mitarbeiter am Einsatzort einer Neuerung einen weiteren Mehrwert einbringen. Selbst wenn dies auf ein *schneller, besser, einfacher* reduziert ist, bestimmt die Einstellung der Mitarbeiter den Nutzwert und damit die Anwendung.

Festzuhalten bleibt:

... in Bezug auf die Digitalisierung sind es weniger die großen Würfe, die interessieren sollten, vielmehr machen die vielen kleinen Neuerungen die Digitalisierung zu einer großen Welle.

5.2 Virtualisierung als Chance

Leitfrage

- *Schöne neue Welt am Arbeitsplatz?*

Der Begriff *Virtualität* ist von der technologisch orientierten Literatur bestimmt, wobei die Deutungen je nach Standpunkt etwas voneinander abweichen können. Virtualität selbst hat weitere weiche Übergänge zu anderen Themen. Bezieht sich das Virtuelle auf die Arbeitswelt, wird darauf geschaut, wie Mitarbeiter auf Entfernung zusammenarbeiten.[16] Wie unscharf die Begrifflichkeit ist und dass Virtualität sowie Virtualisierung mehr von einer philosophischen Diskussion bestimmt sind als vom pragmatischen Ansatz, Handreichungen zu geben, davon zeugt ein Blick auf eine kleine Publikationsliste zum Thema.[17] Es ist zu beachten, dass sich die Deutungen des Begriffs *Virtualität* teilweise verselbstständigt haben, sodass verschiedene Perspektiven unterschiedliche Deutungen hervorbringen. Beispielhaft dafür darf der Begriff *virtuelles Team* genommen werden. Er verdeutlicht das gesamte mögliche Spektrum, was so weit reicht, dass »virtuell« im Zusammenhang mit dem Teambegriff nicht mehr mit etwas Möglichem oder Unechtem gleichgesetzt werden kann. Virtuelle Teams sind ohne Zweifel real, bestehen aus realen Personen. Die Tatsache, dass nicht alle am selben Ort zusammenarbeiten, begründet das Virtuelle als etwas Standortunabhängiges. Die Mitarbeiter verteilen sich, anstatt sich dauer-

16 Siehe dazu auch Dawid Kasprowicz/Stefan Rieger (Hg.) (2020): *Handbuch Virtualität*, Wiesbaden: Springer Fachmedien Wiesbaden.

17 Außer der vorgenannten Publikation bietet der nachfolgende Ausschnitt einen Zugang zu den Themen, die Virtualität/Virtualisierung gewidmet sind: Thomas Döbler/Christian Pentzold/Christian Katzenbach (Hg.) (2021): *Räume digitaler Kommunikation. Lokalität – Imagination – Virtualisierung*, Köln: Herbert von Halem; Rebecca Haar (2019): *Simulation und virtuelle Welten. Theorie, Technik und mediale Darstellung von Virtualität in der Postmoderne*, Dissertation, Universität Tübingen, Bielefeld: transcipt; oder siehe auch die Zusammenfassung der Veranstaltung *Erfolgreich in der Virtualität*, 2018, Dornbirn, in Antje Duden (Hg.) (2018): *Zusammenarbeit analog und digital*, Berlin: wvb Wissenschaftlicher Verlag; oder eher aus philosophischer Sicht von Otl Aicher (2015): *Analog und digital*, 2. Aufl., Berlin: Ernst; oder dann mehr übergreifend und als eine Konferenzschrift, 2012, Aachen, von Sabina Jeschke/Leif Kobbelt/Alicia Dröge (Hg.) (2014): *Exploring virtuality. Virtualität im interdisziplinären Diskurs*, Wiesbaden: Springer Spektrum.

haft gemeinsame Teamräumlichkeiten zu teilen. Ähnliches gilt für virtuelle Organisationen, die selbstverständlich nicht nur abstrakte Konzepte sind, sondern real existieren. Die betriebswirtschaftliche Definition und rechtliche Bedeutung sei beiseitegelassen.

Ähnlich wie die Digitalisierung umfasst die Virtualisierung eine große Streuweite hinein in die Arbeitswelt. Einen ganz besonderen Schub hat die virtuelle Arbeit durch Formen der mobilen Arbeit bekommen. Diese umfasst in Abgrenzung zum *Homeoffice* die Arbeitsmöglichkeiten fern eines zentralen Arbeitsplatzes im Unternehmen. Mobile Arbeitsgeräte (z. B. Computer, Telefon, *Mailbox* und Netzwerke) und die Netzwerktechnologie im Allgemeinen erlauben in vielen Fällen, alle Tätigkeiten im Zusammenhang mit dem Arbeitsplatz außerhalb der Räumlichkeiten eines Unternehmens oder einer Organisation zu erledigen. Mit den mobilen Endgeräten wird eine Erreichbarkeit geschaffen, die sogar über die normale zeitliche Verfügbarkeit von Mitarbeitern hinausgeht. Beispielhaft dafür steht das *E-Mail*-Postfach, das außerhalb der üblichen Arbeitszeiten und am Wochenende abrufbar ist. Damit wird zugleich auf eine der großen Gefahren hingewiesen, die allerorts hinter der Mobilität lauert. Denn Virtualisierung wird sehr häufig mit dem Aspekt *Erreichbarkeit* verknüpft. Zwar ist mit der Erreichbarkeit noch lange nicht alles abgedeckt, was die digitale Transformation hervorgebracht hat, aber daran kann vorgeführt werden, wie Digitalisierung und Virtualisierung über die beabsichtigte Neuerung hinaus in die Arbeitswelt und die Arbeitsprozesse hineinwirken.

Als Teil der Digitalisierung hat die Virtualisierung nicht minder viele Erscheinungsformen, sodass eine Systematisierung wieder beim Erfassen sowie Differenzieren von Nutzungsmöglichkeiten hilft. Mit dem Überblick und aus der Deskription heraus können die Impulse gewonnen werden, wie sich Virtuelles vorteilhaft in das persönliche Arbeitsfeld integrieren lässt. Sowohl Telearbeit als auch mobiles Arbeiten lassen sich genauso wie in die digitale Transformation auch in die Virtualisierung einordnen. Die Videokonferenz und die Simulation sind die auffälligsten Applikationen im Zuge der Digitalisierung. Sie haben zum einen Arbeitsabläufe optimiert und damit Ressourcen geschaffen, zum anderen können Entscheidungen durch verschiedene Szenarien objektiviert werden.

Ursprünglich steckt in dem Wort *Virtualität* die Bedeutung *Kraft*, das soll hinsichtlich der virtuellen Arbeitsmöglichkeiten nicht irritieren, denn es ist die Kraft, die befähigt, sich die Wirklichkeit vorzustellen, wenn z. B. per Video kommuniziert wird. Das Gegenüber wird als wirklich empfunden. Ähnlich ist es bei Nachrichten, im *Chat* oder digitalisierten Projektwelt. Mitarbeiter sind nicht mehr direkt, unmittelbar beteiligt. Virtualität wird am deutlichsten spürbar, wenn Mitarbeiter nicht mehr physisch präsent sind, Aufgaben wie Projekte digital gesteuert werden und Dialoge nicht mehr *face-to-face* stattfinden. Virtuelle Welt wird u. a. durch Nachrichtendienste erzeugt. Sicherlich sind die Nachrichten aus einer realen Welt und berichten über reale Geschehnisse. Die Empfänger der Nachrichten stehen hingegen in der Regel nicht inmitten des Geschehens, für sie ist das Beschriebene keine selbst erlebte Wirklichkeit. Das eröffnet Interpretationsspielraum, was wiederum von der Realität entfernt.

Die Sichtweise, die im weiteren Verlauf auf das Virtualisieren anzuwenden ist, wird auf virtuelle Räume und die virtuelle Kommunikation eingeschränkt. Trotz dieser Beschränkung bleibt eine Vielfalt von Einsatzmöglichkeiten, an den Arbeitsplätzen das Arbeiten in modernen Strukturen zu ermöglichen. Allein der Begriff *virtueller Raum* lässt mehrere Deutungsmöglichkeiten zu. Am augenfälligsten wird der Anwendungsbereich bei der Videokonferenz. Die physische Präsenz ist nicht mehr zwingend, Kommunikation im Team kann ortsungebunden stattfinden. Simulationen gehören zu einem Bereich, der als experimentelles Arbeiten bezeichnet werden kann. Was die Zukunft der virtuellen Räume betrifft, kann davon ausgegangen werden, dass die Einsatzbereiche kontinuierlich ausgebaut, erweitert bzw. bereichert werden.

Festzuhalten bleibt:

... trotz einer nicht ständigen Präsenz zusammenarbeiten und von jedem Ort aus Informationen senden sowie empfangen zu können, sind Errungenschaften der digitalen Transformation, die eine Loslösung von einem festen Arbeitsplatz möglich gemacht hat.

Die Bedeutung von Virtualität muss nicht unnötig strapaziert werden, für die Arbeit im Team reicht das Bewusstsein, dass aufgrund der digitalen Vernetzung die persönliche Vernetzung, der Austausch und die Zusammenarbeit von Teammitgliedern nicht aufgehoben sind. Vernetzung von Wissen wie Erfahrungen ist im digitalen Raum viel leichter, weil die Teammitglieder leichter und unmittelbarer zu erreichen sind. Wissen kann so einfacher kodifiziert werden, ist schneller aufzufinden und kann automatisch mit anderem Wissen verknüpft werden. Das Virtuelle hat paradoxerweise in der Teamarbeit etwas Wirkliches, die Teamleitung muss freilich die Zeichen der neuen Ära in der Kooperation erkennen und Kommunikation im Team neu organisieren.

5.3 Leistungscontrolling will Quantifizierung – hin zu den Kennzahlen

Leitfrage

- *Wie soll Leistung bewertet werden?*

Wer an das Quantifizieren herangeht, der muss sich der Herausforderung stellen, Messbarkeit und somit Objektivierung zu schaffen. Der Weg von der Subjektivität zur Objektivität führt dabei nur über Zahlen oder Werte. Schließlich beansprucht die Angemessenheit einer Beurteilung Gültigkeit der vorgebrachten Bewertung. Objektivität wie Validität sind stets Standards, wenn ein Verfahren einen empirischen Wert haben soll. Die Zuverlässigkeit jeder Art von Erkenntnis bereitet wiederum das Fundament dafür, angemessen mit Leistung umzugehen. Was indes leicht aus den Augen verloren werden kann, ist der Bedarf, denn die Angemessenheit von Leistungsbewertungen sagt darüber noch nichts aus. Sollen Ergebnisse für diejenigen, deren Leistungen im Fokus stehen, nachvollziehbar und verständlich sein, dann muss es Konsens aller Beteiligten geben und diejenigen, die eine Leistungsmessung anstoßen, müssen prüfen, welche Werte und messbaren Kriterien der Wertschöpfungskette zur Anwendung kommen. Auf diesen Grundprinzipien aufbauend, kann dann der Bezug zur Leistung hergestellt werden. Das setzt wiederum voraus, das klar ist, mit welchem Ziel eine Leistung gemessen wird, weil nur so die Leistungsergebnisse Wert haben, sinnvoll und nachhaltig sind.

Wenn der Hinweis erfolgt, dass Leistungscontrolling Quantifizierung verlangt, impliziert dies, dass die Leistungsmessung angemessen und adäquat sein muss. Situation, Mitarbeiter, Art der Leistung, die Zuordnung der Leistung zur Wertschöpfung und die Zielerfüllung sind entscheidende Kriterien für das Quantifizieren. Während Controllingstandards zunächst unabhängig von der Situation zum Einsatz kommen und ihre Bedeutung im betriebswirtschaftlichen Rahmen eines Unternehmens haben, indem systematisierte, allgemeingültige Verfahren angewendet werden, muss ein teamspezifisches Leistungscontrolling bedarfskonform sein. Es benennt die zu erbringende Leistung genau, hält das entsprechende Messverfahren bereit und liefert aussagekräftige, vergleichbare Ergebnisse. Leistung muss daher zuerst in die einzelnen Aspekte zerlegt werden (siehe Abb. 24), sodass bewusst wird, wo die Leistungsmessung anzusiedeln ist und in welchem Verhältnis sie zum Beispiel zu den Formen der Leistung, zum Erhebungsverfahren und zur konkreten Bewertung von Leistung steht.

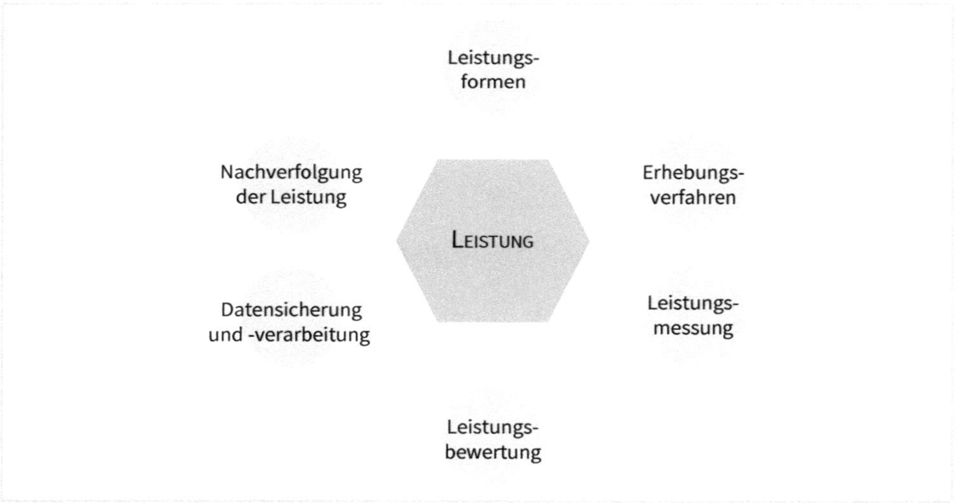

Abb. 24: Aspekte der Leistung

Bei aller Vielfalt der Leistungsaspekte gehört das Herunterbrechen der strategischen Ziele auf die Teamziele zur wichtigen Vorarbeit. Schließlich ergibt sich aus Teamzielen die Leistungsvorgabe. Dies verleiht der Teamleistung eine konkrete Anbindung und vermittelt sowohl der gemeinsamen als auch der individuellen Leistung Bedeutung. Strategische Ziele bleiben eine wichtige Nahtstelle, da durch das Herunterbrechen der Ziele auf die operative Teamleistung Leistung und Leistungsmessung konkret werden. Fern ab von komplexem Strategiecontrolling wird die Teamleitung darauf bedacht sein, Ziele wie Vorgaben fassbar und nachvollziehbar zu machen. Daraus lässt sich dann die Leistungserwartung herunterbrechen und in Leistungsziele für die Einzelnen und für das ganze Team umwandeln. Die Parametrisierung von Leistung geschieht aus der Erfahrung heraus. Die kritische Prüfung des Verfahrens ist selbstverständlich, denn am Ende muss sichergestellt sein, dass das Passende gemessen wurde. An dieser Stelle wird der Unterschied zum Begriff *Quantifizierung* deutlich, denn eine Leistungsmessung muss letzten Endes den konkreten Wert einer Leistung für die Zielerfüllung erfassen.

Festzuhalten bleibt:

...Die Vielzahl von Veränderungen und die wachsende Zahl von Entwicklungsmöglichkeiten verlangen eine sorgfältige Prüfung, und Leistung darf nicht länger pauschal bewertet werden, alle Beteiligten müssen dabei einbezogen sein.

Fachliterarische Quellen, aus denen sich etwa eine auf die Praxis gerichtete Quantifizierung von Zielen sowie die Umsetzung der teamorientierten Leistungsbewertung speisen ließe, sind in diesem Maß an Fokussierung nicht vorhanden. Selbst wenn einige Fachpublikationen aus verschiedenen Blickwinkeln Übertragungsmöglichkeiten anbieten oder Anbindung aufweisen, fehlen strukturierte Anleitungen, wie das Quantifizieren im Kleinen betrieben werden kann.[18] Daraus folgt, dass Führungskräfte fachlich wie inhaltlich an das Thema Leistungscontrolling herangeführt werden müssen. Sie dürfen damit nicht allein gelassen werden, sie müssen dafür aber auch kein Fachstudium absolvieren.

Quantifizieren ist mehr als *Controllen*. Gewiss besteht eine Nähe zwischen dem Messbarmachen und Kontrolle. Doch steht weder das Überwachen noch das Buchhalterische im Vordergrund. Das Quantifizieren hat im Rahmen der Teamaktivitäten eine Steuerungsfunktion, die überprüft, was in welchem Umfang erreicht, erledigt oder vollendet worden ist. Über dieses Erfassen und Abgleichen wird auch für Nachhaltigkeit gesorgt. Zum einen zeigt der Erfolg, dass etwas erreicht wurde, zum anderen erweisen sich Planungen durch die erfolgreiche Umsetzung als nachhaltig. Allein das Erreichen eines Ziels ist jedoch noch keine vollendete Nachhaltigkeit. Die Begrifflichkeit weist bereits darauf hin, dass das Erreichen eine Nachwirkung haben muss. Hierbei erweist

18 Einige Fachpublikationen, die in Richtung Quantifizieren weisen, werden nicht vorenthalten, da sie belegen, dass es sowohl ein Bewusstsein für das Quantifizieren als auch in der Pflicht zur Wirtschaftlichkeit Bewertungsverfahren und Kennzahlensysteme gibt. Als Beispiele dienen Erwin Rödler (2022): *Entwicklung von Kennzahlensystemen. Ein Konzept zur Prüfung und Steuerung von Geschäftsprozessen*, Stuttgart/Freiburg: Schäffer-Poeschel; sowie Stefan F. Gegg (2017): *Leistungscontrolling für komplexe Leistungen*, Wiesbaden: Springer Gabler. Eine umfangreiche Einführung in die Grundlagen findet sich trotz eines engen Betrachtungswinkels bei Klaus Dreyhaupt/Frank Placke (2007): *Kosten- und Leistungscontrolling auf der Basis von NKF. Eine Arbeitsanleitung zur Effizienzsteigerung in öffentlichen Verwaltungen*, Stuttgart: Kohlhammer. Ähnlich (branchen-)spezifisch und dennoch einen Einblick vermittelnd beschreibt Joachim Koch (2004): *Betriebswirtschaftliches Kosten- und Leistungscontrolling in Krankenhaus und Pflege*, 2., überarb. Aufl., München/Wien: Oldenbourg. Eine stärkere Praxisorientierung, aber am Ende betriebswirtschaftlich motivierte Annäherung bietet Wolfgang Männel (1997): *Modernes Ergebniscontrolling für mittelständische Unternehmen. Funktionale Kostenstellenrechnung und Leistungsrechnung – flexible Plankostenrechnung – Leistungscontrolling und Prozesskostenrechnung – genaue Vor-, Plan- und Nachkalkulationen – differenzierende Deckungsbeitragsrechnungen – geschlossene Betriebsergebnisrechnung – schlanke Gesamtlösungen für den Mittelstand*, Lauf an der Pregnitz: Verl. der GAB, Ges. für Angewandte Betriebswirtschaft.

sich das Quantifizieren erneut als hilfreich, weil es ein sachorientiertes Nachverfolgen ermöglicht. Quantifizierung ist im Team somit als Steuerungsinstrument handzuhaben. Führungskräfte müssen Quantifizieren als Steuerung verstehen, weil so Leistungscontrolling an Bedeutung und Akzeptanz gewinnt. Die Überwachung weicht dem Konsens zur Leistungsmessung.

Festzuhalten bleibt:

... Kennzahlen haben nicht zwangsweise etwas mit Kontrollzwang zu tun. Sie helfen, einen objektivierten Zugang zur Leistung zu finden.

Operationalisieren hat im Grunde genommen nur bedingt etwas mit Kennzahlensystemen zu tun, dennoch sind derartige Bewertungssysteme eine logische Konsequenz der Operationalisierung, denn zum Schluss muss bewertet werden, ob und inwieweit ein Ziel erreicht worden ist. Es reicht nicht, die einzelnen Operationen auf dem Weg hin zum Ziel zu beschreiben.[19] Ziele zu operationalisieren, sie in konkrete Handlungen zu überführen, ist ein erster Schritt hin zur Operativität – und letzten Endes nichts anderes als Machen. Doch dieses Machen braucht Eckwerte, um daraus sinnvolle und zielgerichtete Handlungen zu gestalten, denn Handeln allein ist noch keine Zielorientierung. Eine Umsetzung von Zielen beinhaltet eine Orientierung an konkreten Werten, die belegen, dass ein Ziel erreicht worden ist, oder zumindest einen Hinweis geben, in welchem Umfang ein Zielvorgabe erfüllt wurde. Zielverfolgung mit Kennzahlen zeigt den Weg auf hin zum bedarfskonformen Quantifizieren. Ohne eine objektivierte Messung ergibt Leistung kaum Sinn, denn sie braucht einen Bewertungsmaßstab, um den Mehrwert zu erkennen.

Festzuhalten bleibt:

... (strategische) Vorgaben in zielorientiertes Handeln zu überführen, kann nur mit Sachlichkeit gelingen, die über den Perspektivwechsel gefunden werden kann.

5.4 Mehrwert als Verbindungslinie

Ob es nun ein neues digitales *Feature*, das Virtualisieren der Teamarbeit oder die Erfassung der Leistungsfähigkeit Einzelner ist, alles gehorcht dem Mehrwertprinzip.

Leitfragen

- *Was hat das Unternehmen/die Organisation davon?*
- *Was haben die Einzelnen davon, Leistung zu bringen?*
- *Warum sollen Teammitarbeiter nicht mehr gemeinsam an einem Tisch sitzen?*
- *Wozu sollen all die Statistiken und Datensammlungen dienen?*

19 Siehe dazu auch Werner Bünnagel (2014): »Nach der Operationalisierung ist vor der Operationalisierung«, in: *Community of Knowledge* unter https://www.community-of-knowledge.de/beitrag/nach-der-operationalisierung-ist-vor-der-operationalisierung/index.html [abgerufen am 23.10.2022].

Aus den Antworten ergibt sich die Einstellung zum Mehrwert. Neue Technologien bringen nicht per se einen Mehrwert, die Prüfung von Aufwand und das Verhältnis zum Nutzen sind eine bekannte und zielführende Relation, um einen Mehrwert zu ermitteln. Dieses beinahe magische Dreieckverhältnis gilt nicht nur für jede Innovation, jede Veränderung und sogar alles betriebswirtschaftliche Handeln, es zeichnet darüber hinaus ein gängiges Verfahren vor, die Sinnhaftigkeit des Handelns zu prüfen (siehe Abb. 25). Über das Betriebswirtschaftliche hinaus wirkt dieses Dreieck hinein bis in das individuelle Handeln, denn die Einzelnen messen ebenfalls ab, was sie persönlich von ihrem Handeln haben, also welchen Mehrwert ein Handeln hat.

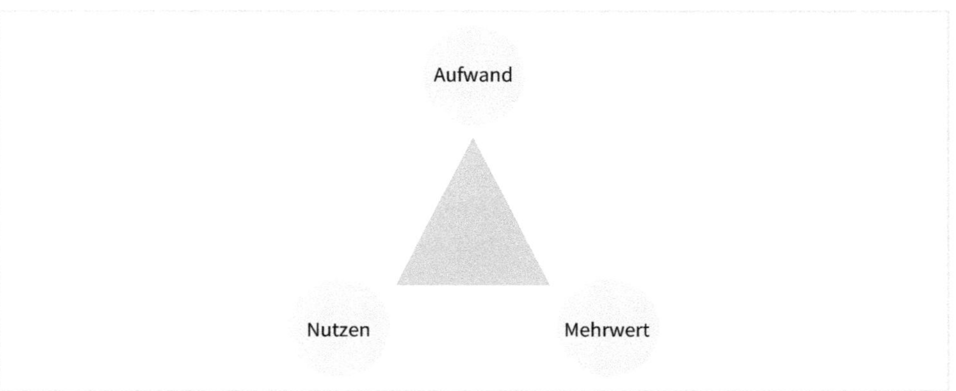

Abb. 25: Aufwand – Nutzen – Mehrwert

Der faktische Mehrwert entsteht allerdings erst, wenn Vorhaben und Ziele umgesetzt sind. Das wiederum setzt Handeln voraus und deshalb ist es so wichtig, alles auf konkrete Handlungen auszurichten und sicherzustellen, dass diese auch durchgeführt werden. Ansonsten droht die Gefahr, dass ein Vorhaben oder eine intendierte Veränderung bloße Beschreibung bleiben. Der Schritt dahin, operativ zu werden, ist zwar im Grunde genommen ein kleiner, aber für manche in einigen Situationen ein zu großer. Schritte nach vorn zu machen, das heißt zugleich, Verantwortung zu übernehmen. Die Übernahme von Verantwortung setzt wiederum voraus, dass ausreichend Sicherheit vorhanden ist, um Entscheidungen treffen zu können. An dieser Stelle wird offenbar, dass Technologisierung, Prozesse, Systeme und Kennzahlen auch ein psychologisches Moment haben. Dessen muss man sich zu jedem Zeitpunkt und vor allem an kritischen Stellen der Umsetzung bewusst sein.

Es wird unausweichlich sein, Risiko und Risikobereitschaft neu zu definieren, zumindest für die konkrete Unternehmenswirklichkeit und die vorgegebene Wirtschaftlichkeit. Investitionen brauchen neue Modelle der Bewertung und neue Formen des Abwägens. Es scheint fraglich, ob die klassische Betrachtung der Wirtschaftlichkeit mit konservativen Plänen zur Amortisierung von Investitionen die zunehmende Dynamik auffangen und bedienen kann. Betriebswirtschaft muss deshalb nicht zum Sklaven der Dynamik werden, doch sie muss selbst in der konkreten Unternehmenspraxis Beweglichkeit zeigen, z. B. mit adäquaten Modellen zur Risikobewertung und einer praxisrelevanten sowie gültigen Aufwand-Nutzen-Rechnung. Dafür werden als Voraussetzung

Ziele der Unternehmensentwicklung klar sowie erfüllbar definiert. Mitarbeiter haben es diesbezüglich etwas leichter mit dem Mehrwert, da dieser bei ihnen oft an nur ein Kriterium gebunden ist und subjektiv sein darf. Es muss nicht finanzieller Vorteil und Wertschätzung sein, es braucht auch keine Sammlung von Anreizen, da müssen Führungskräfte bestenfalls wissen oder spüren, welcher Anreiz gerade am meisten Wirkung und damit Leistung freisetzt.

Festzuhalten bleibt:

… ohne Mehrwert wird Handeln sinnlos. Manchmal fehlt es an diesem Bewusstsein, wenn Neuerungen nicht hinsichtlich ihres Nutzens hinterfragt wird.

5.5 Das alles Umspannende – die Sicherheit und die Freiheiten

Sicherheit ist nicht nur ein Gefühl – im operativen Sinne wird es sogar zum Werkzeug für die Zukunftsgestaltung. Vor allem in der mobilen Arbeit stellen sich Herausforderungen:

Leitfragen

- *Wie kann in der virtuellen Zusammenarbeit Sicherheit vermittelt werden?*
- *Wie kann Unsicherheit aufgespürt werden?*
- *Was kann zum Festigen von Sicherheit gemacht werden?*
- *Wie kann eine Führungskraft die Mitarbeiter in der Distanz erreichen?*
- *Wie können Mitarbeiter in der dezentralen, vernetzten Arbeit bewegt werden?*

Unsichere Mitarbeiter werden sich in der mobilen Arbeit eher auf den Dienst nach Vorschrift zurückziehen, weil es viel einfacher ist, aus der Distanz heraus abzutauchen. Ziehen sich Mitarbeiter aus dem Mitgestalten heraus, bleiben vielleicht wertvolle Impulse auf der Strecke. Das zeigt nochmals auf, wie wichtig es ist, die Kommunikation auf die neuen Arbeitsformate auszurichten und eine passende Kommunikationsstruktur zu schaffen, die den neuen Gegebenheiten gerecht wird.

Viele der Befürchtungen oder Ängste, die Sicherheit nehmen, hemmen oder verdrängen, lassen sich schnell entzaubern, wenn man die Situation, das Problem, den Schrecken o. Ä. auf die Tatsachen reduziert und weiterdenkt. Das Schlimmste, was geschehen kann, ist oft lediglich eine Befürchtung, während in der Realität die harmlosere Folge eher wahrscheinlich sein wird. Die Fakten helfen dabei, einen klaren Blick zu bekommen: hinschauen, vorausschauen und einen Schritt nach vorn. Auf diese Art kann der Perspektivwechsel zum Aufbauen von Sicherheit genutzt werden. Sicherheit findet selten in der Führung die Aufmerksamkeit, die ihr gebührt. *New Work* wird jedoch nur dann gelingen, wenn das Thema *Sicherheit* dort einen gebührenden Platz findet. Im Operativen sind es die Führungskräfte, die aufgefordert sind, ihren Teamkollegen Sicherheit zu vermitteln und sie dabei zu unterstützen, Sicherheit zu gewinnen.

Sicherheit, kontinuierliche Weiterqualifizierung, Mitgestaltungsmöglichkeiten, Kollegialität, Vertrauensverhältnis, Selbststeuerung, flache Hierarchien sind oft genannte und zum Teil kontrovers diskutierte Erfolgsfaktoren. Es wird wichtig sein, ein unternehmensspezifisches Konzept zur Sicherheit und zur Freiheit zu entwickeln, das folgende Fragen beantwortet:

Leitfragen

- *Welche Freiräume sollen zur Verfügung stehen?*
- *Was darf der Mitarbeiter selbst entscheiden?*
- *Wie viel Selbstorganisation ist tragbar?*
- *Ist selbstorganisiertes Lernen eine Entwicklungsperspektive?*

Sicherheit sowie Freiheiten sind eingebunden in ein unternehmensbezogenes Anreizmodell[20], so bleibt die Zusammenstellung kein Sammelsurium. Die Anreizmöglichkeiten werden dafür in einer Matrix erfasst. Die Leistungserbringung ist wohl eine der komplexesten Herausforderungen in der Führungsarbeit, denn neben den materiellen Anreizkomponenten spielen hier in starkem Maße noch die immateriellen Momente hinein. Sicherheit und Freiheiten sind wirksame Leistungstreiber. Schnell ist der Übergang zur Motivation bereitet und dadurch gewinnt jede Modellierung von Anreizen eine zusätzliche Ebene der Komplexität. Dennoch sind es in der Praxis der Führung die Antworten zu den Fragen rund um Anreize und Werte bei Teammitgliedern, die Handlungsmöglichkeiten aufzeigen:

Leitfragen

- *Sind Mitarbeiter leistungsbereiter und effizienter, wenn sie Freiheiten haben und wenn man ihnen Anreize zur Leistungserbringung verschafft?*
- *Ist die Motivation der Mitarbeiter eine kalkulierbare Erfolgsgröße?*
- *Oder sind es letztlich doch Disziplin, Unnahbarkeit der Führung, hierarchisches Denken und Anweisung, die Erfolg kalkulierbar machen?*

Fragen dienen auch hier wieder als entscheidende Ankerpunkte. Sie sind nicht nur Instrumente, um Führungspraktiken zu überdenken, sondern auch kraftvolle Impulsgeber für das Führungsverhalten.

Festzuhalten bleibt:

… sichere Mitarbeiter werden eher ihre Potenziale nutzen, weil sie gute Erfahrungen damit gemacht haben.

20 Siehe dazu Werner Bünnagel (2021): *Mitarbeiter als Change Agents. Dynamik im Unternehmen neu denken, Strategie und Führung neu ausrichten*, Wiesbaden: Springer Gabler, Kap. »8.1.4 Anreizmodell«, S. 116–118.

6 Den Weg zur Operativität bereiten

Handeln kann auf Kommando geschehen, dann muss Führung jedoch ein strenges Auge auf die Qualität haben und es kann sein, dass Potenziale nicht zur Entfaltung kommen. Diese Grauzone im Hinblick auf die Mitarbeiterpotenziale darf nicht unterschätzt werden. Da die Führung nicht weiß, welche Ressourcen noch freigesetzt werden können, fällt zumeist gar nicht auf, dass nicht alle Möglichkeiten ausgeschöpft werden. Nun ist der Grad der Operativität entscheidend für den wirtschaftlichen Erfolg, deshalb muss das Interesse vorhanden sein, die bestmögliche operative Wirkung eines Teams zu erreichen. Außer mit den Prozessbausteinen der Teamarbeit müssen Teamleiter das Psychosoziale eines Teams und das Individualpsychologische auf den Führungsplan setzen. Wird das Operative auf das Zusammenwirken im Team ausgeweitet und nicht nur die Schaffenskraft einzelner ins Visier genommen, erfährt Operativität eine weitere Dimension. Beide Betrachtungsweisen verdeutlichen bereits, dass der Wert von Operativität von der Struktur bestimmt wird. So wie Handlung inszeniert, angestoßen und in Gang gehalten wird, bestimmt dies die Wirkkraft sowie die Qualität des Tuns. Zu den Kernfunktionen einer Teamleitung gehört es aus diesem Grunde, dem Handeln ein System, einen strukturierten Rahmen zu geben. Dieser besteht nicht aus formalen Vorschriften oder einem strengen Ablauf, es sind vielmehr ein paar Punkte, die immer wieder in das betriebliche Handeln einbezogen bzw. berücksichtigt sein sollten.

Der enge Zusammenhang von operativer Wirkkraft und Vertrauen verdient es, an dieser Stelle explizit dargelegt zu werden, denn dass Mitarbeiter erst mit Engagement an die Arbeit gehen, wenn sie für sich Anerkennung, Wertschätzung, Offenheit und Mehrwert wahrnehmen, liegt auf der Hand. Wenn Mitarbeiter Vertrauen erfahren und verspüren, können sie Sicherheit entwickeln (siehe dazu auch die nachfolgenden Abschnitte). Im Prozess der Umsetzung sind es dann die einzelnen Schritte, die den Fortgang der Teamarbeit bestimmen. Das Organisieren *Step-by-Step* sorgt u.a. dafür, dass alle mitkommen, denn Teamhandeln wird von der Kollaboration geprägt – einem bewussten Zusammenarbeiten, bei dem sich die Einzelnen in einer Beziehung zu den Mitgliedern eines Teams sehen. Aber Operativität lebt letztlich nicht allein vom Handeln, denn die Quantität sowie Qualität dessen, was geleistet wird, muss erfasst werden, damit Veränderungs- wie Entwicklungsmöglichkeiten erkannt werden können. Im Kontext des prozessorientierten Denkens, der einfachen Ertragsrechnung und der alltäglichen Arbeitsorganisation gerät oft das Bewusstsein für die Qualität von Handlungen, die vorhandenen Potenziale der Mitarbeiter und die Bedeutung des Wandels für die Zukunft in den Hintergrund (siehe auch Abb. 26).

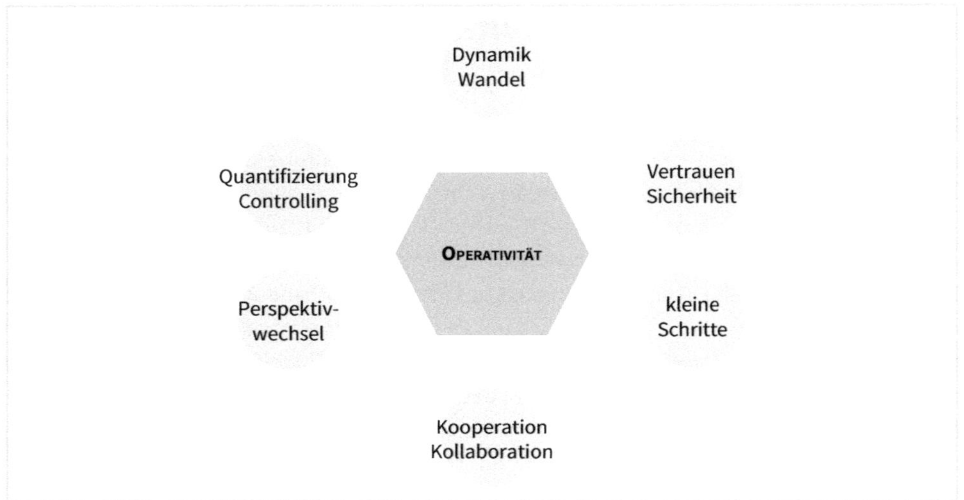

Abb. 26: Dimensionen der Operativität

Festzuhalten bleibt:

… damit Handeln nicht als Aktionismus missverstanden wird, braucht das Ganze Struktur und einige Kernpunkte, die aus Handeln eine operative Kraft der Teams machen.

6.1 Innovation und Dynamik

Das Handeln im Team erzeugt Bewegung und das Mitdenken der Einzelnen, deren Beweglichkeit sowie deren Schaffenskraft tragen dazu bei, dass sich alles kontinuierlich verändert. Als Keimzelle des Wandels schaffen die Teams eine Dynamik, die als Ganzes ein Unternehmen, eine Organisation in Gang hält. Die digitale Transformation schafft ständig Veränderungen, die für sich zwar keine parallele Welt erzeugen, die technologischen Neuerungen wirken jedoch in den Arbeitsplatz hinein und fordern die Teams heraus, sich dem Wandel zu stellen. Agile Teams werden die Veränderungen aufnehmen und daraus eine eigene Bewegung erzeugen, die wiederum die eigene Arbeit verändert. Das kann langsam und unmerklich geschehen, die geänderte Arbeitssituation kann andernfalls schnell herbeigeführt werden und eine tiefgreifende Umgestaltung hinterlassen. Agile Teams zeichnen sich dabei durch ihr Handeln aus. Handeln ist Bewegung. Damit daraus Innovation und Dynamik wird, braucht diese Bewegung ein gewisses Maß an Steuerung. Innovation und Dynamik erhalten in diesem Augenblick eine Struktur. Die verantwortungsvolle Aufgabe, eine zielführende Struktur zu schaffen, haben die Führungskräfte inne. Sie erkennen, wie das Neue die Situation positiv verändern kann, und sie wissen, was den Bedarf an neuen Wegen decken kann.

Das Entwickeln von Teams muss *de facto* als fortgesetzter Prozess verstanden werden. Das Charakteristische ist eben der fortschreitende Wandel im Team. Innovation, Dynamik und

Team treffen so aufeinander. Mit diesem Verständnis werden die Verantwortlichen immer wieder analysieren, wo Korrekturen nicht ausbleiben dürfen und Optimierungen notwendig sind. Teamdynamik geht an dieser Stelle über das Psychologische hinaus. Dynamik kann in dieser Sichtweise als eine Bewegung verstanden werden, die sich im Team fortsetzt. Mitarbeiter sind Teil der Dynamik und sie müssen sich ebenfalls als Dynamiktreiber verstehen. Ein Team kann so als eine Art Kraft verstanden werden. Die Teamleiter setzen diese Kraft frei und steuern sie. Sie können dies jedoch nur, wenn sie Teamentwicklung ernst nehmen und kontinuierlich Einzelne für sich und das Team als Ganzes weiterentwickeln. Dynamik wird auf diesem Wege zur konkreten Bewegung, während bei einer Fehlentwicklung allein das Beschreiben und Planen von Dynamik im Zentrum des Handelns steht. Dynamik, Wandel, Digitalisierung mögen auf den ersten Blick Schlagworte sein und sie sind an dieser Stelle nur eine Auswahl von Begriffen, die alltäglich in irgendeiner Form auftauchen. Doch sie stehen im engen Zusammenhang mit Wissen, denn Veränderungen bedingen einen Lernprozess, und somit werden die Begriffe zu einem Entwicklungskonzept.

Festzuhalten bleibt:

... Innovation und Dynamik entstehen erst durch Handeln und Handeln schafft Zukunft.

6.2 Vertrauen, Verantwortung, Sicherheit – sicher ist sicher

Der Aufbau von Vertrauen ist kein bloßer Prozessschritt. Vielmehr erfordert Vertrauensbildung eine bewusste Hinwendung auf die Zusammenarbeit. Hinhören, Zuhören und Kommunizieren setzen die Stützpfeiler für das Entwickeln von Vertrauen (siehe Abb. 27). Kommunizieren impliziert in diesem Kontext, dass ein konstruktiver Austausch stattfindet. Gelingt es nicht, diese Basis zu schaffen, ruckelt es später in den Prozessen, denn Mitarbeiter werden sich genau an das halten, was ihnen vorgegeben wird, und werden nichts anderes tun. Schlimmstenfalls entsteht Misstrauen. Je weniger Kommunikation stattfindet, desto schneller wächst das Misstrauen. Es bleiben jedoch nicht nur Ideen für Innovationen aus, sondern Abweichungen, Störungen oder Probleme führen unmittelbar zu Rückzug, Passivität oder im Grenzfall zur Verweigerung. Dass dadurch Leistung in Mitleidenschaft gezogen wird, scheint wahrscheinlich. Zumindest werden Prozesse zeitintensiver und die Arbeitsergebnisse bleiben wohlmöglich hinter den Erwartungen zurück. Vertrauen ist demnach nicht bloßer Schmuck in der Kooperation. Vertrauensvolle Zusammenarbeit muss als Erfolgsfaktor verstanden und dementsprechend ernsthaft angestrebt und erarbeitet werden.

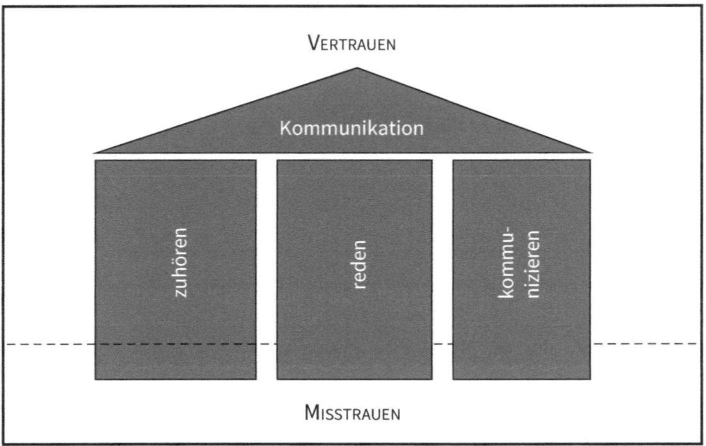

Abb. 27: Stützpfeiler des Vertrauens

Eng mit dem Vertrauen verbunden ist die Verantwortung. In gewisser Weise wird sie zu einem Führungsmoment, sobald Mitarbeitern Vertrauen geschenkt wird. Vorgesetzte übertragen Verantwortung und zeigen so, dass sie Vertrauen in die Arbeit der Kollegen setzen. In der Folge nimmt die Wahrscheinlichkeit zu, dass Teammitglieder motivierter zu Werke gehen, weil sie mit der Bestätigung Sicherheit gewonnen und Selbstvertrauen aufgebaut haben. Vertrauen ist das Ergebnis eines Prozesses. Die Art und Weise, wie die Mitarbeiter die Zusammenarbeit wahrnehmen, bestimmt das Ausmaß, in dem sie Vertrauen aufbauen. Da Vertrauen das Ergebnis von Interaktion ist, wird zugleich deutlich, dass Vertrauen eine wechselseitige Beziehung ist. In einer Kooperation vertraut im besten Falle der eine dem anderen. So kann unnötiger Reibungsverlust verhindert werden. Für Führungskräfte bedeutet dies, dass sich nicht allein Vertrauen bei den Mitarbeitern herstellen, sondern genauso ihren Teammitgliedern zeigen müssen (siehe Abb. 28). Schauspiel oder pauschale, eher formale Vertrauensbekundungen reichen da nicht aus.

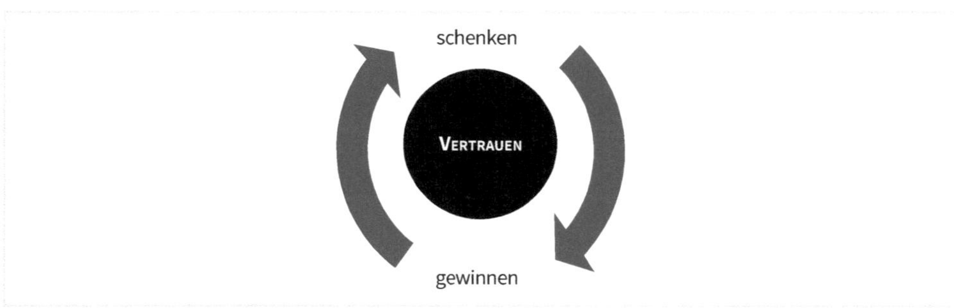

Abb. 28: Vertrauen schaffen

Ein anderer Weg zum Vertrauen führt über das Verständnis, wie Misstrauen entsteht und welche Auswirkungen es hat. Führungskräfte müssen sich dessen bewusst sein, dass Misstrauen verunsichert. Manchmal mag eine misstrauische Haltung gar nicht bewusst wahrgenommen werden. Wenn aber zum Beispiel eine Aufgabe angekündigt wird und die Führungskraft sich im Nachhinein dazu entscheidet, diese selbst zu übernehmen, dann hinterlässt dies einen bitteren Nachgeschmack im Team. Mitarbeiter können dies als ein Zweifeln an ihren Fähigkeiten werten. Solche Situationen führen dazu, dass sich Mitarbeiter zurückziehen, genau an das halten, was ihnen vorgegeben wird, und kaum bereit sind, weitere Energie freizusetzen und Ideen einzubringen. Das Fatale an derartigen Entwicklungen ist, dass unbemerkt bleibt, welche Möglichkeiten sowie Potenziale vorhanden sind. Das Normale, das scheinbar Unveränderliche wird als bestmögliche Lösung wahrgenommen, sodass Veränderungen und Wandel ausbleiben. *Change* ist dagegen die Triebfeder, die Unternehmensentwicklung in Gang hält und damit Unternehmenserfolg sichert. Wenn alle an den Erfolg glauben, Vertrauen aufbauen und Selbstsicherheit entwickeln, sind die wesentlichen Grundlagen für eine existenzsichernde Dynamik geschaffen.

Abb. 29: Dimensionen der Sicherheit

Sicherheit, eine wesentliche Wirkkomponente der Kooperation und Innovation, wird meist nicht bewusst in die Führungsarbeit integriert. Entsteht sie auf einem unsystematischen Wege und entwickelt sie sich trotzdem bei Mitarbeitern, kann dies zweifellos als Zielerreichung verstanden werden. Es kommt indessen einem Glücksspiel gleich, wenn Sicherheit nicht bewusst erzeugt wird. Zunächst muss klar sein, wo und wie Sicherheit in die Arbeit einwirkt. In der ersten Annäherung kann Sicherheit differenziert werden als (siehe auch Abb. 29):

- persönliche, psychische Sicherheit (Psyche),
- Ergebnis des Erwerbs von Sach- und Fachkenntnis (Expertise),
- Aspekt der Unternehmensentwicklung, wobei das Existenzielle der Arbeit im Mittelpunkt steht (Existenzsicherung),
- Schutzmaßnahme zum Schutze der körperlichen Unversehrtheit (Absicherung),
- Arbeitssicherheit im Allgemeinen (Arbeitsschutz),
- Vertrauen in Abläufe, sodass alle wissen, was warum geschieht (Vertrauen),
- Verbundenheit in der Zusammenarbeit, wo der Aspekt Vertrauen eine besondere Bedeutung hat.

In Bezug auf die Mitarbeiterführung interessieren aus dem Gesamtpaket *Sicherheit* die psychische Realität, das Sicherheitsbewusstsein und das gegenseitige Vertrauen. *Sicherheit als psychische Realität* bezieht sich auf das Sicherheitsempfinden Einzelner. Mitarbeiter, die sich sicher fühlen und sich sicher sind, werden engagierter auf ihre Arbeit schauen. Das wird sich darin zeigen, dass sie mitdenken und hinterfragen, inwieweit sie ihre Arbeit besser gestalten können. Die persönliche Form von Sicherheit entspricht keinem Standard, daher gehört das bewusste Auseinandersetzen mit dem Mitarbeiterverhalten zu den Grundfunktionen weitsichtiger Führung. Sicherheit in Sach- und Fachkenntnis lässt sich nicht scharf trennen von der Sicherheit als mitarbeiterbezogenes Selbstbewusstsein. Es liegt nahe, dass bei einer wirkenden persönlichen Sicherheit das eigene Wissen und die erworbenen Fähigkeiten eher zum Einsatz kommen. Herrscht dagegen Unsicherheit, werden vorhandene Fähigkeiten wahrscheinlich zurückgehalten. Das macht deutlich, wie diffus letzten Endes ein Konzept zur Sicherheit bleiben muss, da Persönlichkeitsmerkmale so unterschiedlich und in sich instabil sind. Daher ist es in der Konsequenz sinnvoll, die einzelnen Mitarbeiter von ihrem Wesen her zu betrachten, anstatt Sicherheit zufällig entstehen zu lassen. Schließlich ist es das Ziel, einen Zugang zu finden, um das Selbstbewusstsein von Mitarbeitern zu stärken. Selbst die Ansprache zur Förderung des Selbstbewusstseins entspricht keinem Standard, da beispielsweise der Umgang mit Lob und Kritik bei jedem Mitarbeiter unterschiedlich ist. Es ist dagegen zielführend, sich als Führungskraft der Verantwortung für die Sicherheit zu stellen und sich die Bausteine der Sicherheit zurechtzulegen (siehe weiter unten). In seinem Verhalten authentisch zu sein, den Mitarbeitern Rückmeldungen zu geben – also das Gespräch zu suchen und darüber hinaus Aufmerksamkeit sowie Interesse zu zeigen –, das bedarf grundsätzlich keiner Anstrengung.

6.2.1 Unsicherheit – die Kehrseite der Medaille

Es gibt verschiedene Gründe, mit dem Gegenteil der Sicherheit zu beginnen. Unsicherheit wirkt oft wie eine Bremse im Veränderungsprozess und kann an anderen Stellen Entwicklung behindern. Unsicherheit zeigt sich außer in der Entscheidungsschwäche darin, dass man sich unnötig lange mit unwichtigen Dingen beschäftigt und von einer Aufgabe zur anderen springt, ohne eine Sache richtig zu Ende zu bringen. Die wenigen Schlaglichter zur Unsicherheit deuten an, welche negative Wirkkraft von Unsicherheit ausgeht. Mit der etwas überzeichneten Wertung »Angst frisst Leistung auf« lässt sich der negative Einfluss pointiert bündeln. Man muss sich dessen bewusst sein, dass durch unsicheres Verhalten bei der Einführung von Neuerung Schwierigkeiten auftreten können. Dies kann dazu führen, dass Anstrengungen ins Leere laufen, die gewünschten Veränderungen nicht eintreten und Bewegung ausbleibt.

Ein anderer Aspekt der Unsicherheit kann darin ausgemacht werden, dass Unsicherheit Ängste erzeugt, die wiederum die Bereitschaft, sich auf Neues einzulassen, beeinträchtigen. Am augenscheinlichsten wird dies bei der Misserfolgsmotivation, einer negativen Motivation, bei der aus Angst vor Versagen erst gar nicht versucht wird, etwas Neues auszuprobieren. Im Sinne der mitarbeiterorientierten Führung ist angeraten, sich mit Motivation, Leistungsmotivation und

Motivationspsychologie auseinanderzusetzen. Es muss kein Studium auf Expertenebene sein, schon die grundlegenden Mechanismen und Konzepte der Mitarbeitermotivation erleichtern das Führen.[21]

Unsicherheit und Angst stehen wie Misserfolg und Minderleistung in einer Wechselwirkung, sodass aus Angst Unsicherheit wird, die auf der anderen Seite Angst erzeugen kann (siehe Abb. 30). In der Praxis führen Unsicherheit und Angst zu einer Leistungshemmung. Meist ist die Angst diffus, entstanden aus Interpretationen, die nichts mit realen Bedrohungen gemein haben. Die Konsequenz bleibt trotz dieser Erkenntnis fatal. Für Führungskräfte ist dies dann weder eine technische noch eine technologische Herausforderung, es ist psychologisches Geschick gefordert, für das die entsprechenden Grundkenntnisse notwendig sind.

Abb. 30: Unsicherheit und Angst in Wechselwirkung

Digitale Tools, virtuelle Sitzungen und neue Datenbanken sind keine Bedrohung und bestimmen nicht das Wesen von New Work. Sie sind Ausschnitte, Teile einer Wirklichkeit. Es sind zunächst Unterstützungs- sowie Veränderungsangebote für Mitarbeiter. Auch sind daran Erwartungen der Unternehmen geknüpft, daher ist der Zugang zur Neuerung oder die Auseinandersetzung mit der Veränderung oder die Verweigerung gegenüber neuen Arbeitsmitteln keine persönliche Sache, was Einzelnen bewusst sein sollte. Dass daraus kein Entweder-oder wird, dafür sorgt die Führung, die Veränderungen in das Bestehende einbettet, indem sie die Mitarbeiter mitnimmt. Wenn Führungskräfte auf Widerstände oder Probleme stoßen, sollten sie die Ursachen erforschen und Unterstützung anbieten. Zielvereinbarungen, die aus einem konstruktiven Dialog hervorgehen, spiegeln dies am besten wider, zumal sie im Hinblick auf Weiterentwicklung und damit auf Veränderung getroffen werden. Lernen sowie die erfolgreiche Weiterentwicklung schaffen dann bestenfalls Sicherheit, wodurch sich ein Kreis schließt. Dieser Prozess kann dann erneut angestoßen werden. Kann Unsicherheit nicht abgebaut werden oder nimmt sie bei den Mitarbeitern sogar zu, besteht am Ende die Gefahr des Stillstands.

21 Zwei Klassiker zu Leistungsmotivation und Motivationspsychologie dürfen als bibliografische Hinweise nicht fehlen: Heinz Heckhausen (1965): »Leistungsmotivation« als Kap. 13 in *Handbuch der Psychologie. Bd. 2*, herausgegeben von Hans Thomae, Göttingen: Hogrefe, S. 602–702. Der andere Hinweis führt zu Bernard Weiner (1984): *Motivationspsychologie (Human motivation, dt.)*, Weinheim: Beltz; und Bernard Weiner (1976): *Theorien der Motivation (Theories of motivation, from mechanism to cognition, dt)*, Stuttgart: Klett.

6.2.2 Schritte zur Sicherheit

Sicherheit erweist sich als ein vielschichtiges Konstrukt. Als Konstrukt muss dieses Merkmal der Teamarbeit verstanden werden, weil es kaum empirisch objektivierbar ist und nur mittelbar wahrgenommen wird, indem beispielsweise Mitarbeiter Selbstsicherheit/Selbstbewusstsein zeigen. Darin wird zudem sichtbar, dass Sicherheit von verschiedenen Seiten betrachtet werden kann. Selbstsicherheit ist ein Deutungsbereich von Sicherheit. Für die Teamarbeit ist es oft effektiver, nicht nur eine Beschreibung der Sicherheit vorzunehmen, sondern auch festzuhalten, mit welchen Schritten Sicherheit gefestigt werden kann. Dabei wird keine Chronologie insinuiert, vielmehr handelt es sich um Bausteine, die beim Aufbauen von Sicherheit zusammengefügt werden müssen (siehe auch Abb. 31):

- Stärken/Schwächen – dazu gehören Stärken, Fördern, Loben, d.h. *Führung* und *Rückmeldung* (Feedback) gleichzeitig;
- Perspektiven aufzeigen – gelingt über *Vertrauen*;
- Sicherheit vermitteln – baut auf *Authentizität* auf;
- Rückmeldung holen – braucht *Kommunikation*;
- Interesse zeigen – steht in engem Zusammenhang zur *Aufmerksamkeit*.

Abb. 31: Bausteine der Sicherheit

Diese verschiedenen Dimensionen zeigen, dass die Sicherheit ganz unterschiedliche Facetten hat. Die Analyse dieser Facetten darf uns jedoch nicht davon abhalten, aktiv daran zu arbeiten, Sicherheit zu vermitteln. Es ist wenig hilfreich, Bausteine zusammenzutragen und nur danach zu trachten, das Gesamtbild zu erfassen. Die Bausteine dienen dazu, Sicherheit aufzubauen, und sollten daher auch aktiv für die Vermittlung von Sicherheit eingesetzt werden. Gespräche spielen hierbei eine entscheidende Rolle, da der Weg zur Sicherheit über das Reden führt. Sie sind ein Markstein auf der zielführenden Linie: Hinschauen – Reden – Vereinbaren (siehe Abb. 32).

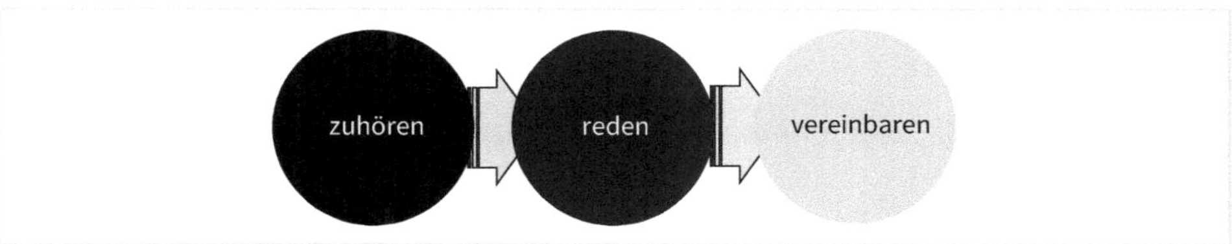

Abb. 32: Unterstützung auf dem Weg zur Sicherheit

An dieser Stelle wird erneut deutlich, dass Zuhören und Reden zentrale Aktionen in der Teamkommunikation sind. Mit dem Vereinbaren stößt die Nachhaltigkeit dazu. Ansonsten wären Reden und Zuhören Plauderei und weit entfernt vom Handeln. Die Zielvereinbarung im Team oder mit dem Einzelnen, die Qualifizierungs- oder die Umsetzungsvereinbarungen in Form von *To-do*-Listen sind wesentliche Schritte hin zur Nachverfolgung und damit zur Nachhaltigkeit.

6.2.3 Vertrauensbasis schaffen

Der beschriebene Dreischritt zeigt die Voraussetzungen für das Schaffen von Sicherheit auf. Klar ist, dass Kommunikation das tragende Fundament bildet, um in den Dialog einzutreten, der durch Offenheit und Ehrlichkeit geprägt sein sollte. Dies trägt zur Entwicklung von Vertrauen bei, das Kooperation stärkt, Zuversicht erzeugt und Sicherheit vermittelt. Sicherheit entsteht nicht punktuell, sie muss fortlaufend gefördert werden und sie braucht Raum zur Entfaltung. Als zielführend erweist sich die Erkenntnis, dass Unsicherheit und Ängste eine Leistungshemmung verursachen können. Aus diesem Grunde müssen Führungskräfte sich dieser Herausforderung stellen und bei der Auflösung oder zumindest bei der Minderung von Unsicherheit und Ängsten helfen. Vertrauen hat ein breites Wirkungsspektrum, was mit umso mehr Nachdruck verdeutlicht, dass das Schaffen von Vertrauen als eine zentrale Führungsaufgabe zu verstehen ist. Indem die Mitarbeiter über das Vertrauen zu Selbstvertrauen gelangen, schaffen sie es, Ängste zu überwinden und Sicherheit zu finden, was eine Voraussetzung dafür ist, Entscheidungen zu treffen.

6.2.4 Von der Sicherheit zur Medienkompetenz

Der Zusammenhang zwischen Sicherheit und Medienkompetenz mag konstruiert wirken. Dennoch darf nicht unterschätzt werden, wie weit Sicherheit in die Arbeit hineinwirkt. Sicherheit ist die Grundlage zum Beherrschen moderner Medien. Nur wer angstfrei an das Neue herangeht, wird die Möglichkeiten erkennen und nutzen. Ein unsicherer sowie ein eingeschränkter Umgang mit neuen Technologien birgt einige Gefahren für die optimale Nutzung. Wird nicht bemerkt, dass Kompetenzen im Umgang fehlen und Technologien rudimentär statt vollumfänglich genutzt werden, kann die Nutzung als Ganzes letztendlich auf der Strecke bleiben. Wird eine elektronische Textverarbeitung wie eine Schreibmaschine genutzt, wird ihr Potenzial nicht optimal ausgeschöpft.

Leitfrage

- *Wie erkennt man, dass eine neue Technologie optimal genutzt wird?*

Festzuhalten bleibt:

... Vertrauen und Sicherheit sind kein Beschreibungsproblem, sie sind eine zentrale Herausforderung für die Führung, da davon Arbeitsergebnis und Arbeitsleistung abhängen.

6.3 Kleine Schritte statt großer Sprünge und alle machen mit

Das Gesamtbild strategisch durchdenken, aber in kleinen Schritten handeln, ist eine der zentralen Forderungen an eine moderne Führung. Manchmal erscheint ein Problem unlösbar, weil es ausschließlich als Ganzes wahrgenommen wird. In solchen Momenten kann es hilfreich sein, erste kleine Schritte auszumachen und dann genauso kleinschrittig vorzugehen. Einfach anfangen, dann immer wieder regelmäßig den Fortschritt überprüfen und sich wiederholt Ziele und das angestrebte Ergebnis veranschaulichen. Mag dies sehr simpel anmuten, gibt es dafür jedoch keine Zauberformeln. Es kann nicht immer ein einfaches Verfahren angewendet werden, aber es ist auch nicht das Besondere oder Ausgefallene, was den Weg zur Agilität bereitet. Es ist das Bewusstsein, handeln zu wollen, und das Vertrauen, dass die kleinen und manchmal unscheinbaren Schritte eine erfolgreiche Umsetzung ausmachen. Das Spektakuläre mag seinen Reiz haben, der Wirkungsgrad und die Nachhaltigkeit sind dagegen die wichtigen Fixpunkte, wenn es ans Umsetzen geht. In kleinen Schritten denken, das Normale wertschätzen und in Bewegung kommen, was das Handeln betrifft, das kann gelegentlich eine Herausforderung sein und einiges an Disziplin abverlangen. Aus diesen wenigen Ablaufschritten dann eine gängige Vorgehensweise zu machen, schafft eine Struktur, die eine erfolgreiche Weiterentwicklung gewährleistet.

Prinzipiell ist es einfach, einen Prozess in viele kleine Schritte zu zerlegen, denn es entspricht der Logik des Vorgehens, eins nach dem anderen zu erledigen. In der Unternehmenswirklichkeit wird dieser Ablauf dadurch gestört, dass die Besprechung des Ablaufs mehr Anteile hat als das eigentliche Umsetzen. Schritte werden diskutiert, werden infrage gestellt und Alternativen in den Mittelpunkt gestellt. Ursächlich hängt das damit zusammen, dass entweder niemand die Verantwortung übernehmen will – also die Bereitschaft fehlt, etwas zu übernehmen – oder dass die Sicherheit fehlt und somit das Vertrauen, Verantwortung zu übernehmen.

Festzuhalten bleibt:

... es kann nicht oft genug angemahnt werden, statt im Großen zu denken, besser im Kleinen zu machen.

New Work und *Modern Teaming* sind mehr als Schlagworte. Dies wird augenscheinlich, wenn Teams in den Mittelpunkt der Betrachtung treten. Dort muss das Neue gelebt, d.h. umgesetzt werden, und dafür müssen die Einzelnen im Team zusammenwirken, denn sowohl Umsetzung als auch Bewegung sind heutzutage Ergebnis einer Vernetzung. Vernetzungen stehen gleichsam für ein schrittweises Vorangehen. Führung ist maßgeblich am Vernetzen beteiligt. Der Hinweis auf das Kooperative in der Vernetzung hat in diesem Zusammenhang seine Berechtigung, denn in der digitalen Arbeitswelt ist zunächst allein die technologische Vernetzung gesetzt. Damit Bewegung genug Kraft bekommt, um Veränderungen anzustoßen, müssen alle mitmachen. Manchmal mag eine einzelne Idee eine Innovation anstoßen können, tiefgreifend und nachhaltig ändert sich jedoch etwas erst, wenn alle mitmachen. Kooperation und Teamgeist sind damit mehr als Pflichtziele für eine erfolgreiche Führung. Das Zusammenwirken muss für die Einzelnen im Team spürbar werden, weil sie so verstehen, dass ihre individuelle Leistung dadurch einen weiteren Mehrwert erhält. Aber es ist die Gruppendynamik, die für Bewegung nach vorn sorgt. Daran müssen Mitarbeiter schrittweise herangeführt werden.

Die Aufforderung, dass alle mitmachen, Zukunft mitgestalten und nach vorn gehen, entbehrt keiner zugrunde liegenden Struktur. Diese ist allerdings keine Vorgabe, sondern vielmehr eine Orientierung, vor allem die hin zum Mehrwert (siehe Abb. 33). Außerdem lassen sich so einzelne Schritte erkennen. Der gerade Weg führt von den Zielen über Operationen und Kennzahlen zum Mehrwert. Genau darauf geschaut, wird schnell klar, dass Ziele und Operationen auf konkreten Handlungen aufbauen. Diese Aktivitäten lassen sich bemessen – in der einfachsten Form nach erfolgreich oder nicht erfolgreich. Das Bemessen wird wiederum gestützt durch einen Abgleich mit Vorgaben. Dieses Abgleichen von Vorgaben mit dem Erreichten macht am Ende die Ergebnisse berechenbar und Mehrwert erkennbar.

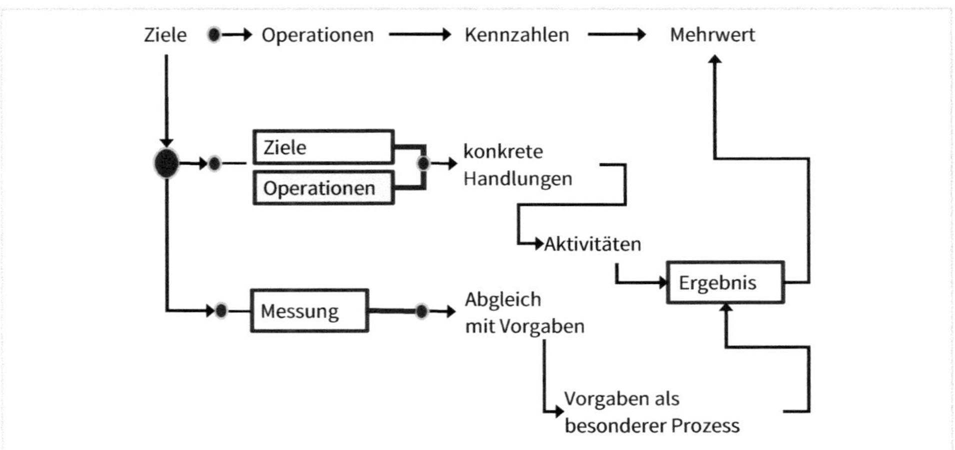

Abb. 33: Von Zielen und Anfängen

In der vernetzten Arbeitswelt ist es essenziell, nicht nur technologische Vernetzungen zu schaffen, sondern auch die Interaktion zwischen den Mitarbeitern zu fördern. »Kooperation in der vernetzten Welt« ist das sinnstiftende *Statement*, das dafür sensibilisiert, dass alle Vernetzungen nur bedingt wirksam sind, wenn nicht Mitarbeiter sich in diese Netze als Anwender einklinken und als Wissensgeber den Wissenstransfer via technologischer Netze vorantreiben.

Festzuhalten bleibt:

... aus einer Worthülse eine gemeinsame Losung mit Verpflichtung machen: Gemeinsam Ziele erreichen.

Führung wird dem gerecht, wenn sie das Führen persönlich nimmt. Führen weist heute keine Asymmetrie mehr auf. Vielmehr drückt sich Gleichberechtigung dadurch aus, dass die Teamführung die Teammitglieder ernst nimmt, sie an Entwicklungen beteiligt und durch Zuhören Respekt vermittelt.

6.4 Perspektivität auflösen – Perspektivität nutzen

Kritische Distanz und Perspektivwechsel sind wichtige Schritte hin zur Objektivität, da sie helfen, Einschränkungen des Blickwinkels und der Lösungsmöglichkeiten zu überwinden. Diese Herangehensweise erlaubt die Trennung von Fakten und Behauptungen und fördert ein breiteres Verständnis. Führungskräfte wie Mitarbeiter nutzen das Wechseln der Perspektive und die damit verbundene Perspektivität zudem als Mittel der Erkenntnis, denn in besonderem Maße sind es Problemstellungen, bei denen zur Lösungssuche der Perspektivwechsel eingesetzt wird. Die Szenariotechnik gilt als eines der bekannten Werkzeuge, mit der ein Sachverhalt von verschiedenen Seiten beleuchtet wird, um so Szenarien zur Lösung zu entwickeln. Eines darf nicht vergessen werden: Der Perspektivwechsel dient nicht dazu, sich vom Handeln zu distanzieren und mit einer kritischen Haltung Entscheidungen zu verhindern. Das Tun muss durchwegs das Ziel sein, wenn Situationen bewertet werden oder Entscheidungen zu treffen sind. Stillstand entsteht dagegen, wenn stur aus einem Blickwinkel heraus eine Lösung gesucht wird, obwohl erkennbar ist, dass die Sicht auf die Dinge die Beteiligten nicht vorankommen lässt. Diese Eindimensionalität der Lösungssuche wird mit Sicherheit hier und dort dazu genutzt, das Handeln vor sich herzuschieben.

Festzuhalten bleibt:

... der Perspektivwechsel ist das mächtigste Instrument, hin zur Sachlichkeit zu finden.

Objektivierung und Objektivität bauen auf der Bereitschaft auf, die Perspektive zu wechseln. Das Wechseln als eine Kompetenz zu betrachten, wäre eine Überbewertung des Vorgangs, denn es ist die Einsicht und das Anwenden, das den Perspektivwechsel zur Wirkung bringt. Die Fähigkeit, aus einer anderen Richtung auf die Dinge zu schauen, gehört zur Vorstellungskraft, die vorhanden ist, die aber regelmäßig geübt werden muss.

7 Von der digitalen Transformation bis zur Teamdynamik

Die digitale Transformation ist kein Phänomen, das sich zeitlich exakt eingrenzen lässt. Technologie und Technologieentwicklung haben stets auf Wirtschaft und Wandel eingewirkt. Aber insbesondere die Informationstechnologie hat einige Umwälzungen mit sich gebracht. Einiges hat sich fast unmerklich etabliert, anderes hat Veränderungen nach sich gezogen, sodass Organisationsstrukturen angepasst werden mussten. Die Korrespondenz via *E-Mail* wird kaum noch als eine technische Revolution wahrgenommen, die Nutzung von Mobiltelefonen gehört zum Alltag, das Internet liefert als erste Adresse gesuchte Informationen. Einige Produktionszweige gehören dagegen der Vergangenheit an, denn Schreibmaschinen kommen kaum noch zum Einsatz und bezieht man die Robotik noch mit ein in die Transformation, dann hat die menschliche Arbeitskraft an vielen Stellen ausgedient. Die E-Mobilität deutet an, dass solch fundamentale Veränderungen und die Transformation noch nicht am Ende angelangt sind. Die Bestandteile des technologischen Wandels stehen aber nicht im Vordergrund, vielmehr dient die Bestandsaufnahme dazu, einen Überblick zu verschaffen, und es wird anhand dessen vorgeführt, wo und wie Zusammenhänge hergestellt werden können. Die Teamarbeit bildet den Angelpunkt, damit der Praxisbezug nicht verloren geht und erste Nischen ausgemacht werden, wo durch die Digitalisierung die Arbeit im Team Impulse erhält.

Team bleibt Team – diese Aussage steht dafür, dass das Wesen und die Prinzipien des *Teaming* trotz äußerer Veränderungen zuerst einmal unangetastet bleiben. Die Virtualisierung des Teamlebens muss als eine moderne Facette der Teamarbeit verstanden werden. Das Digitale ist Hilfsmittel oder Kommunikationsformat, aber die Digitalisierung ist kein Grundprinzip im Wirken eines Teams. *Mailing*, Videokonferenz, *Intranet* und Datenbanken haben die Arbeit im Grunde genommen erleichtert, selbst wenn hin und wieder der Eindruck entstanden ist, dass derartige Neuerungen eher Last seien. Viele Prozesse wurden durch die Automatisierung beschleunigt, der Informationsfluss wurde erleichtert und mehr Unmittelbarkeit wurde geschaffen. Die Bewertung dieser Veränderungen hängt vom jeweiligen Standpunkt ab. Ständige Erreichbarkeit oder fehlende Sozialkontakte werden oft als negative Facetten der digitalen Transformation genannt. Technologischer Wandel scheint unaufhaltsam zu sein, daher muss in einem Folgeschritt die Integration der Informationstechnologie vollzogen werden. jedoch nicht ohne kontinuierlich die Sinnhaftigkeit zu prüfen und das Neue am Bedarf auszurichten.

Festzuhalten bleibt:

... trotz sich sprunghaft ausbreitender Technologie braucht Unternehmensdynamik auch die Bewegungen im Team, damit von dort Veränderungen ausgehen und Innovationen angestoßen werden.

7.1 Digitale Transformation als Ganzes

Um digitale Transformation zu verstehen, müssen die Betrachter sich zuerst der Digitalisierung als Ganzes annähern. Damit erfassen sie den Wirkungshorizont digitaler Innovationen, erfahren die Lebendigkeit von Vernetzung und deren Bedeutung für die Unternehmens- und Organisationsentwicklung. Sie verstehen überdies, wie wichtig Lernen und wie eng der Zusammenhang zwischen digitaler Transformation und Lernbereitschaft/Lernfähigkeit ist (siehe dazu auch Abb. 34).

Ein umfassendes Studium, das alle Entwicklungsstufen und Details der Transformation erfasst, ist an dieser Stelle nicht erforderlich; es reicht der Überblick, der außer einem Einblick das Gespür für die Wirkung und die Vielfalt der Veränderungen vermittelt.

Optimierungen

Arbeitsumfeld	Prozesse	Kommunikation	Vernetzung	Lernen
Arbeitsplatz	Automatisierung	Mobilfunk	vernetzte Kooperation	selbstorganisiertes Lernen
Arbeitsprozesse	Assistenz	Mailing Videokonferenz	Vernetzung nach innen	arbeitsplatzbezogenes Lernen
Datenhandling	Assistenzsysteme	virtualisierte Kommunikation	Vernetzung nach außen	computerunterstütztes Lernen
Kommunikation	Ausgliederung von Prozessen	Kommunikationsplattformen	vernetzte Projektarbeit	Lernprogramme
technologische Netzwerkstrukturen	automatisierte Prozesssteuerung	Informationsvernetzung	Wissensvernetzung	virtuelle Lernwelten
Intranet	elektronische Prozesshilfe (z.B. Scanner)	Communities/ Foren	vernetztes Lernen in dezentralen Gruppen	Simulationen
Internet			Informationsretrieval	Videoanleitung
Recherche/ Suche				virtuelle Begleitung durch Experten

Abb. 34: Digitale Transformation – das Ganze im Blick

Die komplexe Erfassung von Veränderungen, Erleichterungen, Arbeitshilfen u.ä. in Bezug auf die digitale Transformation hat einen eingeschränkten Wert. Es ist mehr das Anliegen, eine Übersicht zu schaffen, damit Zusammenhänge erkennbar werden. Es ist wichtig, das Ganze zu sehen und zu verstehen, um zu erkennen, wo die digitale Transformation in den eigenen Arbeitsbereich hineinwirkt, welche Handlungsoptionen verfügbar sind und wie wichtig Beweglichkeit und Anpassung sind.

Festzuhalten bleibt:

… bevor das Digitale den Weg in die Praxis findet, muss geklärt sein, wo und wie Digitalisierung in der Wertschöpfung wirkt.

7.2 Digitalisieren

Die digitale Transformation wird fortwährend über das Tagesgeschäft gestülpt, hierbei haben die Teams einen eingeschränkten Handlungsspielraum. Dennoch bleiben den Teams an der einen oder anderen Stelle Nischen, wo die bedarfsorientierte Digitalisierung zum Tragen kommt. Dass die von außen gesteuerte Transformation vielleicht manchmal überraschend nachhaltig einwirkt, liegt daran, dass Medien wie das Internet oder die modernen Kommunikationsmöglichkeiten Arbeitsabläufe oder Teilprozesse optimiert haben und einen Bedarf gedeckt haben. Außerdem konnten, was *Intranet* und Mobilfunk betrifft, die erworbenen Fähigkeiten aus dem privaten Gebrauch einfließen. Obschon die Maxime Gültigkeit hat, dass Veränderungen vor allem von innen kommen sollten, schließt dies Prozessoptimierungen nicht aus, die allgemeingültige, weniger spezifische Bauteile des Teams betreffen. So wird in einer ersten Differenzierung zwischen allgemeinen Auswirkungen der digitalen Transformation und der teamspezifischen Digitalisierung unterschieden. Innerhalb dieser Bereiche kann zwischen digitalen Prozessen und digitaler Kommunikation getrennt werden. Dennoch wird nicht das Trennende herausgestellt, sondern es muss interessieren, wo Bedarf gedeckt, Situationen weiterentwickelt und Kommunikation verbessert werden können.

Wird das Digitale in der Arbeit kritisch betrachtet, lassen sich durchaus ein paar Aspekte finden, die nachdenklich stimmen und zur Achtsamkeit auffordern. Die kritische Betrachtung darf indessen nicht zu einer negativen Einstellung, zu einer Voreingenommenheit oder sogar zu einem pauschalen Abwehrverhalten führen. Digitalisierung hat sich zu einer regelrechten Welle entwickelt, weil sie Vorteile, Optimierungen, Einsparungen und unter dem Strich Mehrwert gebracht hat. Statt unkritisch zu sein, werden die Möglichkeiten der Digitalisierung sorgfältig geprüft und die Mitarbeiter einbezogen. Auf diese Weise wird die Angemessenheit einer Innovation sichergestellt, der Mehrwert quantifizierbar und nicht zuletzt eine reibungsminimierte Implementierung vorbereitet. Digitale Bausteine sind mittlerweile in solch zahlreicher wie vielfältiger Form an modernen Arbeitsplätzen integriert, dass nicht mehr von Bausteinen geredet werden kann, es sind regelrechte digitale Baugruppen, die den modernen Arbeitsplatz zu einem technologisch gesteuerten Raum machen. Der Begriff *Raum* ist bewusst gewählt, da sich so der Übergang zu den virtuellen Räumen ankündigt. Der digitale Arbeitsplatz ist längst keine Sonderform der Arbeit mehr, das Digitale ist Standard und es ist vertrautes Arbeitswerkzeug in der täglichen Arbeit.

Festzuhalten bleibt:

… bei all den Möglichkeiten, die die Digitalisierung geschaffen hat und schafft, muss klar sein, was man damit anfangen will und wozu sie dienen soll.

7.2.1 Digitalisierung = Entmenschlichung?

Jede Art von Gleichsetzung hat etwas Provokantes und gleichzeitig etwas Subjektives. Ein Blick auf den Gegenpol zur Digitalisierungseuphorie erinnert daran, die Objektivität nicht zu vernachlässigen. Tatsächlich übernehmen neue Technologien und die Automatisierung die Arbeit von Menschen. Menschen erledigen Aufgaben oder produzieren etwas für Menschen. Das Menschliche ist demzufolge in der digitalen Transformation allzeit und allerorts präsent. Das sollte die erwähnte Konsequenz haben, nicht ausschließlich das Technologische in der Digitalisierung und Virtualisierung zu sehen, sondern die Menschen einzubeziehen, die mit den technologischen Veränderungen in Berührung kommen. Doch daneben sollte im gleichen Maße darauf geachtet werden, dass Technologien Mitarbeiter nicht entmündigen. Das ist die wohl größte Gefahr, die mit der Digitalisierung einhergeht. Digitale Transformation darf Mitarbeiter nicht entmündigen und Mitarbeiter dürfen sich nicht entmündigen lassen. Werkzeuge dürfen dem Nutzer nicht vorschreiben, was er zu machen hat, sonst wird dieser zum nicht-digitalen Automaten. Diese potenzielle Gefahr darf nicht aus den Augen verloren werden. Entmündigung wird sich unweigerlich auf die Motivation auswirken und an dieser Stelle wird dann spürbar, dass Digitalisierung eng mit Leistung verknüpft ist – nicht nur mit der digitalen Leistung, sondern auch mit der Leistung der Anwender.[22]

Automatisierung und Robotik könnten den Verdacht schüren, dass Arbeitsprozesse entmenschlicht werden. Diese Endzeitstimmung entspricht nicht der Wirklichkeit. Mitarbeiter sind jedenfalls gefordert, den Umgang mit moderner Technologie nicht zu scheuen und sich den neuen Rahmenbedingungen anzupassen. Das geht nicht ohne Lernen und manchmal nicht ohne Unterstützung. Eine lernfördernde Arbeitsumgebung hilft, *New Work* zu einem nachhaltigen wie zukunftsstiftenden Arbeitsformat zu machen. In der Welt der Digitalität behält der Mensch seine Rolle, auch wenn diese sich in einigen Bereichen ändert. Dem müssen sich Mitarbeiter stellen, wollen sie nicht aus der Rolle fallen.

Festzuhalten bleibt:

... am Ende ist die Digitalisierung ein zweischneidiges Schwert, denn sie dient einerseits zur Erleichterung der Arbeit, andererseits macht sie die menschliche Arbeitskraft überflüssig.

7.2.2 Unbegrenzte Dynamik der Digitalisierung

Neue Technologien haben über alle Epochen hinweg die Arbeit verändert und durch die fortlaufende Entwicklung digitaler Technologien erfährt die Arbeitswelt weiterhin Veränderungen. Die Umwälzungen hinterlassen jedoch eine Dynamik, die außer auf die Unternehmensent-

22 Zur Vielfalt und zu den verschiedenen Formen von Anreizen siehe u. a. Werner Bünnagel (2021): *Mitarbeiter als Change Agents. Dynamik im Unternehmen neu denken, Strategie und Führung neu ausrichten*, Wiesbaden: Springer Gabler, S. 166–118.

wicklung auch auf die Teams einwirkt. Teamführung sowie Teammitglieder müssen lernen, mit dieser Dynamik umzugehen, und sie kommen nicht umhin, die entstandene Bewegung fortzusetzen. Für das Tagesgeschäft bedeutet dies, dass Mitarbeiter als Reaktion auf Dynamik Beweglichkeit entwickeln müssen (siehe dazu Abb. 35).

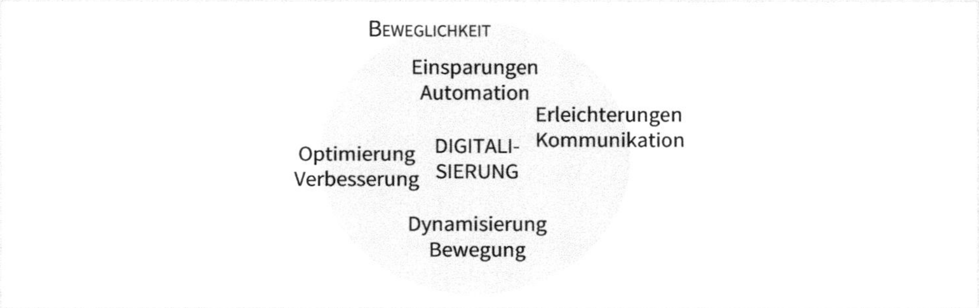

BEWEGLICHKEIT
Einsparungen
Automation
Erleichterungen
Kommunikation
Optimierung
Verbesserung
DIGITALI-
SIERUNG
Dynamisierung
Bewegung

Abb. 35: Digitalisierung und Beweglichkeit

Beweglichkeit im Team und in der digitalen Transformation ist ein Mehrkomponentenprodukt, kein einfaches Impuls-Reaktion-Produkt. Stellt man die Digitalisierung ins Zentrum von Bewegung, lassen sich ein paar wesentliche Merkmale differenzieren, die dann zusammen wiederum die Beweglichkeit ergeben. Verbesserungen wie Optimierungen treiben Weiterentwicklung an, sodass Einsparungen erzielt werden. Dynamik, die so auf die Unternehmensentwicklung einwirkt, bringt fortlaufend Veränderungen. Das Digitale wird zum Erfolgsfaktor der Wertschöpfung. Diese Beweglichkeit darf nicht auf die Neuerungen beschränkt sein, die Teams müssen die Bewegung und die Veränderungsenergie aufnehmen und sich ihrerseits durch Beweglichkeit anpassen. Für Führungskräfte heißt das, der Beweglichkeit System sowie Struktur zu geben und die Teammitglieder in deren Beweglichkeit zu fördern.

Festzuhalten bleibt:

… die Digitalisierung ist zum zentralen Dynamiktreiber geworden, doch sie setzt bei den Mitarbeitern Beweglichkeit voraus, damit sie sich wirkungsvoll entfalten kann.

Die Dynamik der Digitalisierung hat ein Eigenleben bekommen. Technologische Fortschritte überschwemmen die Unternehmenslandschaft. Obgleich auch in den Unternehmen aus dem Bedarf heraus und aus den Köpfen der Mitarbeiter digitale Dynamik erzeugt wird, wirken noch viele Entwicklungen von außen wie fremdgesteuerte Veränderungen. Das Eigenleben der digitalen Transformation ist an und für sich kein zentrales Problem. Die Verantwortlichen in Betrieb und Organisation müssen die Wertigkeit, die Passgenauigkeit und schließlich den Mehrwert prüfen. Diese Einpassung in die betriebliche Wertschöpfung zeigt auf, wo die Anknüpfung zu finden ist und wo die meisten Linien zusammenlaufen, nämlich im Mehrwert. Es hilft wenig, ständig die Veränderung zu beschreiben oder im Nachhinein zu bewerten. Die aktive Nutzung bringt erst den Wert eines digitalen Werkzeugs.

7.2.3 Alles hat seinen Preis – wenn nur der Mehrwert stimmt

Das Digitale ist nicht allein für Modernität und Dynamik im Unternehmen verantwortlich. Allerdings spielt die Digitalisierung eine große Rolle, da von ihr eine Vielzahl der Impulse für Innovationen ausgeht. Das Digitale ist zum Nährboden für die Innovationskraft in Unternehmen geworden. Aus der Produktion heraus über die Automatisierung und die Entwicklungssprünge in der Informationstechnologie haben sich die Arbeitsplätze stark verändert, teilweise tiefgreifend. Für Mitarbeiter waren einige Entwicklungsschritte unmerklich, andere jedoch eine echte Herausforderung. Als die Personalcomputer in den Büros Einzug hielten, haben einige Mitarbeiter versucht, der Revolution aus dem Wege zu gehen, und haben weiterhin die traditionellen Methoden der Informationsverarbeitung gepflegt. Doch irgendwann haben auch die Letzten eingesehen, dass das *E-Mail*-Postfach kein Teufelswerk repräsentiert. Digitalisierung ist alles und nichts. Aus den Strukturen der Arbeit sind die technologischen Umwälzungen nicht mehr wegzudenken, auf der anderen Seite wird das Besondere kaum noch oder gar nicht mehr wahrgenommen. Für Aufsehen sorgen Digitales und Virtuelles nur noch, wenn die Arbeitsstrukturen verändert werden – von der Automatisierung bis zur Rationalisierung, von der Nachschulung bis zur Umschulung. Bei einem kritischen Verlauf von Wandel können Arbeitsplätze verloren gehen. Überforderung von Mitarbeitern kann genauso zu Spannungen führen. Solche Situationen zeigen, dass die Innovation nicht losgelöst ist, sie ist in ihrer Wirkung und Wirksamkeit von den Mitarbeitern abhängig. Der Erfolg der Veränderungen hängt davon, inwieweit die Mitarbeiter die Neuerung mittragen, das Neue verstehen und aktiv in ihre Arbeit einbinden. Die Konsequenz daraus lässt sich in dem Merksatz zusammenfassen:

Festzuhalten bleibt:

... Weiterentwicklung funktioniert nicht ohne Einbeziehung der Mitarbeiter, Weiterentwicklung verlangt Lernbereitschaft und Lernen.

Anders gelagert ist der Blickwinkel des Controllings. In Zeiten des schnellen wie häufigen Wandels gewinnt die Wirtschaftlichkeit noch mehr an Bedeutung. Daher rücken Qualifizierung und Controlling immer weiter nach oben auf der Prioritätenliste. Außerhalb des standardisierten sowie gewohnten betriebswirtschaftlichen Kennzahlensystems muss gewährleistet werden, dass am Ort der Kostenentstehung und im Zusammenwirken mit den Mitarbeitern Kosten erfasst und bewertet werden. Das reicht dann hinein bis in die Innovationen. Mitarbeiter vor Ort können hierbei beschreiben, wie Neuerungen sich auswirken und welche Kosten sie tatsächlich verursachen. Insbesondere die Auswirkungen bedürfen eines realistischen Bewertungsrahmens, damit Neuerungen nicht zu leichtfertig umgesetzt werden.

Festzuhalten bleibt:

... Mehrwert definiert Erfolg, wer Erfolg will, muss wissen, was der Mehrwert ist.

7.2.4 Der klare Blick aufs Moderne

Informationstechnologie ist zum festen Bestandteil des Alltags geworden, die informationstechnologischen Neuerungen nehmen beständig zu, und das betrifft nicht nur die *Hardware*. Intelligente Programmierungen und künstliche Intelligenz sorgen immer mehr für Aufsehen und beschleunigen die Dynamik. Daher kann die Modernität im Grunde genommen nicht eingegrenzt werden. Alles ist im Fluss, wie schon Heraklit festgestellt hat. Konkrete Neuerungen müssen somit Momentaufnahmen bleiben. In der Konsequenz müssen einzelne Veränderungen isoliert werden, um ihre Auswirkungen auf die Gegenwart genauer zu analysieren. Das Moderne wird stets diffus bleiben und eine Interpretation sein. Trotzdem können wir durch das Herausgreifen von beispielhaften Veränderungen, die den Arbeitsplatz maßgeblich beeinflusst haben, einen klaren Einblick in die Auswirkungen der digitalen Transformation auf den Alltag gewinnen. Modernität soll kein Status oder irgendein Etikett sein, das für Aufmerksamkeit sorgen soll. Dort, wo Veränderungen wahrzunehmen sind, kann deutlich vorgeführt werden, wie digitale Transformation auf den Arbeitsalltag eingewirkt hat.

Die Etiketten »neu«, »aktuell« oder »modern« sind noch lange kein Garant dafür, dass eine Entwicklung ins Team oder in die Teamarbeit passt. Sobald derartige Veränderungen auf Mitarbeiter treffen und sich nicht in den Rahmen einer mechanisch funktionierenden Prozesssteuerung einfügen, muss im Vorfeld noch sorgfältiger geprüft werden, ob das Neue in die Arbeitssituation, in das Arbeitsumfeld und in die individuellen Arbeitsprozesse eines Teams und der Teammitarbeiter passt. Da, wo die Innovation Zukunft sichert, müssen sich die Mitarbeiter der Herausforderung stellen und zeigen, dass sie anpassungsfähig sind. Veränderungsbereitschaft, Anpassungsfähigkeit und Flexibilität fließen an dieser Stelle zusammen, sodass sie sich nicht mehr auseinanderhalten lassen. Die Differenzierung wäre allenfalls etwas Beschreibendes, während bei Veränderungen Beweglichkeit angezeigt ist.

Festzuhalten bleibt:

… digitale Transformation ist keine Modeerscheinung, deswegen ist das Moderne weniger eine Qualität. Es steckt darin das Neue, das Veränderung bringt.

7.3 Digitale Kompetenz als Zukunftsfaktor

Die digitale Technologie mit ihrer ursprünglichen binären Programmierung ist von Natur aus komplex. Deshalb reicht es oft nicht, neue Werkzeuge einfach an die Mitarbeiter zu übergeben. Während herkömmliche Werkzeuge in der Regel bekannt sind und lediglich ein wenig Übung im Umgang erfordern, können neue digitale *Features*, wie z.B. spezifische Anwendungsprogramme, manche Nutzer überfordern. Über die bloße Einweisung hinweg gilt es, die digitale Kompetenz zu fördern. Das Bewusstsein für Medienkompetenz ist nun schon sehr weit verbreitet, dennoch besteht ein Desiderat darin, die digitale Kompetenz als eine eigenständige Fertigkeit zu etablieren. Hierbei muss situations- wie bedarfsspezifisch entschieden werden, welche Kenntnisse und welches Fachwissen zur Nutzung digitaler Werkzeuge zu vermitteln wie zu fördern sind. Während es in der Prozesssteuerung reichen mag, die richtigen Knöpfe zu drücken, erfordern komplette Programme, die bislang manuell, handschriftlich oder sortierend durchgeführte Arbeiten durch eine *Software*-Lösung ersetzen, eine Lernbereitschaft. Es zeigt sich, das lebenslanges Lernen keine philosophische Forderung ist, sondern Lernen am Arbeitsplatz als ein Tribut an die Dynamik gilt. Mitarbeiter lernen, wodurch sie sich weiterentwickeln und wie sie sich den immer weiter voranschreitenden Veränderungen an ihrem Arbeitsplatz stellen können.

Digitale Kompetenz hat etwas Duales, wenn sie zum einen dazu aufgebaut wird, um Veränderungen am Arbeitsplatz handhaben zu können, und zum anderen dazu dient, die eigene Beschäftigungsfähigkeit zu sichern. Mitarbeiter erfüllen mit der Aneignung digitaler Kompetenz zugleich die Erwartungen der Arbeitgeber und die Anforderungen an ihren Arbeitsplatz, was nichts anderes als eine persönliche Arbeitsplatzsicherung ist. Das Digitale hat längst etwas Alltägliches, dennoch tauchen weiterhin neue Herausforderungen auf. Sie halten den Anspruch an Lern- und Veränderungsbereitschaft aufrecht und konstant hoch. Da die digitalen Neuerungen meist keine punktuellen Lösungen sind, sondern länger wirken und ständig neue digitale Anwendungen dazukommen, stellen sich stets neue Anforderungen durch digitale Neuheiten. Insofern muss zu Recht von digitaler Kompetenz als eine überdauernde Fertigkeit die Rede sein. Da diese digitale Kompetenz in die Zukunft hineinwirkt und für Bewegung sorgt, stehen Anpassung, Weiterentwicklung und Lernen auf dem Plan.

Festzuhalten bleibt:

... digitale Kompetenz ist eng an Lernen geknüpft, sodass Zukunftskonzepte sowie -strategien das Lernen im Allgemeinen und das Wissen im Besonderen auf dem Plan haben müssen, wodurch der Weiterentwicklung zur Anpassung und dem Wissen als Zukunftsfaktor Rechnung getragen wird.

Digitalität als Realität hat Spuren in der Personalentwicklung hinterlassen und stellt weitere Anforderungen an das Personalmanagement und an das Managen von Wissen. Das beginnt bei der bedarfskonformen Qualifizierung der Mitarbeiter und reicht bis zur Erweiterung des betrieblichen Bildungsspektrums. Damit ist gemeint, dass außer einer Dynamik im Lernangebot in vergleichbarer Weise die Formate des Lernens anzupassen sowie zu erweitern sind. Selbstorganisiertes Lernen zählt dazu, andere Formate, wie z. B. diejenigen, die den informellen Erfahrungsaustausch fördern, noch systematischer entwickelt werden müssen. Es ist wichtig, dass die Verantwortlichen nicht passiv auf ein Angebot warten, sondern aktiv darüber nachdenken, was wie am effektivsten und effizientesten gelernt werden kann, aber vor allem, darüber, wie die Mitarbeiter am zuverlässigsten zum Lernen geführt werden. Das geschieht unter dem Motto: Lernen schafft Zukunft und bringt Bewegung.

7.4 Vernetzung von Wissen – auch ein Digitalisierungsthema

Wissensnetze sind in ihrer Ganzheit Unternehmenskapital. Ziel müsste es normalerweise sein, dieses Potenzial zu nutzen und auszubauen. Datenbanken und Suchalgorithmen zählen zu den technologischen Errungenschaften, die zur Verbreitung, Nutzung und Sicherung von Wissen im Unternehmen beigetragen haben. Damit sind längst nicht alle vorhandenen Ressourcen genutzt. Interne Kommunikationsplattformen wie das *Intranet* und interne Fachforen sind weitere Orte, an denen Wissen in Bewegung gerät. Es kann zu Recht behauptet werden, dass erst die Digitalisierung das Thema *Wissen im Unternehmen* und das Teilen von Wissen vorangebracht hat. Wissen wird seitdem mehr wertgeschätzt und intensiver für Entwicklungszwecke weiterverarbeitet. Ein digitales Netz mit seinen Knoten, seiner Anbindung und seinen Ausbaumöglichkeiten liefert sowohl ein Sinnbild für die Vernetzung als auch die technologische Grundlage für die Verbreitung von Wissen innerhalb des Teams. Damit Wissen aktiv genutzt oder neues Wissen durch Zusammenführen von vorhandenem aufgebaut werden kann, reicht die bloße technische Vernetzung nicht aus. Die praktische Schnittstelle, wie z. B. die Such- wie Abfragemöglichkeit in einer Datenbank, schafft einen direkten Zugriffspunkt und macht vorhandenes, kodifiziertes Wissen unmittelbar zugänglich – mehr nicht. Eingekaufte Wissensdatenbanken oder digitale Fachliteratur mögen einen Nutzen bringen, doch erst die Kodifizierung von verdecktem Wissen oder zumindest der Zugang zu nicht-kodifiziertem Wissen schaffen den Zugriff auf wertvolle Wissensressourcen mit einem Alleinstellungsmerkmal. Dazu müssen Mitarbeiter so vernetzt werden, dass sie Wissen teilen.

Wissensvernetzung gehört zum Wesenskern der modernen Wissenswirtschaft. Wissen braucht ein bewusstes und betriebswirtschaftliches orientiertes Wissensmanagement, denn Wissen darf nicht dem Zufall überlassen und achtlos beiseitegelassen werden. *Chat, Intranet*, virtuelle Foren oder Datenarchive sind im Hintergrund Vernetzungen, sie haben die Funktion, Informationen und damit Wissen zu teilen. Die Formen oder die Arten eines Wissensinhalts haben weniger Bedeutung. Das Vernetzen erlaubt, Wissen bereitzustellen und unter den Teilnehmern auszutauschen. Solche Netze sind keine abstrakten Zukunftsvisionen, sie sind pure Dynamik, weil sie Bewegung ermöglichen, erzeugen und Wissen zusammenfügen. Besonders das Verbinden von Wissen schafft die Grundlage dafür, neues Wissen zu erzeugen. Dies kann letztendlich zu Ideen oder Innovationen führen, die die Dynamik weiter vorantreiben.

Festzuhalten bleibt:

... Wissensnetze aufbauen, das Teilen von Wissen etablieren und Wissen als strategische Größe setzen, sind die Richtung, die in die Zukunft führt.

7.5 KI – künstliche Intelligenz als Chance

Die Meinungen und Standpunkte zur künstlichen Intelligenz könnten in der aktuellen Entwicklung kaum unterschiedlicher sein. Für die einen scheint die Technologie aus dem Ruder zu laufen, für andere birgt sie fast unbegrenzte Möglichkeiten. Richtet man das Augenmerk auf die betriebliche Situation, wird zuerst von Bedeutung sein, was *KI* für die Wertschöpfung zu leisten vermag. Das geschieht dann im Normalfall sachlich und emotionsfrei. Dennoch dürfen die sich bietenden Möglichkeiten nicht darüber hinwegtäuschen, dass Unternehmen eine Fürsorgepflicht ihren Mitarbeitern gegenüber haben. Das wird viele Entscheider nicht daran hindern, über Rationalisierungen sowie Personalanpassungen nachzudenken. Daher ist es wichtig, sich klarzumachen, wo künstliche Intelligenz steht, wozu einige Fragen herangezogen werden können.

Leitfragen

- *Wo hat künstliche Intelligenz bislang was bewirkt?*
- *Welche Anwendungen der KI sind bahnbrechend?*
- *Welche Stärken der KI sind identifizierbar?*
- *Wie kann KI gesteuert werden?*

Die ersten Ansätze der künstlichen Intelligenz haben schon ihre Spuren hinterlassen und bestehende Systeme verändert. Solange Anwendungen der *KI* als Assistenzsysteme fungieren, lassen sie sich leicht steuern. Wird die Stufe lernender Systeme erreicht, die dann wirklich eine künstliche Intelligenz wiedergeben, wird die Steuerung komplexer. In der Konsequenz dieser Entwicklung muss die Möglichkeit in Betracht gezogen werden, dass selbstlernende Systeme irgendwann autonom und zugleich eigenständig funktionieren. Ob das dann ein Segen oder ein Menetekel sein wird, lässt sich zu diesem Zeitpunkt nicht voraussagen.

Robotik und *ChatGPT* stehen exemplarisch dafür, wie dynamisch die Entwicklungen in der modernen Technologie sind. Das *Pattern Matching* (die Mustererkennung) war einer der ersten Zugänge zur maschinellen Sprachverarbeitung. Mit *Fuzzy Matching* wurde seinerzeit versucht, den Varianten Herr zu werden oder fehlerhafte sprachliche Äußerungen trotzdem zuordnen und analysieren zu können, wozu Spracherkennung und Handschrifterkennung zählen. Dieser kleine Ausflug zu den Anfängen der höherer Programmiersprachen verdeutlicht, wie viel Einfluss die Sprache auf die digitalen Entwicklungen hat und welche Bedeutung ihr erst recht bei der Weiterentwicklung der *KI* zugesprochen werden muss. Die nächste Stufe wird gerade betreten, indem die Wissensmodellierung einschließlich logischer Programmierung und Inferenzmaschinen in de Fokus rückt.

Expertensysteme, Frage-Antwort-Systeme und *Chatbots* – auf der neusten Entwicklungsstufe als *ChatGPT* – sind Entwicklungen, die das Tor zur Interaktion mit virtuellen Systemen aufgestoßen haben. Dieser generative Zweig moderner Programmierung, der maschinelles Lernen fortsetzt, umfasst nicht nur die Sprachanalyse, sondern schließt auch die Spracherzeugung mit ein. In diesem Kontext spielen vernetzte Systeme erneut eine entscheidende Rolle, da sie es ermöglichen, die Fülle an Wissen leicht und effizient zu durchsuchen und durch Verknüpfungen neues Wissen zu generieren. *Computer Vision* (*Machine Vision*, Maschinelles Sehen) repräsentiert einen weiteren Bereich, der gewiss Simulationen bereichern wird, die Interaktion wie Nutzung virtueller Systeme vorantreibt und virtuelle Welten neu entstehen lässt.

Die Robotik hat sich im Zuge der digitalen Transformation enorm verändert. Während früher das Mechanische und die Automatisierung die Robotik bestimmt haben, hat mittlerweile die künstliche Intelligenz auch dort Einzug gehalten. Roboter bewegen sich nicht mehr streng nach Ablaufprogramm, sondern sie reagieren auf Umgebungsreize. Sie erkennen ihre Umgebung und gestalten daraufhin ihre Bewegung. Roboter führen Arbeitsprozesse selbsttätig aus, was an diesen Stellen das Eingreifen bzw. Mitwirken von Menschen überflüssig macht. Die Robotik hat in gewisser Weise ebenfalls eine parallele Entwicklung durchlaufen: Einerseits galt es, Prozesse zu automatisieren und komplexe Automatisierungen von einer Maschine ausführen zu lassen, andererseits erkennen neue Robotergenerationen ihre Umgebung, reagieren darauf und passen ihre Bewegung an.

Eine weitere Dimension der digitalen Entwicklung repräsentiert die *Cyber World*. Künstliche Welten können als Grundlagen für die Durchführung von Szenarien und bauen auf Simulationen auf. Diese werden allerdings nicht mehr von Menschen durchgespielt, sondern virtuell erzeugt. Auch diese Entwicklungsrichtung moderner Technologien ist bespickt mit künstlicher Intelligenz. *KI* ist mehr, als aus einer kaum vorstellbaren Menge von Daten in kürzester Zeit die geeigneten Daten herauszufischen, sie ist vor allem Automatisierung und Simulation zur gleichen Zeit. Das ist aber nicht alles. Über die Computerlinguistik ist ein Zugang zur Vernetzung von Wissensobjekten, zu semantischen Netzen und zur Abbildung menschlicher Kognition geschaffen worden (siehe Abb. 36). Durch diese Erweiterung wird eine Dynamik erzeugt, die das Digitale und die *KI* zu einem wesentlichen Zukunftsfaktor werden lassen.

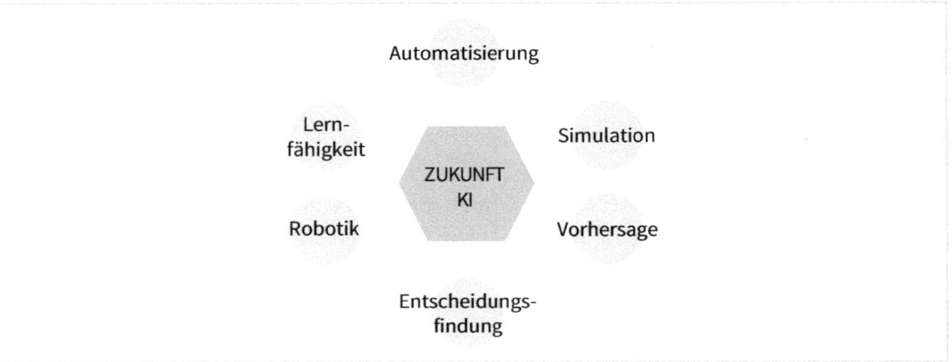

Abb. 36: Zukunft künstliche Intelligenz?

Festzuhalten bleibt:

... als ein Begründer der zweiten digitalen Revolution hat die künstliche Intelligenz den Beginn einer neuen Arbeitswelt mit eingeläutet, deren Reichweite noch nicht richtig eingeschätzt werden kann.

Manche technologischen Neuerungen werden durchaus kritisch betrachtet, die künstliche Intelligenz gehört dazu. Das kann bis zur Abwehr führen, die dann eher ein pauschales Misstrauen zum Ausdruck bringt. Oft lässt sich zum Zeitpunkt der Einführung einer Neuerung nicht zuverlässig voraussagen, welch negative Auswirkungen sie haben kann. Es ist daher entscheidend, Neuerungen zu verfolgen, Veränderungen zu beobachten und ihre möglichen Auswirkungen im Voraus zu bedenken, bevor eine fundierte Bewertung möglich ist. Die Stärke der künstlichen Intelligenz besteht nicht darin, dass ein universelles System geschaffen werden soll, sondern vielmehr in der zielgerichteten Anwendung von universellen Prinzipien. Dazu gehören die Spracherkennung sowie die Erkennung visueller Muster und lernende Systeme, woraufhin sich die dazugehörigen Einsatzfelder und der momentane Wirkungsbereich der *KI* umreißen lassen. Das schließt nicht aus, dass künftig weitere Möglichkeiten hinzukommen. Künstliche Intelligenz wird zweifellos zu philosophischen Diskursen führen, weil ein Gegenpart zum Menschsein aufgebaut wird. Geschaffen, um Menschen als Werkzeug von schweren wie gefährlichen Arbeiten zu entlasten, hat sich *KI* verselbstständigt, indem selbstlernende Systeme ihre Weiterentwicklung bestimmen sollen.

Beim Thema (selbst-)lernende Systeme muss auf die Tatsachen geblickt werden. Noch wird das maschinelle Lernen von Menschen programmiert, was nicht grundsätzlich die Möglichkeit ausschließt, dass irgendwann Maschinen selbsttätig Algorithmen entwerfen und Programmierungen oder zumindest Programmänderungen selbstständig vornehmen. Das Potenzial von Computern liegt in der Geschwindigkeit der Datenverarbeitung und in der Masse an Daten, die Speichermedien aufnehmen können. Der Roboter im Restaurant, der den Gästen Speisen bringt, hinterlässt Verwunderung und vielleicht Kopfschütteln; er zeigt aber, dass sich menschliche Wirklichkeit mit geschickten Programmierungen sowie einer Speicherung und Verarbeitung großer Mengen an Daten in begrenzten Teilen abbilden lässt.[23] Manch intelligentes Programm versetzt in Erstaunen, wenn z. B. Personalisierungen zur Werbung genutzt werden. Das reicht dennoch nicht, von künstlicher Intelligenz zu sprechen. Menschliche Kognition, menschliches Denken das Generieren von Wissen verschaffen Menschen noch einen Vorsprung vor den Maschinen.

Die *KI* wirkt von außen auf die Arbeit und den Arbeitsplatz ein, sie wird in dieser ersten Phase selten aus den Teams heraus für Neuentwicklungen sorgen. Daher stehen in der Praxis des Arbeitsalltags der Umgang und die Integration im Vordergrund. Es ist also mehr Reaktion als Aktion gefordert. Da solche Entwicklungen immer häufiger Arbeitsplätze verändern, muss die Reaktion auch darin bestehen, das Lernen der Mitarbeiter zu fördern, sodass deren Einsatz-

23 Siehe dazu z. B. mithilfe gängiger Internetsuchmaschinen unter *Serviceroboter im Restaurant*. Robotik dringt weiter in den Lebensalltag vor, der Serviceroboter ist Teil der Wirklichkeit und die Verbreitung nimmt zu.

fähigkeit erhalten bleibt. Mitarbeitern sollten aus persönlichem Interesse daran gelegen sein, ihre Weiterbildung ernsthaft zu betreiben und sich mit dieser Art persönlicher Flexibilisierung Zukunftschancen am Arbeitsmarkt zu erhalten. Wirken die neuen Technologien und *KI* tiefgreifend hinein die Arbeitsplätze, können sich Arbeitsplätze so radikal verändern, dass sie sogar wegfallen. Entscheidungen zu Personalanpassungen sind dann meist schnell getroffen. Stattdessen könnten Mitarbeiter über Qualifizierung immer wieder an neue Anforderungen herangeführt werden. Diese Anpassung wird langwierig sein, wenn nicht durch stetes Weiterlernen ein breites Kompetenzspektrum aufgebaut wurde.

Künstliche Intelligenz kann und soll hier nicht vollständig erörtert werden, die einzelnen Details vermitteln dagegen einen Eindruck, wie sich die Arbeitswelt durch die Digitalisierung verändert hat und dass sich mit den Neurungen die individuellen Arbeitsplätze fortlaufend ändern. Die Transformation kann man als Bedrohung oder als Segen betrachten, es hat dann etwas Perspektivisches. Die Entwicklungsdynamik wird sich dadurch nicht aufhalten lassen. Es sind nicht die einzelnen Neuerungen der digitalen Welt, die das Leben verändern, es ist erst die Gesamtheit und das Zusammenwirken der vielen einzelnen Veränderungen, die die Entwicklung prägen, vielleicht sogar mitbestimmen. Es mutet fast evolutionär an, wie eng das menschliche Dasein heutzutage an die digitale Welt gekoppelt ist. Vom Affen bis zum Menschen, der über die Evolution zum aufrechten Gang fand (wenn es denn so war), hat die Umwelt nur bedingt auf das Menschsein eingewirkt. Nicht die Natur hat den Menschen angepasst, sondern der Mensch hat sich seiner Umwelt angepasst. Heute gehört es zur Physiognomie der Menschen, dass sie ein Mobiltelefon in der Hand halten, als ob es mit dem Menschen fest verbunden wäre. Mensch und Umwelt verschmelzen mehr, als dass sich Menschen ihrer Umgebung anpassen. Die Technologie prägt das Dasein. Fahrzeuge ersetzen das menschliche Gehen, akustische Steuerung übernimmt manuelles Tun und Informationsmedien ersetzen die selbst erfahrene Wirklichkeit. Es kann beobachtet werden, wie der Mensch seine über die Evolution erworbenen besonderen Fähigkeiten an die moderne Technologie abgibt. Er schaut nicht nach draußen, welches Wetter vorherrscht, er verlässt sich auf die Wettervorhersage. Er schmeckt nicht, was er essen kann und besser nicht essen sollte, er liest die Etiketten von industriell gefertigten Lebensmitteln. Er riecht nicht, wenn Gefahr droht, er wartet, bis die Warn-*App* eine Gefahr meldet. Selbst das Denken und damit verbunden die Entscheidungen überlässt der Mensch mittlerweile immer häufiger den Computern. Die Umwelt ist dabei, die Evolution des Menschen zu übernehmen.

7.6 Digitale Arbeitswelt – Risiken, Gefahren, Fehlentwicklungen

Dort, wo Mitarbeiter aus den Augen verloren werden und bei Entwicklungen nicht berücksichtigt werden, entstehen Gefahren. Kritisch zu sehen ist die Einstellung von Führungskräften, die davon ausgehen, dass die neuen Technologien die Erreichbarkeit verbessert haben, um Mitarbeiter durchgängig erreichbar werden zu lassen. Mobiltelefone, Nachrichtendienste, soziale Netze und standortunabhängige Verfügbarkeit von Firmennetzen haben dazu geführt, dass geradezu erwartet wird, Mitarbeiter zu jeder Zeit kontaktieren zu können. Oft tragen die standortunabhängigen Mitarbeiter selbst zur Problematisierung bei, indem sie sich keine Grenzen setzen und über Gebühr außerhalb ihrer Arbeitszeiten aktiv ins Arbeitsgeschehen eingreifen. Das führt dann dazu, dass keine Abgrenzung zum Privatleben stattfindet, schlimmstenfalls dehnen Mitarbeiter ihre Arbeitszeiten zu sehr aus, sodass Grenzen verschwimmen. Betriebliche Vereinbarungen können dies verhindern.

Festzuhalten bleibt:

... die größte Gefahr einer digitalen Arbeitswelt scheint derzeit darin zu bestehen, dass Mitarbeiter keine Grenzen mehr zwischen Arbeitswelt und Privatleben ziehen, was u. a. zu Burn-out-Erscheinungen oder zu gesundheitlichen Schäden führen kann.

Wer digitale Arbeitswelt und Virtualität als *Intranet* versteht, hat den Wandel noch nicht verstanden. Komplexe, schwerfällige Plattformen sind längst *App*-Strukturen gewichen. Ein *Intranet* hat allenfalls noch eine Bibliotheksfunktion, fungiert als Schnittstelle zu den spezifischen Anwendungen. Die Komplexität ist zugunsten von eigenständigen kleinen, spezifischen Anwendungen aufgegeben worden. Das *Intranet* ist tot, es lebe das *Intranet*. Wird das *Intranet* als Werkzeug zur Vernetzung verstanden und wird das unnötige Sammeln von allen möglichen Informationsblöcken aufgegeben, kommt dies der eigentlichen Funktion eines *Intranets* nahe – der Wissens- und Mitarbeitervernetzung. Dies birgt jedoch ebenfalls Gefahren in sich: Mitarbeiter werden mit allen möglichen Nutzungsmöglichkeiten überschwemmt, Kosten können den Nutzen überholen und Benutzerfreundlichkeit kann hinter Entwicklerwahn zurückfallen. In diesem Sinne modelliert ein modernes *Intranet* die Schritt-für-Schritt-Philosophie im Operativen, in der Vernetzung und im Projektieren.

In allen Entwicklungen steckt erhebliche Dynamik, manchmal so viel, dass die zukünftige Richtung einer Neuerung schwer vorherzusagen ist. Das *Intranet* als Kommunikationswerkzeug war eine probate Entwicklung, zur Fehlentwicklung wird aktuell das Festhalten am alten Modell einer internen virtuellen Schnittstelle in Form einer *Stand-alone*-Lösung. Die digitale Transformation steigert die vorherrschende Unternehmensdynamik und beschleunigt die eigene Entwicklungsgeschwindigkeit, schwerfällige Informationstechnologie bleibt dabei auf der Strecke. Weil die Dynamik unberechenbar ist, müssen ab und zu Dinge kritisch hinterfragt werden, was einen ausgewogenen Weg vorzeichnen soll. Dennoch stellt sich die Frage:

Leitfrage

- *Quo vadis Digitalisierung?*

8 Von den virtuellen Arbeitsformen hin zur mobilen Arbeit und zu einer vernetzten Wissenswelt

Virtualität ist längst Realität, dezentralisiert zunehmend die Teamarbeit und muss als diese Wirklichkeit einen festen Platz in Organisation, in Führung und in Entwicklung haben. Die Möglichkeiten zur virtuellen Arbeit brauchen ein Fundament, das aus Situation und Bedarf gegossen ist. Nicht alles Virtuelle muss eine Arbeitserleichterung oder eine Optimierung sein. Darin liegt die eigentliche Aufgabe, sobald über etwas wie z.B. hybride Arbeitsformen entschieden werden soll. Oft werden zu leichtfertig Neuerungen eingeführt und auf irgendwelche Behauptungen aufbauend Entscheidungen getroffen. Eines sollte ständig Programm sein: die Wissensvernetzung. Denn in der virtuellen Arbeit könnte die Wissensvernetzung zu kurz kommen. An der Bedarfslinie entlang haben sich verschiedene Formen der virtuellen Arbeit entwickelt (siehe Abb. 37).

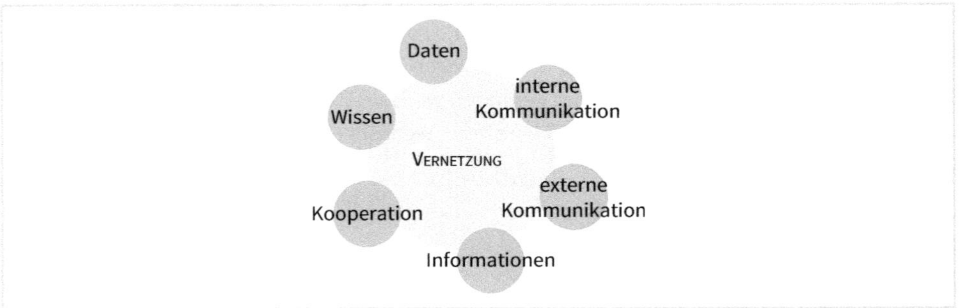

Abb. 37: Von der Virtualisierung hin zum vernetzten Wissen

Vernetzung ist das zentrale Thema in der Digitalisierung und Virtualisierung, weil außer der Verfügbarkeit von Daten und Informationen die Kommunikation auf ein neues Niveau gehoben wird. Zusammenarbeit ist kein physisches Hand-in-Hand mehr, das Indirekte hat das Direkte abgelöst, das Mittelbare das Unmittelbare, auch wenn zum Beispiel Videokonferenzen durchaus unmittelbar sind. Der Trend hin zur Virtualisierung wird meist damit begründet, dass sich so Aufwand reduzieren und Zeit einsparen lässt. Es rückt seltener ins Bewusstsein, dass sich mit der Virtualisierung die Form der Kooperation und Vernetzung verändert. Es ist wichtiger, sich auf das Neue und die erforderlichen Anpassungen zu konzentrieren, als eine umfassende Bewertung der verfügbaren Kommunikationsformate vorzunehmen. Außer den Vorteilen, die das virtuelle Arbeiten bringt, müssen die Risiken im Auge behalten werden. Auf der einen Seite fließen Informationen schneller, wenn Teammitarbeiter ohne physische Präsenz zusammenkommen können. Auf der anderen Seite sind Zusammenarbeit im Team und die Vernetzung von Teammitarbeitern nicht nur von sachbezogenen, sondern auch von emotionalen Momenten geprägt, schließlich ist Zugehörigkeit ein Gefühl und keine technische Beziehung. Daher darf bei aller Sachlichkeit und Zielorientierung in der Teamarbeit nicht vergessen werden, dass die emotionalen Momente, die Bindung, der Zusammenhalt und das Gemeinschaftsgefühl keine technischen Prozesse sind.

Das Virtuelle mag auf den ersten Blick gar nichts Ungewöhnliches sein. Netzwerke, moderne Telefonie und mobiles Arbeiten sind längst so weit etabliert und in den Arbeitsalltag integriert, dass sie als Normalität empfunden werden. Genauer betrachtet, haben sich indessen weitere Änderungen eingestellt, die der Begleitung bedürfen und bei deren Einführung die Anwender Unterstützung brauchen. Außer den technologischen Spezifitäten verdient die Wirkung von Neuerungen auf die Zusammenarbeit und auf den Einzelnen eine gleichwertige Beachtung. Wie bereits erwähnt, muss *Change* in den Teams umgesetzt und von den Einzelnen praktiziert werden. Die Videokonferenz ist eines der prägnantesten Beispiele dafür, wie sich die virtuelle Welt im Arbeitsalltag breitgemacht hat und die Zusammenarbeit verändert hat. Nicht allein die technologischen Hürden für die Einzelnen bestimmt das Veränderungsspektrum von Videokonferenzen, das Zwischenmenschliche wird gelegentlich zu einer echten Herausforderung. Bei der Umstellung auf Virtualität droht die Emotionalität auf der Strecke zu bleiben. Zwar können sich Gefühlsausbrüche in den Videokonferenzen gleichermaßen den Weg bahnen wie in einer gewohnten Präsenzveranstaltung, aber die informellen Gespräche und bilateraler Austausch stehen in der Videokonferenz normalerweise im Hintergrund oder haben gar keinen Rahmen. Für sie muss ein Ersatzformat gefunden werden. Meist wird dies – zumindest in der Anfangsphase der Einführung – durch einen steten Wechsel des Formats, zwischen Virtualität und Präsenz, erreicht.

Leitfragen

- *Doch wie verhält es sich mit dem Austausch, wenn das virtuelle Format so weit etabliert ist, dass es ausschließlich verwendet wird?*

Darauf müssen die Verantwortlichen vorbereitet sein, da Vernetzung nicht ausschließlich eine technologische Realität ist. Viele werden das Netzwerk der persönlichen Kontakte zu schätzen wissen, vor allem wenn auf der Basis eines gefestigten Vertrauensverhältnisses mithilfe dieser Kontakte aktuelle Problemstellungen gelöst werden können. Außer durch Videokonferenzen entsteht Virtualität in der vernetzten Projektarbeit, in der interaktiven Aufgabenbearbeitung im mediengestützten Lernen und in der Automatisierung.

8.1 Wie virtuell ist Virtualität?

Leitfragen

- *Was ist Virtualisierung?*
- *Was leistet das Virtuelle?*

Streng genommen sind beide Fragen außerhalb eines Kontextes nicht zielführend. Es ist vorab zu klären, worauf sie angewendet werden. Daher folgt unmittelbar der Hinweis, dass sich hier das Virtuelle auf den Arbeitsalltag im Allgemeinen und den Arbeitsplatz im Besonderen beschränkt. Aus der Begriffsnutzung im technologischen Bereich wird in gewissem Sinne übernommen, dass durch eine Abstraktion ein konkretes Arbeitsmittel oder zum Beispiel ein Datenträger vorgehalten werden, die auf die Arbeitssituation angepasst sind. Der Datenspeicher wird dabei womöglich als physisch begrenzte Realität empfunden, ist aber in der Regel ein virtueller Speicherplatz, der auf der *Hardware* ganz anders abgebildet ist. Quintessenz ist, dass Virtuelles nicht wirklich vorhanden ist, aber im Kontakt mit der virtuellen Welt als Wirklichkeit erlebt und als konkretes Werkzeug genutzt wird. Die technische Begriffswelt mit z. B. Emulation oder Abstraktionsschicht interessiert weniger. Es geht nicht um die Abgrenzung, sondern um das Eingrenzen – der Transparenz wegen. Virtualisierung in der Arbeitspraxis ist keine Wissenschaft, sie hilft, Prozesse zu vereinfachen und zu optimieren. Die Technologie interessiert die Anwender weniger, die Nutzbarkeit und der Anwendervorteil dagegen mehr. Das Maß der Nutzung resp. der Wirksamkeit bestimmt den Erfolg virtueller *Tools*.

Die Frage *Wie virtuell ist Virtualität?* ist keine bloße Wortspielerei, sie wirft zusätzliche Fragen auf, da die Begriffe *Virtualisierung* und *Virtualität* in ganz verschiedenen Bezügen gebraucht werden. Eine Vielzahl von Geschäftsprozessen ist mittlerweile digitalisiert oder sogar vollständig automatisiert. Einiges Virtuelles hat sich etabliert und wird als Normalität wahrgenommen. Das führt zu den folgenden Fragen:

Leitfragen

- *Wie soll Virtualisierung geschaffen werden?*
- *Wie optimiert das Virtuelle?*
- *Welche Vorteile sind bisher kaum oder gar nicht genutzt worden?*
- *Wie lässt sich Bedarf erkennen?*
- *Was sind die besonderen Merkmale der Virtualität in New Work?*

Insbesondere die letzte Frage sollte bewusst bearbeitet werden, da neue Technologien gelegentlich unüberlegt und aus einer ungeprüften Situation heraus eingeführt werden. Es ist weniger die Diskussion zur Abgrenzung der Virtualität von herkömmlichen, traditionellen Geschäftsprozessen, die die Diskussion bestimmen sollte.

Vom Prinzip her ist das Virtuelle nicht fassbar. Das trifft zum Teil auch auf den Begriff *Virtualisierung* zu. Einerseits unterliegen virtuelles Arbeiten und Virtualität keiner strengen Definition, andererseits ist Bildtelefonie konkret, da die Gesprächspartner im visuellen Sinne physisch fassbar sind, sich als lebendig wahrnehmen. Das Physische ist in eine digitalisierte Präsenz umgewandelt, sodass es an einem anderen Ort sichtbar wird. Die Unschärfe könnte durch weitere Definitionen, die nicht an der Informationstechnologie orientiert sind, noch vorangetrieben werden. Mit der Erfassung von Möglichem nimmt das Ganze indes eine Unüberschaubarkeit an, die der Übersicht eher abträglich ist. Ob in letzter Konsequenz virtuell Arbeit einfach im Sinne der mobilen Arbeit verstanden werden darf, kann kontrovers diskutiert werden. Mobilität in der Arbeit ist nichts Mögliches, nichts Künstliches, sondern es wird eine konkrete Leistung abgeliefert. Das Umschreibende sowie das Einschränkende haben nichts Definitorisches und sollen keine Allgemeingültigkeit beanspruchen, es dient der Verständlichkeit, der Klarheit und der Transparenz, wenn im Weiteren die Wirkungen sowie Möglichkeiten für den Wandel durch die Virtualität durchleuchtet werden.

Wird virtuelle Arbeit aus einer physikalischen Perspektive betrachtet, kommt zusätzlich die Dynamik zum Zuge. Das gibt den Hinweis darauf, dass Virtualität Bewegung in sich hat und Bewegung erzeugt, und verdeutlicht so, dass virtuelles Arbeiten im Betrieb nicht einfach eine Prozessfolge umfasst und etwas Konkretes hinterlässt, das als Veränderung wahrgenommen werden kann. Der virtuellen Arbeit in Unternehmen oder Organisation ist demnach Dynamik eigen, da in gleichem Maße Bewegung erzeugt wird wie durch traditionelle Arbeitsformen.

Leitfrage

- *Wo setzt sich das Virtuelle ab?*

Beim Virtuellen stellt sich als Erstes die Frage nach den Vorteilen der Virtualisierung von Prozessen. Dabei sollten wir uns nicht nur auf die mobile Arbeit konzentrieren, sondern auch erkennen, dass im Virtuellen noch andere Vorteile zu entdecken sind. Dabei sticht der Aspekt der *Optimierung* heraus. Prozesse, an die nicht mehr Hand angelegt werden muss, weil sie automatisiert sind, entlasten Mitarbeiter. Damit sind nicht die Produktionsabläufe gemeint. Beispielsweise schafft die Digitalisierung von Dokumenten eine neue Dimension des Archivierens und der Handhabung von Akten. Egal welche Neuerungen die Virtualisierung anstößt, sollte die Sachlichkeit an erste Stelle stehen. Die Priorisierung einer sachlichen Betrachtung schützt davor, dass allzu schnell die Euphorie hinsichtlich möglicher Optimierungen die kritische Bewertung verdrängt, das Mögliche überbewertet wird und der Aufwand den Nutzen übersteigt.

Leitfrage

- *Was kann das Virtuelle nicht?*

Virtualisierung darf nicht pauschal als Lösung aller Probleme aufgefasst werden. Es bedarf schon einer genauen Prüfung dessen, was das Virtualisieren betrieblicher Prozesse oder die Mobilität an Mehrwert bringen. Virtuelle Prozesse und virtuelle Arbeit können nicht allein als Unternehmensziel stehen, sie können genauso wenig allein ein Produktionsergebnis erreichen. Mitarbeiter haben an den entsprechenden Stellen weiterhin Einfluss auf das betriebliche Geschehen. Virtualität ist ein Teil der Arbeitsrealität, fügt sich in die Arbeitsprozesse ein und wird ein Werkzeug bleiben.

Festzuhalten bleibt:

... virtuelle Teams sind selbstverständlich reale Teams, so bezieht sich das Virtuelle meist auf die Art der Zusammenarbeit und Kommunikation, die auf der Grundlage moderner Informationstechnologie stattfinden.

8.2 Virtualisieren via Intranet

Die Virtualisierung ist ähnlich wie die Digitalisierung kaum noch überschaubar, wenn alle Veränderungen und Einwirkungen zusammengenommen werden. Wird das Virtuelle in der Arbeitswelt auch als ein Teil der digitalen Transformation einsortiert, mindert das nicht die Vielfältigkeit und schmälert kaum den Wirkungsbereich der Virtualisierung. Es sind die vielen unmerklichen Änderungen, die das breite Spektrum bestimmen und lebendig bleiben lassen. *E-Mail*, Telefonie, *Internet*, *Intranet* und Datenbanken sind gängigen Anwendungen, die immer wieder als Beispiel genommen werden, um das Wirken von Digitalisierung wie Virtualisierung zu veranschaulichen. Sie haben die Arbeitswelt eher schleichend verändert und trotzdem das Arbeiten nachhaltig neu ausgerichtet. Hierbei hilft es, die vorgezeichnete Strukturierung, die bei der digitalen Transformation eine erste Differenzierungsmöglichkeit unterlegt hat, zu nutzen, sodass Virtualisierung konkret wird.[24] Ob virtuelle *Events* fassbar sind und wie sie im Sinne von Nachhaltigkeit wirken, muss noch eingehender hinterfragt werden. Dazu muss die Betrachtung erst einmal vom Euphorischen bereinigt werden, damit erkennbar wird, welche Wirkung mit Virtualität im Bereich der Veranstaltungen erreicht werden kann. Sogleich fällt auf, dass *Events* außer einem Thema in der Regel noch die Vernetzung verfolgen sollten.

Leitfragen

- *Wie wichtig ist der Vernetzungsaspekt bei Veranstaltungen?*
- *Wie können virtuelle Events eine Vernetzung von Teilnehmern erreichen?*
- *Wie lassen sich persönliche Kontakte im virtuellen Raum abbilden?*

Eine virtuelle Arbeitswelt zu schaffen, gehört nicht zu den vollkommen neuartigen Themen; Virtualität beschäftigt seit langem Organisationsgestalter.[25] Die Schwerpunkte haben sich jedoch verschoben. Während schon lange der Nutzen von *Intranets* für das betriebliche Wissensmanagement erörtert wird, sind mittlerweile Videokonferenzen, vernetzte Projektarbeit und künstliche Intelligenz dabei, das *Intranet* als Insellösung in den Schatten zu stellen. Die Vernetzungen werden bleiben und einige *Tools* werden als Nachfolger des klassischen *Intranets* folgen. Die virtuelle Welt ist eine digitale, doch das ist nicht der einzige Zusammenhang.

---

24 Siehe dazu den Abschnitt *Mit Bewegung in die Zukunft – Strategie braucht Umsetzung*, in dem über das Differenzieren zwischen Arbeitsumfeld, Prozessen, Vernetzung und Lernen ein Überblick geschaffen wird, der in der Folge eine gezielte Bearbeitung zulässt.

25 Siehe dazu auch Werner Bünnagel (2017): »Virtualisieren, vernetzen und teilen. Wissensmanagement beim DGB Rechtsschutz«, in: *wissensmanagement. Das Magazin für Führungskräfte*, Heft 8/2017, S. 12–14.

Digitalisierung und Virtualisierung erzeugen eine Dynamik, die ihre eigenen Welten ständigen Veränderungen unterwirft. Am Beispiel des *Intranets* zeigt sich diese Kurzlebigkeit. Es zeigt sich an solchen Beispielen des Weiteren, dass digitale Transformation pauschal betrachtet werden kann. Die Transformation lebt von den vielen kleinen *Apps*, die zielgerichtet auf spezifische Bedürfnisse ausgerichtet sind. Wer wegen *Internet* und *Intranet* glaubt, dass nur das große Ganze eine digitale Revolution ausmacht, wird in der Weiterentwicklung stecken bleiben. Sollte eine Distanz zur Virtualität bestanden haben, ist sie inzwischen überwunden. Das Virtuelle hat längst etwas von Normalität. Aufgaben an einem Terminal oder einem Personal Computer zu erledigen, gehört zum normalen Arbeitstag, sogar die Videokonferenz hat mittlerweile den Status des Besonderen in der Bürokommunikation überwunden.

Das kann durchaus als Abgesang auf das Intranet verstanden werden. Virtuelle Zusammenarbeit entwickelt sich an den kleinen wie größeren *Applets*, die die (Zusammen-)Arbeit erleichtern (sollen). Ein *Intranet* dient in dieser Situation allenfalls als Navigationsinstrument. Diejenigen, die ein *Intranet* als ein ganzheitliches Unterstützungs- und Verknüpfungssystem betreiben wollen, entwickeln am Bedarf vorbei. Hierbei steht das Konzept mehr im Vordergrund als der Nutzen für die Mitarbeiter. Diese Fehlentwicklung wird dadurch erzeugt, dass ein *Intranet* als Plattform eine einheitliche Entwicklungsumgebung vorgeben will und Programmierungen an diese Umgebung angepasst werden. Das engt die Entwicklungen zwangsläufig ein und muss an den Bedürfnissen der Anwender vorbeigehen. Viele aktive *Intranet*-Plattformen zeichnen sich durch eine zunehmende Komplexität, einen hohen Pflege- sowie Entwicklungsaufwand und die Abhängigkeit von einer externen Unterstützung aus. Dies führt zwangsläufig dazu, dass die Struktur und deren Weiterentwicklung mehr Aufmerksamkeit erhalten als der eigentliche Nutzen für die Anwender und die Organisation. In dieser Form werden solche Plattformen wahrscheinlich die Zukunft nicht erreichen.

Festzuhalten bleibt:

... die virtuelle Arbeitswelt ist Stückwerk und das ist gut so, denn Stück für Stück und Schritt für Schritt muss in enger Anbindung an die Nutzer und am Bedarf die digitale Unterstützung entwickelt werden.

8.3 Team bleibt Team – virtuell und dennoch zusammen

Die bedeutendste Herausforderung in der Virtualität liegt darin, dass die persönlichen Kontakte im Team eine neue Qualität bekommen. Das Ausbleiben der physischen Begegnung, sei es auf dem Flur, in der Kantine oder bei der Präsenzsitzung, muss kompensiert werden. Der direkte Dialog in den Büroräumen oder das Flurgespräch fallen in dezentralen Arbeitsstrukturen weitgehend weg. Obwohl dies durch Videokonferenzen und Bildtelefonie ausgeglichen werden könnte, ergibt sich in der Einführungsphase, in der diese neuen Medien zum ersten Mal verwendet werden, eine andere Art der Kommunikation im Vergleich zu herkömmlichen Besprechungen. Obschon dies mit der Videokonferenz und Bildtelefonie kompensierbar wäre, ergibt sich in der Einführungsphase dieser neuen Medien eine andere Diskurssituation, die sich stark von den gewohnten Besprechungen unterscheidet. Das neue Format zeichnet sich anfänglich dadurch aus, dass das Emotionale in den Hintergrund tritt oder dass es für manche Teammitglieder schwierig ist, Emotionales in dieses neue Medium zu transportieren. Einzelne Aktionen und gezielte Maßnahmen helfen dabei, den Wandel hin zum virtuellen *Teaming* zu vollziehen und auch dem Emotionalen einen gebührenden Raum zu verschaffen.

In der Folge der Virtualisierung entstehen immer mehr virtuelle Teams. Dabei muss eines klar sein: Team bleibt Team. Das virtuelle Team ist keine neue Form des Teams, sondern eine neue Art, Teams zu führen. Das Wesen eines Teams bleibt unberührt, das Virtualisieren ist lediglich ein Werkzeug, ein Instrument, ein neues Format für das *Teaming*. Die Schwierigkeit besteht darin, den Teamgedanken in die neue Welt zu transportieren. Die größte Herausforderung zur Konservierung des traditionellen Teamgedankens besteht darin, das Emotionale, das Bindungsmoment in die neue Welt zu retten. Ob diese emotionale Dimension als Charakteristikum eines traditionellen Teamkonzepts mitsamt diesem Konzept in Zukunft weiter bestehen kann, bleibt abzuwarten. Aus heutiger Sicht und unter Berücksichtigung des traditionellen Teamkonzepts ist es jedoch unausweichlich, Wege zu finden, über die das Emotionale in die virtuellen Arbeitsumgebungen übertragen wird.

Die indirekte Kommunikation, z. B. über *E-Mail*-Systeme, wird zunehmend für die Emotionalisierung der Teamarbeit genutzt, was kaum berechenbare Gefahren birgt. Dies liegt insbesondere daran, dass auf einem mittelbaren Übertragungsweg von Informationen Interpretationen wie Deutungen ein Eigenleben entwickeln. Dass die Möglichkeit eines persönlichen Gesprächs zur unmittelbaren Klärung ausbleibt, schafft ein gewisses Konfliktpotenzial. Die neue Arbeitswelt wird hierzu Formen und Möglichkeiten entwickeln müssen, die einerseits echte Gelegenheiten zum Aufbau von Teambeziehungen bieten und andererseits das Austragen von Konflikten ermöglichen.

Teams lassen sich führen, sobald das Wesen der Teams erfasst wird. Aus diesem Verständnis erwächst das Teamkonzept der Führungskraft, das sowohl das Pragmatische bezüglich der Teamfunktionen als auch das Emotionale erfasst (siehe dazu die Abb. 38). Ein Team soll weder nach Fachkompetenzen zusammengewürfelt sein noch eine *11-Freunde-Philosophie* verbreiten. Die Funktion ist eine sachbezogene, das Ziel betriebswirtschaftlich und die Kooperation notwendig, damit die Ziele erreicht werden. Teamgeist bekommt auf diese Weise etwas Objektivierbares, weil damit besondere Leistungen erzielt werden können.

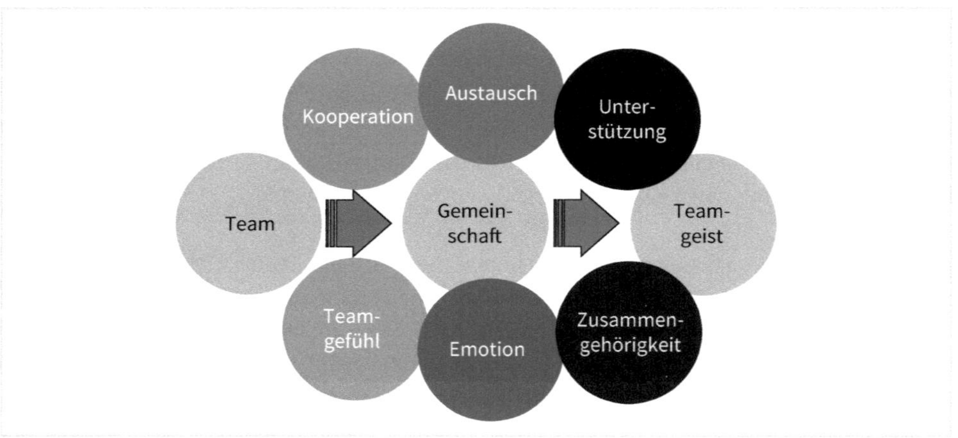

Abb. 38: Teamwesen

Festzuhalten bleibt:

... die emotionale Bindung ist ein Wesensmerkmal von Teams, und damit Teams weiterhin Teams bleiben, muss in der Virtualität das Emotionale erhalten bleiben.

Die standortübergreifende Zusammenarbeit stellt Führung vor eine neue Herausforderung. Der Zusammenhalt, Teamgeist im Allgemeinen und emotionale Bindung lassen sich zum Beispiel in einer Videokonferenz schwer abbilden. Das bedeutet zum einen, Videokonferenzen so zu modifizieren, dass Teamgeist sich darin wiederfindet, und zum anderen, neue Wege zu suchen bzw. zu finden, wie sich in der Virtualität der Zusammenarbeit ein persönlicher Bezug schaffen lässt. Der virtuelle Austausch lässt sich bewusst mit Sequenzen bereichern, die es ermöglichen, Persönliches einzubringen.

8.4 Harmonisierung von Virtualisierung

Die Harmonisierung von Virtualisierung und der vorhandenen Arbeitsstrukturen wird vornehmlich darin bestehen, den Willen der Mitarbeiter zu stärken. Die Bereitschaft, sich auf Neuerungen einzulassen und neue Fähigkeiten zu erlernen, wird immer ein kardinaler Erfolgsfaktor sein, wenn Veränderungen anstehen. Daher darf der Aspekt der Motivation nicht unterschätzt werden, besser gesagt, im Sinne der Motivation müssen die Anreize präsent sein, die die Mitarbeiter in Bewegung bringen. Dieser Fokus wird getrübt, wenn ausschließlich auf die technologischen Möglichkeiten geschaut wird. Dies mag umso mehr erstaunen, da allen bewusst sein sollte, dass beispielsweise bei der Digitalisierung die Anwender den Erfolg entscheidend mitbestimmen.

Das Einbeziehen muss ein bilateraler Prozess sein. Das bedeutet, dass sowohl Kommunikation in Richtung der Mitarbeiter erfolgen muss als auch die Mitarbeiter die Gelegenheit haben sollten, ihre Vorstellungen, Eindrücke und Erwartungen zurückzugeben bzw. einzubringen. Teammitglieder ernst zu nehmen, das kann an solchen Stellen mit Leben gefüllt werden. Es verdeutlicht, dass eine Implementierung, egal welcher Art, kein stereotypes Verfahren ist, mit dem einzelne Prozessschritte einfach abgearbeitet werden. Das Interaktive mag in modernen Team- wie Projektstrukturen etabliert sein, dennoch muss fortlaufend darauf geachtet werden, nicht in ein unreflektiertes Abarbeiten zu verfallen. Das bedeutet in der Folge nicht, dass Entwicklungen ausschließlich an den Mitarbeitern auszurichten sind. Mitarbeiter sind nicht das Zentrum einer Entwicklung, aber sie sind ein bestimmender Faktor, wenn es um die Implementierung bzw. Einführung einer neuen Technologie geht.

Virtuelles und Team müssen zusammenfinden, damit das Wir-Gefühl, der Teamgeist erhalten bleibt. Die Virtualisierung darf kein Eigenleben führen. Mitarbeiter sollen sich mit dem Neuen wohlfühlen, ohne das ein *Feelgood*-Manager notwendig ist. Teammitglieder müssen erkennen, dass Virtualisierung kein Fremdkörper ist. Durch die Integration von Neuem in das persönliche Arbeitsumfeld kann Motivation freigesetzt werden und *Teamwork* lebendig bleiben, indem Möglichkeiten gefunden werden, wie die Bindung im virtuellen Raum aufrechterhalten werden kann.

Festzuhalten bleibt:

... Virtualisierung darf kein Fremdkörper sein, dafür muss das Virtuelle zusammen mit den Mitarbeitern in den Arbeitsplatz integriert werden, sodass Sinnhaftigkeit erlebt und Vorteile erkannt werden.

Der Gebrauch des Begriffs *virtuell* ist inflationär, sodass es nicht besonders sinnvoll ist, einen definitorischen Zugang zu finden, strenge Abgrenzungen vorzunehmen und sich in irgendeiner Weise festzulegen. Eingrenzungen, die man vornehmen kann, helfen freilich dabei, einen Bezugspunkt zu setzen. Das sorgt für Klarheit, ohne dass eine Festlegung auf irgendwelche Inhalte gefordert ist.

8.5 Virtualisieren gezielt für Wandel nutzen

Ein Hauptaugenmerk der Virtualisierung wird neben den Teamsitzungen, den Vernetzungen durch Plattformen, der virtualisierten Büroarbeit oder der Szenariotechnik oft auf das Lernen gerichtet. Das betriebliche Lernen wird somit auf das Wesentliche reduziert, nämlich auf den Lernprozess. Reisen zu Veranstaltungsorten entfallen, Vorbereitungen wie z. B. Reise-, Raum- und Bewirtungsplanung fallen weg. Die aufgewendete Zeit steht ausschließlich dem Lernen zur Verfügung. Vor allem das selbstorganisierte Lernen erhält durch Angebote zum virtuellen Weiterlernen einen richtigen Schub. Die Dynamik, die im Lernen steckt, wird geradezu spürbar. Lernen ist Bewegung und sorgt für Bewegung, sodass Wandel entsteht, der Anpassung notwendig macht, was wiederum Lernen auf den Plan ruft (siehe Abb. 39).

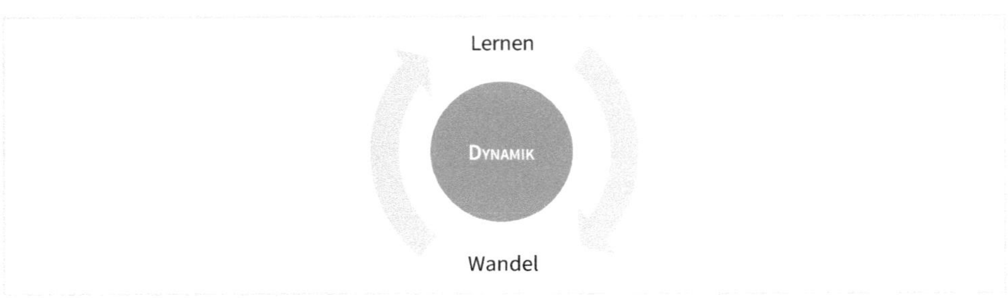

Abb. 39: Lernen, Wandel und Dynamik

Bei allen Vorteilen darf nicht übersehen werden, dass Bildungsveranstaltungen wie Trainingsmaßnahmen außer der Vermittlung von Lerninhalten noch dem persönlichen Austausch von Erfahrungen und Wissen dienen können. Es lohnt sich, diesem Aspekt von betrieblicher Weiterbildung Aufmerksamkeit zu schenken, denn es sind die Momente, bei denen Wissenstransfer sowie Wissensvernetzung stattfindet. Wenn Wissen Zukunftsfaktor ist, dann darf die Vernetzung bei der Digitalisierung von Lernen nicht unberücksichtigt bleiben. Während bei der Zusammenarbeit in Präsenz der Austausch organisiert werden muss (Raum und Zeit), können Teammitglieder sich im virtuellen Raum unmittelbarer austauschen. Plattformen, Netze und zum Beispiel *Chat*-Gruppen sowie Foren sind zeit- und ortsunabhängig.

Festzuhalten bleibt:

... Virtualisierung ist Wandel, zieht Wandel nach sich, Veränderungen setzen Lernen voraus und Lernen stößt Veränderungen an.

Mitarbeiter brauchen in einer virtuellen Arbeitsumgebung Freiheiten, damit sie die auf sie einwirkende Dynamik dafür nutzen können, selbst an Veränderungen mitzuwirken. Wenn sie für sich erkennen, dass ihnen das Neue Vorteile bringt, können sie ihre eigene Schaffenskraft für die Teamentwicklung nutzen. Der Austausch mit den anderen gibt die Gelegenheit, Neugierde zu befriedigen und sich neues Wissen anzueignen. Die Mitarbeiter werden aus eigenem Antrieb lernen und damit ihre Umgebung verändern und sie werden Teil der Unternehmensdynamik.

8.6 Strukturen schaffen

Erleichterungen im persönlichen Umfeld sowie Optimierungen in den Prozessen zeigen, dass das mobile Arbeiten gewichtige Vorteile für Mitarbeiter und Unternehmen hat. Es muss genau geprüft werden, wie sich Motivation in den neuen Arbeitsformaten zuverlässig fördern lässt, welche Kostenreduzierungen unter dem Strich tatsächlich Kostenoptimierungen sind und wie Beweglichkeit in ein strategisches Konzept verwandelt werden kann. Allein die Mehrwert-Betrachtung schafft erneut einen Bezug zum Quantifizieren, das an dieser Stelle sogar zu einem entscheidenden Führungsinstrument wird. Moderne Technologien und technologische Innovationen drängen im Zuge einer Welle von Neuerungen in alle Ecken von Unternehmen und Organisationen. Wenn Investitionen unüberlegt getätigt und Neuerungen ungeprüft übernommen werden oder wenn eine Aufwand-Nutzen-Kalkulation ausbleibt, dann wird Dynamik zum Glücksspiel. Die Prüfung des Mehrwerts einer Veränderung und die Implementierung eines Kennzahlensystems gehören zum Handwerkszeug, sobald Changemanagement betrieben wird. Die Struktur an sich ist nicht komplex, sie erinnert jedoch daran, dass das Handeln am Ende jeglicher Struktur stehen muss, wenn statt des Deskriptiven das Operative nach vorn rückt. Das Machen und die kritische Prüfung sind die bestimmenden Strukturmomente, wenn die Wirtschaftlichkeit des Handelns als Richtlinie vorgegeben wird (siehe Abb. 40).

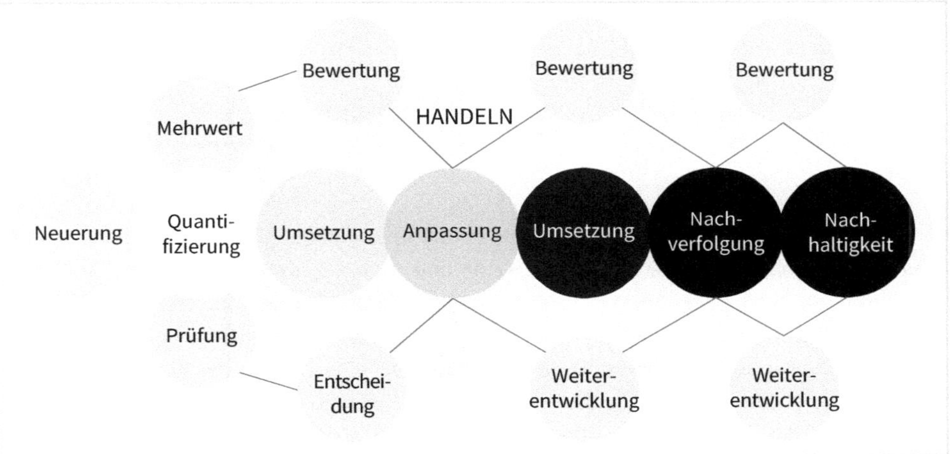

Abb. 40: Nachhaltigkeit und Wirtschaftlichkeit des Handelns

Der Weg ist hier das Ziel, weil er Aktivität schafft und in Bewegung versetzt. Wird dieser Vorgang bewusst wahrgenommen, lässt er sich leichter bewerten. Aber vor allem sorgt der Ablauf dafür, dass die Weiterentwicklung als eine Art Klammer um alles gelegt wird. Wer Zukunft sichern will, muss Strukturen für den Umgang mit dem Neuen schaffen.

Festzuhalten bleibt:

... Strukturen zu bilden, hat nichts mit Standardisierung zu tun, es ist das Bestreben, geregelte, wiederkehrende Abläufe zu schaffen.

8.7 Kommunikation als stabile, übergreifende, feste Größe

Die Kommunikation schafft nahtlos den Übergang in die digitale Wirklichkeit und in die neue Arbeitswelt, denn ohne Kommunikation ist nichts möglich. Obwohl alles auf den ersten Blick einfach erscheint, ist es dennoch entscheidend, die Kommunikation vorab als Ganzes zu betrachten, um sich der Wirkungsbereiche bewusst zu werden. Erst im nächsten Schritt im Übergang zu *New Work* interessiert dann, welche Kommunikationsmöglichkeiten zur Verfügung stehen. Denn außer dem verbalen Informationsaustausch gibt es noch das breite Spektrum der nonverbalen Kommunikation. Deren Bedeutung kommt dort zum Tragen, wo Virtualisierung und Digitalisierung diese Kommunikationsform ausschließen. Dazu gehören Gestik, Mimik und nonverbale Rückmeldung. Während in der Videokonferenz als digitale Kommunikation noch einiges möglich ist, sind z. B. in *E-Mails* deutliche Grenzen gesetzt und manches Mal Missverständnisse vorprogrammiert. Verbale sprachliche Information ist dort redundant, wo allein schon Kontext und nonverbale Information die Sprachsituation klären. Das wiederum darf nicht als Anlass genommen werden, auf das Sprechen zu verzichten. Sprachliche Redundanz kann Rückversicherung oder Bekräftigung sein, was in der Kommunikation nicht unterschätzt werden darf.

Festzuhalten bleibt:

... egal wie das Neue wirkt, egal welche Veränderungen stattfinden, Kommunikation bleibt bindendes Element.

Kommunikation muss eine feste Größe in der Teamarbeit sein, denn letztlich vollzieht sich fast alles Wichtige im Teamgeschehen über die Kommunikation, sei es die Kooperation, die Klärung von Konflikten, die Lösung von Problemen, der Transfer von Wissen und letzten Endes auch der Wandel, denn Ideen, Innovationen und Veränderungen müssen kommuniziert werden.[26] Vordergründig entsteht der Eindruck, dass die digitalen Möglichkeiten das Kommunizieren im Team vorangetrieben haben. Das darf nicht darüber hinwegtäuschen, dass Kommunikation mehr ist als all die bekannten virtuellen Kommunikationsmöglichkeiten. Es sollte durchgängig nach neuen Kommunikationsformen gesucht werden. Manche *Chat*-Gruppe zerfällt, weil sie nicht die richtigen Leute zusammenbringt, manche Plattform verkümmert, weil deren Informationen die Adressaten mit den bereitgestellten Inhalten nicht erreichen.

Kommunikation setzt auf Sprache auf, die vielleicht das mächtigste Werkzeug in der Erbringung einer Leistung und vor allem der Zusammenarbeit ist. Diesen Bedeutungszuwachs erfährt Sprache nicht zuletzt durch die digitale Transformation und erst recht durch die künstliche Intelligenz. Wenngleich in diesen Bereichen mit Programmiersprachen gearbeitet wird, sind es Sprachen, die der Kommunikation, hier mit Maschinen dienen. Wird Sprache aus der Evolutionssicht vornehmlich als ein Werkzeug zum Austausch zwischen Lebewesen betrachtet, hat sich dies mit der Programmierung von Maschinen radikal geändert. Mit der künstlichen Intelligenz wurde sogar der Schritt gewagt, die anfänglich unilaterale Kommunikation in eine bilaterale zu verwandeln, indem aus einem programmierten Frage-Antwort-/Reiz-Reaktion-Mechanismus ein lernendes System wurde, das Spracheingaben analysiert und adäquate Antworten zu finden versucht. Computersprachen sollen auf diese Weise ihre Künstlichkeit verlieren. Es stellt sich dann die Frage, welche Ziele damit verfolgt werden.

26 Zur breiten Bedeutung der Sprachen in der Kommunikation bis hin zur Programmierung siehe auch den die Abschnitte zur künstlichen Intelligenz.

Leitfragen

- *Sollen Maschinen Menschen nachbilden und diese ersetzen?*
- *Wie geht man damit um, wenn Maschinen ihre neugewonnene Intelligenz ohne Steuerung von außen nutzen wollen?*
- *Lässt sich menschlicher Wille in einer künstlichen Sprache abbilden und wohin sollen derartige Entwicklungen führen?*
- *Welche Vorteile soll eine Vermenschlichung digitaler Systeme haben?*

8.8 Vernetzung von Mitarbeitern als Zielpunkt der Virtualisierung

Zunächst mag die Idee der Wissensvernetzung theoretisch erscheinen, aber es ist wichtig zu verstehen, dass das Wissen der individuellen Teammitglieder miteinander verbunden werden muss, damit Neues geschaffen werden kann und alle voneinander profitieren können. Die Herausforderung liegt darin, die Einzelnen zum Teilen von Wissen zu ermuntern. Wissensvernetzung auf der Mitarbeiterebene muss also als eine Aufgabe angegangen werden, die auch psychologische Aspekte thematisiert. In einem vorherigen Abschnitt haben wir bereits das Thema Lernen und Virtualisierung genauer betrachtet und den Aspekt der Vernetzung eingehend erörtert. So besteht eine Forderung zur Propagierung von virtuellen Arbeitswelten darin, dass virtuelle Informationen nicht einfach bereitgestellt und übermittelt werden. In einem Folgeschritt müssen Konzepte vorhanden sein, die darüber hinaus eine Vernetzung von Mitarbeitern herstellen. Durch die Virtualisierung wird Wissen schneller und umfangreicher verfügbar. Die Wissensvernetzung gehört zu den strategischen Zielpunkten einer modernen Unternehmensführung. Sowohl das Wissen, das in Datenbanken wie Programmen steckt, als auch das Wissen der Mitarbeiter bilden das Wissenskapital, das am besten zur Wirkung kommt, wenn es vernetzt und nutzbar ist und es auf Bedarf trifft. Dafür müssen Mitarbeiter zusammengebracht werden und deren Wissen für andere zugänglich sein.

Die Plattform als spezifische Form der Vernetzung kann u.a. zur Recherche genutzt werden, sie wird somit zu einem modernen Arbeitsmittel. Vernetzung in der virtuellen Welt bietet aber fraglos noch eine Menge mehr als den einfachen *Support*. Kooperation erfährt eine Erweiterung, weil in der virtuellen Zusammenarbeit noch mehr Möglichkeiten genutzt werden können. So können Mitarbeiter zusammengebracht werden, die bislang weniger Schnittpunkte der Zusammenarbeit erkannt haben. Es kann aktiv und mit elektronischer Unterstützung nach geeignetem Wissen gesucht werden und auf diesem Wege Verbindungen hergestellt werden, sodass Zusammenarbeit und Wissenstransfer lebendig(er) werden – so die Theorie. In der *Web*welt gehört die IT-gestützte Projektarbeit zum Alltag, in der Wirklichkeit von Unternehmen sowie Organisationen stellt manches Mal allein schon die virtuelle *To-do*-Liste die Teammitarbeiter vor eine große Herausforderung. Genauso wenig nützt es, den Wissenstransfer über beliebige *Intranet*-Anwendungen zu verordnen. Die Bereitschaft, das eigene Wissen, insbesondere das implizite, verdeckte Wissen, mit anderen zu teilen, muss erzeugt werden. Diejenigen, die teilen, wollen vorab einen Mehrwert für sich erkennen, bevor sie erworbenes Wissen preisgeben. Es zeigt sich einmal mehr, dass die Technologie nur eine Seite der Medaille ist. Die Bereitschaft der Mitarbeiter zum Teilen von Wissen muss dazukommen, damit ein Wissenswert für das Unternehmen/die Organisation entsteht.

Abb. 41: Wissensschätze heben

Die Erkenntnis, dass das Vernetzen von Mitarbeitern und die Wissensvernetzung einen Marktvorteil bringen sowie das Ausschöpfen vorhandener Ressourcen fördern, reicht nicht aus, eine moderne Wissenswirtschaft zu betreiben. Das Handeln bestimmt die Qualität und den Erfolg der Strategie. So gilt für die Nutzung der Mitarbeitererfahrungen wie für die Wissensvernetzung, dass ein Prozess angestoßen und durchlaufen werden muss. Die Systematisierung der Mitarbeitererfahrungen stellt eine besondere Herausforderung dar, da die einzelnen Prozesse oft auf implizitem Wissen basieren. Diese müssen als Erstes erfasst werden und dann muss die Bereitschaft der Mitarbeiter gefördert werden, diese Erfahrungen zu teilen. Dazu gibt es keine Schablone, eine Vorgehensweise kann hingegen helfen, das Implementierung in Gang zu setzen (siehe Abb. 41).

Festzuhalten bleibt:

... Digitalisieren und Virtualisieren haben im Team eine zentrale Funktion. Auf diese Weise sollen Mitarbeiter vernetzt werden, was aber nur Früchte trägt, wenn die Bereitschaft dazu vorhanden ist.

8.9 Vernetzung von Wissen als Entwicklungsmotor

Ob Wissen in Form von Vernetzung zwischen Mitarbeitern existiert oder ob die Wissensvernetzung eine technologische Herausforderung darstellt, eines bleibt konstant: Die Vernetzung von Wissen entsteht nicht von selbst. Soll Wissen die Weiterentwicklung anstoßen, muss es fruchtbar gemacht werden, das heißt, die Einzelnen müssen bereit sein, Wissen weiterzugeben, und Wissen muss zu etwas Neuem verknüpft werden. Wissensvernetzung löst sich langsam von der semantischen Programmierung. Anfangs waren semantische Netzwerke ein Produkt der Computerlinguistik. Semantische Netze, angewandte Linguistik und erste Wissensrepräsentationen haben Wissen für die Programmierung greifbar gemacht. Wissensdatenbanken sind dagegen statische Wissensvernetzungen, weil sie vornehmlich auf die Recherche ausgerichtet sind. Der Wissenstransfer bleibt in diesen Netzen eine Marginalie oder ist allenfalls ein mittelbarer Prozess, weil er indirekt stattfindet und nicht das vordergründige Ziel einer Datenbankrecherche ist.

Außer der Vernetzung von Teammitarbeitern muss die Vernetzung ihres Wissens interessieren. Es sind informelle Wissensbestände, die selten erfasst werden, deren Wert oft unterschätzt wird und die es zu systematisieren lohnt. Wissensvernetzung hört nicht bei der Videokonferenz auf. Wissenssicherung sowie Wissensmanagement sind adäquat, wenn implizites Wissen einbezogen wird. Bei der Planung modernen Dokumentenmanagements und der Förderung technologischer Wissensvernetzung wird im weiteren Voranschreiten irgendwann auch der Punkt erreicht, an dem vorhandenes informelles, implizites Wissen miteinbezogen wird. Dieses Wissen hat besonderen Wert, weil es nirgends formal erfasst ist und weil es vordergründig nicht erkennbar ist. Erfahrungen gehören zu den Formen impliziten Wissens. Welche Inhalte dann genau in den Vordergrund rücken, ist an dieser Stelle nicht relevant. Es ist die Operationalisierung zur Einbeziehung und Nutzung impliziter Wissensformern, die einen festen Platz im Konzept einer modernen Wissenswirtschaft im Unternehmen haben sollte. Die Zukunft des Wissensmanagements liegt zweifellos in einer Harmonisierung von technischem Daten- sowie Informationsmanagement mit dem Managen von Wissen. Management ist in diesem Zusammenhang weniger das Führen und Leiten, sondern mehr die Vernetzung und Organisation von Wissen im Unternehmen.

Festzuhalten bleibt:

... Wissensvernetzung ist nichts Neues, die Nutzung von Wissensressourcen und der Wissenstransfer zwischen Mitarbeitern muss indes der Zukunftssicherung wegen noch optimiert und ausgebaut werden.

Bewegt sich die Diskussion in Richtung von Repräsentationen – im Fall von Wissensnetzen hin zu Wissensrepräsentationen –, erhält sie eine hypothetische Dimension, weil das Beschreibende ontologische Aspekte annimmt. Es werden Repräsentationen der Wirklichkeit formuliert und in eine Beziehung gesetzt, die empirisch nicht so einfach belegbar sind. Wendet man dies auf das Wissen an, interessiert es, wie sich Wissen in einer Programmierung repräsentieren und verknüpfen lässt. Da dabei nicht allein das Beschreibende zählt, wird über eine Programmlogik versucht, Beziehungen herzustellen, um dabei im besten Fall die Wirklichkeit abzubilden.[27]

Für die praktische Arbeit reicht im Grunde genommen das Verständnis dafür, dass Wissen sich in einzelne Wissensteile (Wissensobjekte) zerlegen lässt, dass diese besonderen Wissensteile bei Mitarbeitern zu identifizieren sind, dass diese Wissensteile in einem Wissensnetz verankert werden und dass es eine Struktur gibt, die den Transfer von Wissen und die Verknüpfung von

27 Beispielhaft dafür und für einen vereinfachten Zugang siehe Gregor Braun (2013): *Verstehensprozesse modellieren und analysieren*, Berlin: Frank & Timme.

Wissensobjekten organisiert. Das Fachportal und die firmeninterne *Chat*-Gruppe sind zwei Beispiele für die Anfänge einer professionellen Wissensvernetzung. Die Praxis zeigt, wie einfach es vordergründig scheint, Wissen zu vernetzen, doch all das basiert auf einer Strategie, einer Struktur und einer Systematisierung, die nicht sofort hinter einfachen Realisierungen, wie z. B. einem Forum, vermutet wird. Wissensvernetzung erreicht eine neue Stufe, indem die Mitarbeiter vernetzt werden und nicht allein deren Wissen. In Zukunft werden selbstlernende Systeme, Inferenzmaschinen (Expertensysteme), künstliche neuronale Netze und *Deep Learning* die Weiterentwicklung der Wissensvernetzung bestimmen.

Die Vernetzung von Wissen auf höheren Ebenen wirkt nicht mehr statisch oder zufällig, das Lernen der Netze kommt hinzu. Mit dem theoretischen Rüstzeug nimmt das Interesse zu, einen praktischen Zugang zur Wissensvernetzung zu finden. Die folgende kurze, abstrahierte Prozessbeschreibung vermittelt einen Einstieg dazu. Die Umsetzung setzt Unterstützung durch Experten und Programmierer voraus. Wissensobjekte und Wissensrepräsentationen lassen sich ohne Vorwissen nicht einfach definieren. Darüber hinaus muss aufgrund des Aufwandes, der damit verbunden ist, ein unternehmensübergreifendes Konzept vorhanden sein, in das sich alle Aktivitäten einpassen. So brauchen Teams an den Orten, wo persönliches Wissen das Wissenskapital eines Unternehmens begründet, die notwendigen Ressourcen und die Unterstützung beim Knüpfen einer Wissensvernetzung. Als Prozess betrachtet, sind es einzelne dezidierte Schritte, die die Vernetzung lebendig werden lassen (siehe Abb. 42):

- Wissen identifizieren,
- Wissensobjekte bestimmen (Wissensrepräsentanzen),
- Wissensträger einbinden,
- Wissensträgern Anreize zum Wissenstransfer geben,
- Wissen ins Netz bringen (Schnittstellenmodellierung, in der einfachsten Form z. B. eine Eingabemaske) und verknüpfen (mithilfe von Algorithmen und über die Datenarchivierung)
- und neues Wissen erzeugen (z. B. durch eine Inferenzmaschine, einer logischen Programmierung).

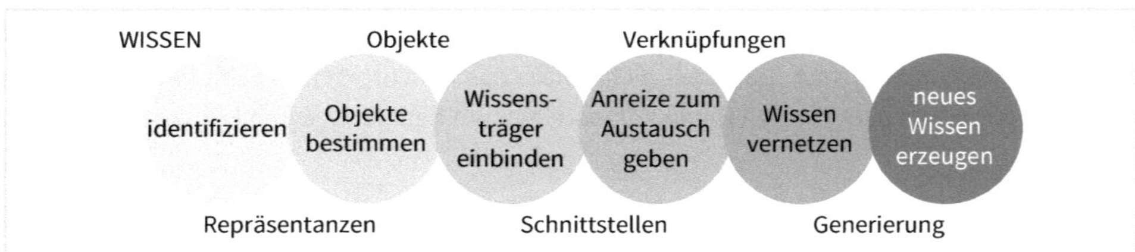

Abb. 42: Wissen vernetzen

Wissen ist Kapital, die Nutzung ist Kapitalisierung, die Wissensvernetzung ist Mehrwert und am Ende Marktvorteil oder Alleinstellungsmerkmal. Teams mit ihren Führungskräften können zu Schaltstellen wie Schnittstellen der Vernetzung sowie der Wissensverwertung werden, vorausgesetzt, dass dem Wissen dieser strategische Wert zugewiesen und die Bedeutung durch die verfügbaren Ressourcen erkennbar wird.

8.10 Gefahren erkennen – Fehlentwicklungen vermeiden

Die (arbeits-)medizinische Betrachtung der Mobilität und mögliche Gefahren durch Frequenzen oder Strahlenwerten wird an dieser Stelle und im Weiteren ausgespart. Zweifelsfrei könnten noch andere kritische Punkte im Bezug auf das Virtuelle eingeflochten werden, sie werden an gegebener Stelle in jedem Fall noch erwähnt. Hier wird der Akzent jedoch auf die Fehlentwicklungen gesetzt. Wenn vorschnell neue Technologien in die Arbeitsabläufe hineingezwängt werden, bleiben manche Mitarbeiter ratlos zurück, weil sie mit dem Neuen nichts anfangen können. Ändert sich das nicht, wird die Neuerung zu einem *Flop*, der einen betriebswirtschaftlichen Schaden hinterlässt. Das Gegenteil – eine unbändige Euphorie und ein planloses Losrennen – wirkt ähnlich negativ, weil es Aktionismus begünstigt. Gefahren lassen sich am leichtesten wie am schnellsten erkennen, wenn Veränderungen kritisch und objektiv betrachtet werden. Damit ist keine Wertung gemeint. Kritik erfolgt mit einer gewissen Distanz und dient dazu zu prüfen, ob eine Neuerung eine Fehlentwicklung nimmt oder Schaden anrichten könnte.

Hier zeigt sich erneut, wie wichtig das Mehrwert-Konzept ist. Es muss analysiert werden, welchen Nutzen eine neue Technologie hat, wie viel Aufwand damit verbunden ist, wo das Neue zum Einsatz kommen kann und wie es in die Arbeitsabläufe der einzelnen Mitarbeiter zu integrieren ist. Ein weiterer wichtiger Schritt wird notwendig, wenn zu erkennen ist, dass die Integration des Neuen nicht wie erwartet verläuft. In solchen Situationen muss die Antwort über die Beobachtung und Erkenntnis hinausgehen; es erfordert aktive Maßnahmen und Konsequenzen, was bis zum Aussetzen einer Einführung oder zum Stoppen einer Entwicklung führen kann.

Die Verantwortlichen müssen fortwährend kritisch prüfen, wie Innovationen aufgenommen werden, ob sie das erwartete Ergebnis bringen und ob überhaupt die Bedeutung sowie der Wert einer Neuerung richtig eingeschätzt worden sind. Gefahren drohen an ganz unterschiedlichen Stellen, und Fehlentwicklungen sind nur ein Beispiel dafür. In allen Fällen ist Handeln erforderlich. Den besten Weg dahin bieten die kritische Prüfung und das Selbstbewusstsein, aus Fehlern zu lernen und Entscheidungen zu treffen. Mobile Arbeit fördert nicht zwangsläufig die Vernetzung; im Gegenteil, es besteht die Gefahr, dass Mitarbeiter sich in die Isolation begeben. Vermeintliche Arbeitserleichterungen können zusätzlichen Aufwand verursachen, Mitarbeiter können überfordert sein. In den Situationen, in denen Neuerungen in ein System hineingepresst werden, ohne die Beteiligten einzubinden, scheint das Scheitern vorprogrammiert, selbst wenn die Neuerung grundsätzlich sinnvoll ist.

Begleiten Führungskräfte Neuerungen sowie technische Implementierungen mit einer offenen Kommunikation, erkennen sie frühzeitig Fehlentwicklungen und können eingreifen. Stereotypes Abfragen bewegt Mitarbeiter kaum, offen über ihre Einschätzung zu reden. Unsicherheit und Ängste führen dazu, dass Kritisches totgeschwiegen wird. Was in diesen Fällen ausbleibt, das sind Entscheidungen, zumal diese schmerzhaft sein könnten. Dies wird als »Aussitzen« bezeichnet.

Festzuhalten bleibt:

… Fehler sind zum Lernen da, Probleme zum Lösen, das heißt, erst das Handeln führt heraus aus der Betrachtung und der Beschreibung.

9 Künstliche Intelligenz

Dass die künstliche Intelligenz (*KI*) ein Kapitel für sich in Anspruch nimmt, hat seine Berechtigung in der Tragweite sowie Aktualität dieser Entwicklung. *KI* wird die Arbeit, die Arbeitsorganisation, das Wissensmanagement und den Arbeitsmarkt durcheinanderwirbeln. Dies ist weder eine Prophezeiung noch ein Menetekel. Wissensmanagement darf kein diffuses Hirngespinst werden oder bleiben, dasselbe gilt für den Einsatz der *KI* zum Bewirtschaften des Unternehmenswissens. Stattdessen sollten die Anwendbarkeit von Algorithmen und eine zielgerichtete Umsetzung den Weg aufzeigen, wie *KI* sinnvoll, gewinnbringend eingesetzt werden kann. Dabei darf nicht alles auf eine Karte gesetzt werden und externen Anbietern von IT-Lösungen vorbehaltlos vertraut werden. Die Lösung muss aus der Organisation, aus dem Team heraus entstehen, weil dort die Vorgaben definiert werden. Erst dann kann man sich dem maschinellen Lernen annähern. Die Programmierung übersetzt die praktischen Anforderungen in Algorithmen. Diese wiederum klassifizieren, berechnen, wandeln in Vektoren um, leiten Strategien ab und organisieren das Training des Systems (siehe Abb. 43, dort deutet sich an, dass das maschinelle Lernen zunächst eine Welt für sich ist und wie wichtig es ist, praxisbezogene Anknüpfungspunkte zu schaffen). Personalentwickler oder Wissensmanager müssen keine Programmierer werden, sie müssen auch nicht im Nachhinein einen Leistungskurs Mathematik absolvieren, dennoch müssen sie sich bewusst machen, was Wissen ist und welchen Wert es hat.

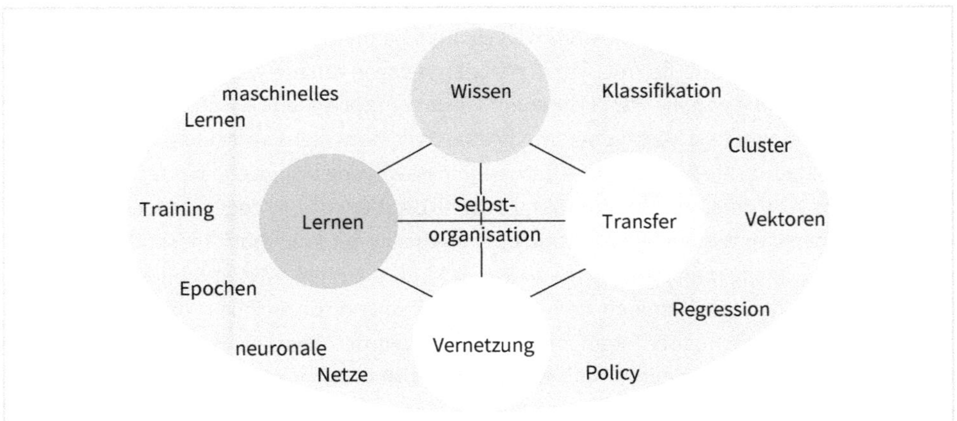

Abb. 43: Künstliche Intelligenz – Wissen, Wissenstransfer und Lernen

Die Methoden oder Verfahren der Künstlichen Intelligenz schaffen verschiedene Zugänge zum Managen von Wissen. Das beginnt etwa beim einfachen Klassifizieren von Wissensinhalten, wozu das *Clustering* zählt, und reicht bis zum maschinellen Lernen, aufbauend auf Regressionsverfahren sowie Lernstrategien (*Policies*). Letzteres wird eingesetzt beim verstärkenden Lernen in neuronalen Netzen, wohingegen das Regressionsverfahren der Künstlichen Intelligenz hilft, Lernen durch die Annäherung an einen Zielwert zu realisieren. Beeindruckend mag sein, dass sich Lernen in mathematische Formeln fassen lässt. Das macht am Ende auch nicht Halt vor der natürlichen Sprache. Die maschinelle Verarbeitung natürlicher Sprache mittels künstlicher neuronaler Netze hat die Tore hin zum Managen von Wissen weit geöffnet. Was sich dahinter verbirgt, bleibt zu erkunden.

Hat mit der digitalen Transformation die Dynamik am Arbeitsplatz schon zugenommen, darf zu erwarten sein, dass mit der künstlichen Intelligenz das Ganze noch einmal mehr Fahrt aufnimmt. Anpassungsfähigkeit und Flexibilität bleiben in diesem Moment keine Parolen, in einer Organisation muss das entsprechende Umfeld geschaffen werden. Das betrifft nicht nur die technologischen Entwicklungen, es sind eine unternehmensspezifische Lernwelt, ein Changemanagement, das die Mitarbeiter einbezieht, und eine auf Mehrwert ausgerichtete Projektplanung, die eine Erfolgsbasis schaffen.

9.1 Digitalisierung und Vernetzung

Digitalisierung erzeugt Dynamik und zugleich schafft die digitale Transformation Zukunft, weil Wettbewerbsfähigkeit heutzutage ohne sie nicht aufrechterhalten werden kann. Ähnlich wie bei den Innovationen gilt bei der digitalen Transformation im Allgemeinen, dass auch sie nicht allein von außen einwirken darf, sondern gleichfalls von innen zukunftsweisende Impulse braucht. Allein schon in der Vernetzung zeigt sich, wie viel Interagieren zum Beispiel in Innovation, Digitalisierung, Wissensmanagement und Führung steckt. Wer Vernetzung und funktionierende Netzwerke etablieren sowie nutzen will, der muss die Teams, die Mitarbeiter einbeziehen. Die Vernetzung ist dabei Bindeglied zwischen Digitalisierung, Wissensmanagement und künstlicher Intelligenz. Es ist aber nicht ausschließlich die technologische Vernetzung, die Wissen und Mitarbeiter in Bewegung bringt. Die Vernetzung von Mitarbeitern lebt vom persönlichen Kontakt, zu guter Letzt auch vom gegenseitigen Vertrauen. Denn das Teilen von Wissen geschieht nicht einfach so oder nach Aufforderung zum Teilen. Künstliche Intelligenz mag an einigen, vielleicht künftig an ganz vielen Stellen das persönliche Netzwerk ersetzen. Dennoch werden Erfahrungen und spezifisches Wissen bleiben, die so bald nicht von künstlicher Intelligenz abgedeckt werden können. Entscheidend für den Erfolg der neuen Intelligenz wird sein, wie Wissen erfasst und verfügbar gemacht wird. Das neuronale Netz an sich ist kein Erfolgsgarant, die adäquate Datenbasis, die Algorithmen zur Sprachanalyse wie -synthese und das maschinelle Lernen bestimmen den Erfolg. Dabei kann sich herausstellen, dass ein neuronales Netzwerk nicht für alle Anwendungen geeignet ist. Welche Methode zum Einsatz kommt, hängt von den spezifischen Anforderungen ab und erfordert möglicherweise eine andere *Policy*, einen Entscheidungsbaum, *Deep Learning* oder eine Wahrscheinlichkeitsfunktion.

Vernetzung über den persönlichen Kontakt ist ein simpler Prozess. Der Kontakt kann intensiv, oberflächlich, nützlich, beständig oder beiläufig sein. Bei der virtuellen Vernetzung wird das Ganze zunehmend komplexer. Insbesondere wenn die Vernetzung ins Wissen hineinreicht, werden bestimmte Anforderungen an die Schnittstellen gestellt. Sollen Wissensobjekte vernetzt werden, nimmt die Komplexität zu, da statische Verknüpfungen nicht ausreichend sind. Sollen unterschiedliche Wissensobjekte zusammen eine Anforderung erfüllen, dann muss das System die passenden Verbindungen herstellen. Dazu müssen die Knoten in einem Netz gewichtet werden, sodass ein Wissensobjekt seinen Weg zum anderen finden kann. Die Anwender wird dies nicht interessieren, denn sie wollen die Lösung und brauchen nicht die Herleitung und den Lösungsweg. Dennoch bietet die Digitalisierung die Möglichkeit, Daten zu sammeln, sie aufzubereiten und sie abrufbar zu machen. Das kann zu allen Zeiten und an allen Orten geschehen. Der Kapazität oder den Formaten von Wissen sind kaum noch Grenzen gesetzt. Es können unterschiedliche Formate in Datenbanken gemischt werden und die Verknüpfungsmöglichkeiten sind allein durch die Fähigkeiten der Programmierer begrenzt. Sie müssen bei der Wissensvernetzung auf die Gewichtung der Knoten achten, Stabilität bei der Netzverbindung gewährleisten, für Zuverlässigkeit bei den Knoten sorgen und ein Ohr für die Anwender haben. Programmierer wie Projektentwickler müssen nahe an den Anwendern sein, um sicherzustellen, dass Nutzer erreicht und deren Probleme gelöst werden. Die effektivste Methode hierfür ist ein dialogischer Ansatz, der sowohl den direkten Kontakt mit den Anwendern als auch benutzerfreundliche Schnittstellen einschließt. Im Vergleich zu einem einfachen, restriktiven Dialog, wie er beispielsweise als Suchmaske Anwendung findet, ist der freie Dialog gewiss hilfreicher, nützlicher, zielführender und motivierender. Durch die Kombination von sprachlicher Informationsverarbeitung und künstlicher Intelligenz ergeben sich Möglichkeiten, die in Zukunft noch einige Grenzen sprengen und eine dialogbasierte Erschließung von Wissen ermöglichen werden.

Vernetzung ist zugleich Bewegung und Netze selbst zeichnet die Bewegung aus, schließlich liegt darin der Sinn der Vernetzung. Da Dynamik und Vernetzung Unternehmens- wie Organisationsentwicklung bestimmen, erhält das Knüpfen von Netzen eine besondere Bedeutung für die Zukunftsgestaltung. Ob technologische Netze oder das Vernetzen von Wissen zwischen Mitarbeitern, das strategische sowie das operative Vernetzen werden zu zentralen betrieblichen Operationen, die durchaus den Charakter von Wertschöpfung haben. Das wird umso deutlicher, sobald die Vernetzung mit Unterstützung der künstlichen Intelligenz Prozesse optimiert und Abläufe optimiert. War die Erfassung von Lieferungen in früheren Zeiten noch Handarbeit, wurde sie über die Digitalisierung automatisiert. Intelligente Systeme werten zudem noch die Lieferqualität aus, bestimmen den optimalen Bestellzeitpunkt usw. All diese Informationen werden zusammengeführt und dienen als Grundlage für Anpassungen, Veränderungen oder innovative Maßnahmen.

9.2 Von der Digitalisierung zur künstlichen Intelligenz – moderne Wissenswirtschaft

Es sei vorab geklärt, dass es nicht darum gehen kann, alle möglichen Visionen und Trends zu Digitalisierung und künstlicher Intelligenz zu sammeln, zu beleuchten und weiterzuspinnen. Eine moderne Wissenswirtschaft stellt den Mehrwert von Wissen heraus, und das bedeutet im Zusammenhang zwischen Wissensmanagement und künstlicher Intelligenz, konkret aufzuzeigen, was sich verändert hat, wie Wissen vor dem Hintergrund der Digitalisierung verwertet werden kann und welches Potenzial in der künstlich geschaffenen Intelligenz steckt. Das wiederum gelingt nur, indem die konkrete Umsetzung dargelegt wird und geschildert wird, wie die digitalen Möglichkeiten zum Einsatz kommen.

Künstliche Intelligenz hat Potenzial, das Wissensmanagement zu verändern, dabei helfen weder Trends noch Visionen. Diejenigen, die den Nutzen aus all den digitalen Möglichkeiten ziehen wollen, brauchen Konzepte, Handreichungen, Muster, Vorlagen, Pilotierungen oder Impulse, die sich unmittelbar in die Praxis einbringen lassen. Die Herausforderung besteht darin, die Komplexität zu entzaubern, denn sowohl Wissen als auch künstliche Intelligenz bieten eine Vielzahl von Perspektiven an, die gelegentlich den Betrachter überfordern kann. Es ist notwendig, gelegentlich einige Aspekte beiseitezulassen, um die Anwendung des Neuen zu fördern. Bereits die vorsichtige wie begrenzte Annäherung an die Systematisierung von Wissen, Digitalisierung und künstlicher Intelligenz zeigt, wie schnell so viel Komplexität entstehen kann, dass der Überblick verloren zu gehen droht (siehe Abb. 44). Dieses Herauskristallisieren von Prozessbausteinen dient dazu, einen Impuls für einen auf die Situation passenden Ablauf zu geben und eine Handlungsempfehlung in eine geordnete Reihung zu bringen, sodass danach ans Werk gegangen werden kann.

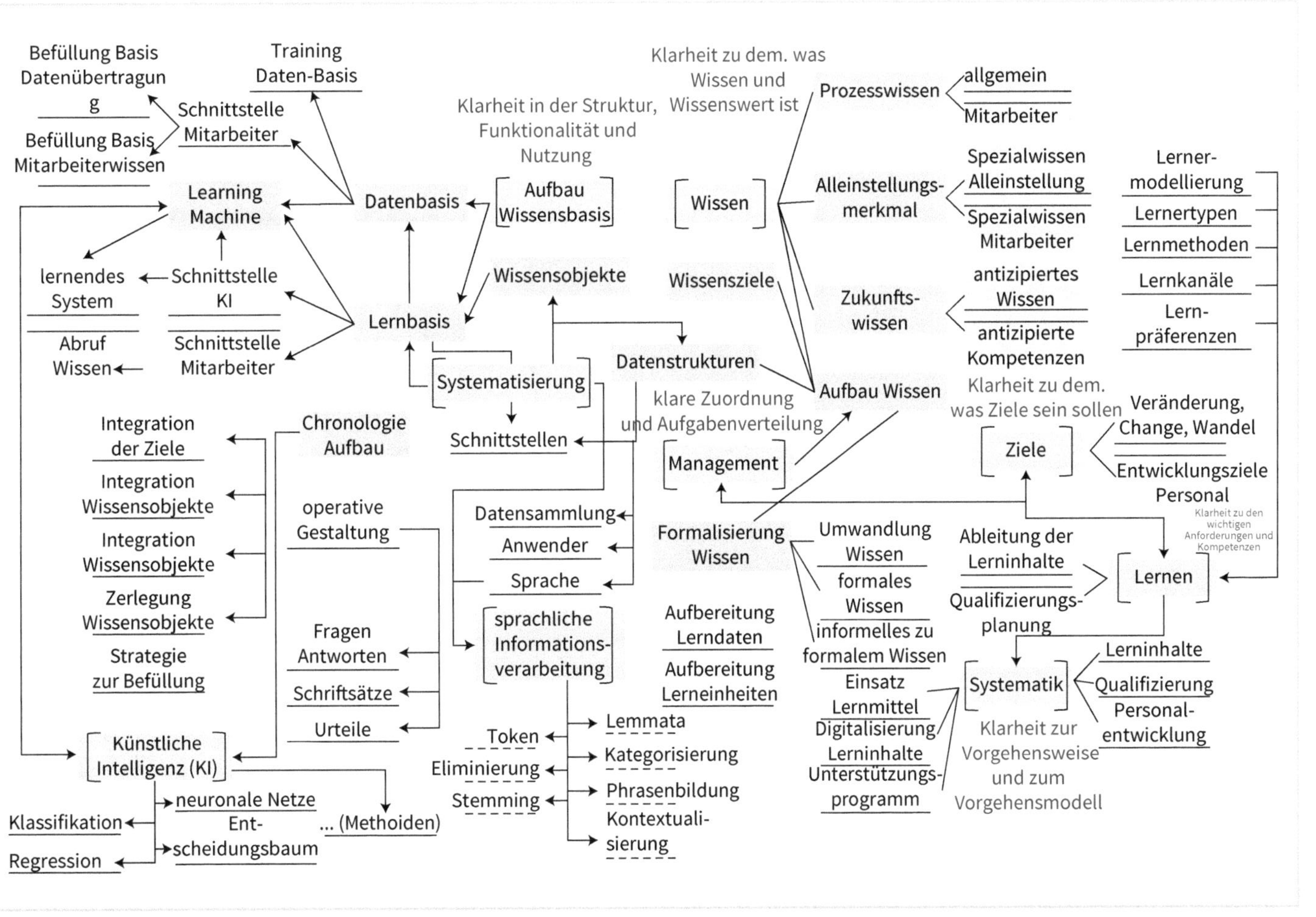

Abb. 44: Systematisierung von Wissen, Digitalisierung und künstlicher Intelligenz

Die Verbindung von maschinellem Lernen und menschlichem Lernen erfordert eine Harmonisierung beider Ansätze. Das wiederum bedeutet, dass über die Systematisierung die Verbindungslinien gesucht und gefunden werden müssen. Systematisierung umfasst Ziele, Wissen, das Managen von Wissen, Lernen, den Aufbau einer Wissensbasis und nicht zuletzt die künstliche Intelligenz. Es gibt vielfältige Interdependenzen und Anknüpfungspunkte. Dabei steht nicht im Vordergrund, die Gesamtheit zu erfassen und zu beschreiben. Es ist sogar zu bezweifeln, dass in dieser Hinsicht eine Vollständigkeit der Abbildung erreicht werden kann. Verschiedene Perspektiven erhöhen ständig die Anzahl der involvierten Faktoren. Indem wir Teilausschnitte aus dem Gesamtbild betrachten, können wir jedoch eine Systematik und ein Vorgehensmodell entwickeln, um die Umsetzung voranzutreiben.

9.3 Künstliche Intelligenz und Wissen konkret

Viele Bereiche vom Personalmanagement bis hin zum Wissensmanagement stützen sich auf Tools aus der digitalen Welt. Sei es die Quantifizierung, die von der *Excel*-Liste bis zu spezifischen *Software*-Lösungen für das *Human Resource Management* reicht, oder sei es die Vernetzung von Wissen durch intelligente Datenbank-Anwendungen, digitale Transformation hat alle Bereiche der Unternehmenslandschaft durchzogen. Diesbezüglich einen Übergang zur künstlichen Intelligenz zu finden, scheint mühelos zu gelingen. Denn immer häufiger wird der Blick auf intelligente digitale Anwendungen gelenkt (*ChatGPT* steht beispielhaft dafür).

Doch was an Intelligenz künstlich ist, bleibt dennoch zu klären. Den geeigneten Zugang bietet die logische Programmierung und damit die höheren Programmiersprachen, da sie die Möglichkeit schaffen, künstliche Intelligenz abzubilden. Logische Programmiersprachen sind im Gegensatz zu den prozeduralen offen und nicht streng ablauforientiert. In dieser Offenheit der Logik, die Systeme lernen lässt, liegt der wesentlichste Unterschied zur prozeduralen Programmierung. Doch gerade dieses unterscheidende Merkmal birgt das größte Diskussionspotenzial.

Leitfrage

- *Wie ist Lernen und Intelligenz in der Programmierung in Bezug auf das menschliche Lernen und die menschliche Intelligenz abbildbar?*

Programmtechnisch wird Lernen realisiert, indem das System selbsttätig, das heißt ohne Einfluss von Programmierern, die eigenen Algorithmen ergänzt und verändert. Das Aufnehmen, die Verarbeitung und auch die Veränderung/Anpassung/Umwandlung von Daten haben einen noch betonteren prozeduralen Charakter. Die Änderung von Programmierungen, die Abwandlung von Algorithmen oder deren Ergänzung durch neue, vom System selbst erzeugte Rechenvorschriften hat etwas von Intelligenz. Dennoch bleiben zuallererst ein paar Fragen zu beantworten:

Leitfragen

- *Was ist Intelligenz?*
- *Inwieweit sind künstliche und menschliche Intelligenz vergleichbar?*
- *Was sind die Merkmale des Künstlichen?*
- *Was ist Wissen?*
- *Was ist Lernen?*
- *Welche Rolle spielt Lernen bei der Intelligenz?*

In Bezug auf Intelligenz und auf Sprache ist Künstlichkeit dann vorhanden, wenn die Repräsentanz bzw. die Realisierung nicht menschlich ist. Das kann philosophisch betrachtet durchaus als Paradoxon verstanden werden. Denn Programmiersprachen, die vom Wesen her (*sui generis*) künstlich sind, weil sie von Menschen nicht zur Kommunikation miteinander genutzt werden, sind letztlich aber von Menschen entwickelt worden. Somit entspringen sie einer Gedankenwelt, die Menschen eigen ist. Sie dienen als künstliche Sprachen der Kommunikation mit Maschinen. Die Grenzen verschwimmen dort, wo logische/deklarative Programmiersprachen zum Einsatz kommen. Im Grunde genommen kommunizieren innerhalb des Algorithmus die Programmteile miteinander. Das Ergebnis dieser Kommunikation ist offen und nicht von Programmierern vorbestimmt. Künstliche Intelligenz braucht ein Konzept, damit die Anwendung, das Programm intelligent wird. Dahinter steckt wiederum, dass die Intelligenz auf Bedarf trifft, eine Lösung bringt und menschliches Denken ersetzt. Bei Lösungen für die maschinelle Produktion ist dies noch relativ einfach zu erreichen. Dasselbe gilt selbstverständlich ebenfalls für das Auswerten von Daten. Zu diskutieren bliebe, ob in diesen Fällen von künstlicher Intelligenz gesprochen werden kann. Ist zum Beispiel die Rede von *ChatGPT*, kann durchaus ein Zusammenhang zur künstlichen Intelligenz hergestellt werden. Das Programm kommuniziert zwar mit den Anwendern in einer natürlichen Sprache und lernt über diesen Austausch, aber Intelligenz könnte problemlos auf ein höheres Niveau gehoben werden und es könnten beispielsweise noch das Verstehen, das Entscheiden und das Problemlösen als Kriterien gesetzt werden. Zur höheren Ebene gehören gleichermaßen die Intuition, die Emotion und die Imitation. Es wird sich noch zeigen müssen, ob sich solch komplexe Strukturen abbilden lassen. Jedenfalls können die letztgenannten Kriterien zunächst als unterscheidungskritisches Moment aufgefasst werden.

Das Problem/die Aufgabe gibt vor, wie mit dem IT-System kommuniziert wird, welche Mathematik den Lösungsweg beschreiben soll. Wie erwähnt sind es nicht allein die neuronalen Netze, die Systeme lernen lassen. Entscheidungsbäume in komplexer Form oder passende Regressionsmethoden stellen gegebenenfalls das entscheidende Lösungspotenzial bereit.

9.4 ChatGPT – Fragen, Antworten und Lernen

Es geht nicht um künstliche Intelligenz, um dies unmittelbar klarzustellen. Selbstverständlich nehmen die Entwicklungen zur *KI* zunehmend Einfluss auf das betriebliche Managen von Wissen. Doch sollte im Sinne des Operativen und mit Bezug auf die Praxis der Personalentwicklung eher die Rede von intelligentem Wissensmanagement sein, selbst wenn bewährte Methoden der künstlichen Intelligenz zum Einsatz kommen. Mit dem Praxisbezug ist auch schon ein wesentlicher Eckpunkt gesetzt.

Leitfragen

- *Wie kann künstliche Intelligenz beim operativen Wissensmanagement greifen?*
- *Welche vorhandenen Entwicklungen können nutzbringend in der Organisation implementiert werden?*
- *Welcher Aufwand ist damit verbunden und welcher Nutzen wird erwartet?*
- *Rechtfertigt der Mehrwert das Engagement?*
- *Welche Folgekosten sind damit verbunden?*
- *Was ist im Bezug auf den Umgang der Zielgruppe mit neuen Möglichkeiten zu erwarten?*
- *Wie können Mitarbeiter einbezogen werden?*

Den einfachsten, praxisnächsten Zugang zum intelligenten Wissensmanagement bilden Fragen und Antworten. Sowohl die Fragen selbst als auch die Antworten begründen eine Datensammlung, die mit fortschreitender Entwicklung als Basis für einen dialogischen Wissenstransfer genutzt werden kann.

Leitfragen

- *Wie können Informationen verknüpft werden?*
- *Wie können Informationen gefunden werden?*

ChatGPT kann als intelligent betrachtet werden, zumal der Dialog des Programms mit seinem Anwender wie menschliche Kommunikation funktioniert. Es erweist sich im Vergleich mit manchen menschlichen Ratgebern eher als ein *Wise Guy*. Korrektheit und Fehlerfreiheit sind zweifellos keine Kriterien, wenn es an die Bewertung geht, denn von Menschen generierte Antworten und Ratschläge sind gleichfalls nicht ausnahmslos korrekt. Das zeigt, dass sobald Bewertungen angestrebt werden, Subjektivität Raum greift. Denn den objektiven, allgemeingültigen und unantastbaren Vergleichspunkt kann es nicht geben. Objektivität kann aufgrund der Relativität nur eine Annäherung sein. Die Relativität von Bewertungen reicht bis ins Wissen hinein. Es gibt keine letzte Wahrheit, was bedeuten soll, dass Wissen stets in der Situation und in einem spezifischen Kontext und zu einem bestimmten Zeitpunkt seine Bedeutung und seinen Wert hat. Wird Intelligenz in diesem Zusammenhang auf wenige Abstraktionen zurückgeführt, dann gibt es künstliche Intelligenz. Zu diesen Abstraktionen gehören die Fähigkeiten, zu lernen, zu kommunizieren, Wissen zu verarbeiten und Wissen zu generieren. Dazu kommen noch menschenähnliches Verhalten, wie z. B. Verarbeiten/Anpassen, das Reagieren, das Agieren, das Generieren, das Fragen oder das Antworten (also in einer Kommunikation Bezug nehmen). Einzelne Aspekte von Intelligenz sind in einer willkürlichen Zusammenstellung:

- Wahrnehmung, Verarbeitung von Informationen, Lernen, Erinnern, Entscheiden;
- Erkennen, Verstehen, Anwenden/Ausführen, also *EVA*[28];
- Problemlösen und Entscheiden.

Die Schwelle, an der die künstliche Intelligenz an ihre Grenzen stößt, lässt sich bei einigen Formen menschlicher Intelligenz festmachen: z. B. Denkvermögen, Auffassungsgabe, Logik, Urteilsvermögen, Rationalität/Vernunft. Emotionale sowie soziale Intelligenz sind weitere menschliche Fähigkeiten, an denen Maschinen bislang scheitern. Das Leistungsvermögen intelligenter Systeme geht währenddessen auf die grundlegende Gestaltung des Systems zurück. Zu den fundamentalen Aufgaben gehört es, Objekte und Merkmale zu definieren. Bei mehreren Merkmalen können Objekte mit unterschiedlichen Merkmalkombinationen entstehen/vorhanden sein. Darauf aufbauend schaffen dann Trainingsdaten die Voraussetzung dafür, dass Lernen vonstattengehen kann. Künstliche Intelligenz wird durch das Lernen geprägt, es ist sogar notwendig, damit ein System intelligent agiert.

Der Einsatz der künstlichen Intelligenz darf nicht als leichtes Spiel verstanden werden. Wenn *ChatGPT* den Eindruck vermittelt, dass *KI* kostenfrei und mühelos transportierbar sei, dann ist das nur die halbe Wahrheit. Wissenstransfer bleibt spezifisch, genauer gesagt situations- und bedarfsspezifisch. Wer dafür die künstliche Intelligenz und das maschinelle Lernen einsetzen will, der braucht außer einem Konzept einen klaren Blick darauf, was Wissen ist, was Wissen im Unternehmen umfasst und was Mitarbeiter lernen sollen. Zu den Grundlagen gehört nämlich die Zuarbeit bei den konkreten Merkmalen und den Wissensobjekten. Hierzu muss Klarheit bestehen, was Wissensobjekte sind und welche Merkmale (im Hinblick auf das maschinelle Lernen) das zu transferierende Wissen hat (siehe Abb. 45). Damit wird nochmals explizit wiederholt, wie wichtig die Klärung dessen ist, was *KI* in der Praxis des Arbeitsalltags leisten soll. Diese Klarheit ermöglicht es, Wissensobjekte zu definieren und Merkmale des Wissens zu konkretisieren.

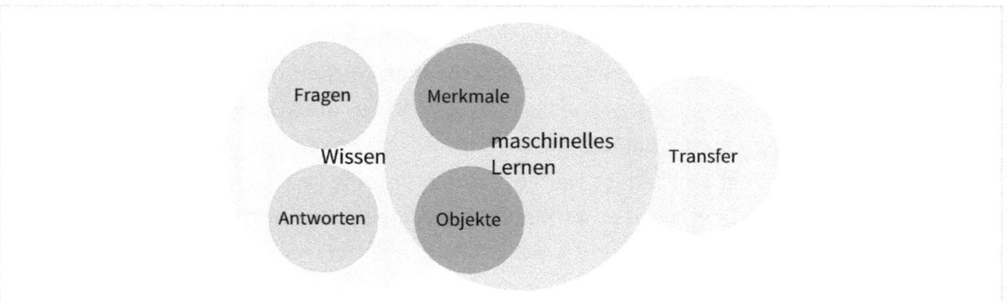

Abb. 45: Wissenstransfer – künstlich und intelligent

28 Siehe dazu Werner Bünnagel (2020) *Mitarbeiter als Change Agents Dynamik im Unternehmen neu denken, Strategie und Führung neu ausrichten*, Wiesbaden: Springer Gabler, S. 155 f.; Werner Bünnagel/Alwine Pfefferle (2023): *Praxisleitfaden ührungskompetenz. Professionelle Führung mit System*, Stuttgart: Schäffer-Poeschel, S. 18 u. S. 30.; Werner Bünnagel/Beata Teresa Tarnowska (2023): *Innovative Teamarbeit. Wie Teambildung und Teamentwicklung in Zeiten von New Work gelingen können*, Freiburg: Haufe, im Abschnitt »Erfahrungen machen – Erfahrungen anwenden«, S. 220 f.

Künstliche Intelligenz steht in einer engen Beziehung zum maschinellen Lernen (Maschinenlernen), denn ein wesentlicher Bestandteil der Intelligenz ist das Lernen und damit die Lernfähigkeit eines Systems. Lernen ist in der Programmierung eher eine *Blackbox*, zumindest wenn es über neuronale Netze stattfindet, weil kein Algorithmus einen definiten Ablauf vorgibt. Es gibt keine dezidierte Rechenvorschrift, die genau zu jedem Zeitpunkt nachverfolgen lässt, was das System gerade macht. Maschinelles Lernen[29] ist dabei, sich explosionsartig auszubreiten. Die Herausforderung wird sein, die Technologie und die Praxis zusammenzubringen. Die besten Algorithmen sowie die komplexesten neuronalen Netze werden letztlich nicht helfen können, wenn der Zusammenhang mit der Praxis nicht hergestellt wird.

9.5 Personalentwicklung und maschinelles Lernen

Mitarbeiter müssen selbst lernen, das kann ihnen keine Maschine abnehmen. Aber mithilfe des maschinellen Lernens kann die individuelle Weiterbildung bedarfsspezifischer und angemessener werden. Angemessenheit ist dabei weniger eine Qualität, sondern die Zusammenfassung von Situation, Bedarf, Aufwand, Nutzen und Mehrwert. Auf dieser Grundlage schaffen Entwickler eine betriebliche Lernwelt, die adäquate Lernlösungen für die Mitarbeiter bereitstellt. Intelligente Systeme verknüpfen dabei das Lernen der Mitarbeiter mit dem maschinellen Lernen. Zum einen können die Lerner von der künstlichen Intelligenz der Systeme profitieren, indem sie mit diesen Systemen lernen (siehe *ChatGPT* mit Fragen und Antworten), zum anderen kann über ein selbstlernendes System die Wissensvernetzung ausgebaut und der Wissenstransfer gefördert werden. Wissensnetze, Wissensvernetzung und maschinelles Lernen sind aber zunächst nicht mehr als Schlagworte. Lebendig werden solche Systeme erst mit der Konkretisierung. Sei es eine Wissensbasis, die aufgebaut werden muss, oder seien es die Algorithmen zum maschinellen Lernen – all das muss entwickelt und in Passung gebracht werden. Das wiederum beginnt damit, Objekte und Attribute zu definieren. Zuallererst müssen die Erwartungen, die sich aus übergeordneten Zielen ableiten, mit den Anforderungen aus den Situationen und dem Bedarf des Lerners abgeglichen werden. Daraufhin können Wissensobjekte definiert und ihnen konkrete Attribute zugeordnet werden – der erste Schritt zur künstlichen Intelligenz. Mit diesem Rüstzeug kann man an die Befüllung der Wissensbasis gehen. Was hier stark abstrahiert und simplifiziert dargelegt worden ist, verlangt durchaus eine komplexe Projektierung. Dennoch hilft es, sich am Anfang darüber im Klaren zu sein, was zum Beispiel notwendiges oder zukünftiges Wissen ist, welche Form und welche Inhalte dies hat, wie die Mitarbeiter damit umgehen, wo und wie es kodifiziert ist, wie es sich systematisieren lässt und wie es in einen Vermittlungsprozess integriert werden kann.

---

29 Maschinelles Lernen stellt zwar das Lernen in den Mittelpunkt, aber es ist nicht der psychologische Prozess, der den Erkenntnisweg beschreibt. Vielmehr sind es rein mathematische Operationen, die das maschinelle Lernen bestimmen. Wie stark und wie weit sich dieses Lernen vom herkömmlichen Verständnis von Lernen unterscheidet, kann zum Beispiel nachgelesen werden bei Paul Wilmott (2020): *Grundkurs: Machine Learning (Übersetzung aus dem Englischen: Machine Learning. An Applied Mathematics Introduction)*, Bonn: Rheinwerk.

Lernen über Fragen und Antworten ist ein Weg des Wissenstransfers. Das bedeutet auch zu verstehen, dass Lernbedarf durch Fragen sichtbar wird und dass Lernen mithilfe der Antworten stattfindet. Werden auf offene Fragen die passenden Inhalte zum Lernen angeboten, ist eine Verbindungslinie gefunden. Was im Kollegengespräch noch informell vonstattengeht, muss im Austausch mit einer Maschine eine Formalisierung erfahren. Die Umsetzung des Dialogs ist zudem komplexer als das Kollegengespräch. Die Maschine muss Sprache verstehen und eine Sprachausgabe generieren. Das erfordert die passenden Algorithmen und in dieser Verkettung zum ersten Mal den Einsatz des maschinellen Lernens. Sprache ist lebendig, verändert sich und Dialoge haben etwas Lebendiges, wenn sie nicht durch starre Textbausteine eingeschränkt werden. Das maschinelle Lernen geht aber noch weiter, denn aus den Dialogen filtert die Maschine (neues) Wissen, das in die Datenbasis integriert wird, sodass es für künftige Dialoge zur Verfügung steht. Das Gewichten von Wissen etwa bei einer Wissensanfrage muss adäquat sein, damit eine zuverlässige Antwort zugeordnet werden kann. Neuronale Netze können dabei genauso wie Entscheidungsbäume von Nutzen sein. Die Präferenz bestimmter Methoden wird u.a. durch die Wissensobjekte, deren Merkmale und den Wissensbedarf vorgegeben. Diese Komplexität muss nicht auf einmal bewältigt und aufgelöst werden. In der Praxis wird es ganz im Sinne einer sukzessiven Approximation (*Shaping*)[30] Schritt für Schritt aufs Lernziel zugehen. Zu Anfang kann das IT-gestützte Lernen über beschränkte Inventare von Fragen und Antworten sowie über den menschlichen Eingriff in den Ablauf angestoßen werden.

Ähnliches wie für das *Shaping* gilt für die Vollständigkeit. Kann Vollständigkeit in der Systematisierung nicht erreicht werden, so bieten die Eckpunkte ausreichend Gelegenheit, operativ zu werden, indem einzelne Schritte vollzogen werden (siehe dazu Abb. 46). Es beginnt mit den Zielsetzungen der Personal- sowie Wissensentwicklung im Unternehmen/in der Organisation. Ist das Wissen erst einmal konkretisiert und antizipiert, lassen sich die Wissensobjekte einfacher definieren. Das muss weder wissenschaftlich noch empirisch sein, sondern praxisorientiert. Ein solches Wissensobjekt kann einfach eine Arbeitstechnik sein, die sich bei genauer Betrachtung mit besonderen Attributen konkretisieren lässt. Das Managen beginnt dann mit der Bestimmung der Lerninhalte, der Identifikation der Wissensträger, der individuellen Förderung von Mitarbeitern mit den dazugehörigen Programmen. Lerninhalt, Lernmethode und Lerner müssen dann nur noch in Passung gebracht werden. Die Technologie sorgt für die Vernetzung – sowohl von Daten als auch von Mitarbeitern, denn moderne Lernwelten sind nicht rein informationstechnologischer Natur. Die Dynamik entsteht durch das Lernen, weil dadurch Veränderung stattfindet. Sie wird durch den Ausbau der Wissensbasis, in die auch die Lerner ihr Wissen einfließen lassen, und durch das Selbstlernen, das wiederum vom Lerner bis zur Maschine reicht, vorangetrieben.

30 Siehe unter der Vielzahl von Publikationen zum Lernen, die u.a. das *Shaping* (die sukzessive Approximation) behandeln Beate Schuster (2017): *Pädagogische Psychologie. Lernen, Motivation und Umgang mit Auffälligkeiten*, Berlin/Heidelberg: Springer, S. 11 u. S. 33, oder mit zum Bezug zur Programmierung siehe Manfred Schäl (1990): *Markoffsche Entscheidungsprozesse*, Stuttgart: Teubner. Das schrittweise Vorgehen, also ein iteratives Verfahren, entspringt keiner besonderen Beobachtung, es hat eher etwas mit Vernunft zu tun, sich in kleinen Schritten statt mit großen Sprüngen einem Ziel zu nähern. Die Entscheidungsbäume, die dieses schrittweise Vorgehen zudem veranschaulichen, haben es sogar bis ins maschinelle Lernen hineingeschafft, siehe dazu auch Paul Wilmott (2020): *Grundkurs Machine Learning*, Bonn: Rheinwerk, Kap. 9 »Entscheidungsbäume«, S. 151–172.

Die lernende Maschine begründet die Umsetzung von künstlicher Intelligenz in der Personalentwicklung und sie wird zum zentralen Akteur in der Wissensvernetzung.

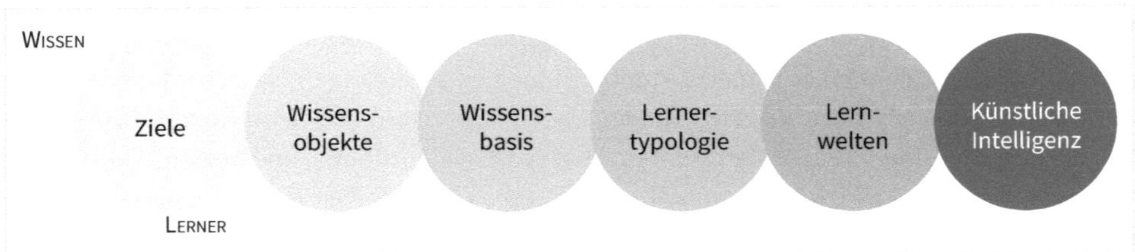

Abb. 46: Von der Systematisierung zur Bewegung

Wie am Anfang dieses Abschnitts erwähnt, gehört zu den ersten Orientierungspunkten beim Erstellen von Verbindungslinien zwischen menschlicher und künstlicher Intelligenz die Analyse. Lernen braucht Systematisierung, wenn Lernen wirtschaftlich sein soll. Lernen braucht aber keine Formalisierung, weil das eher die Motivation beeinträchtigen kann und ohne Anreize das Lernen nicht funktionieren wird. Über die Zusammenstellung der Inhalte, die Darbietung der Lerninhalte, die Lernkontrolle, die Anwendung und die Anwendungsmöglichkeiten wird der Weg über den Aufwand zum Nutzen gefunden. Zum Schluss entscheidet der Mehrwert, ob die Kalkulation von Aufwand und Nutzen sachbezogen und sachgemäß war. Die künstliche Intelligenz darf nicht isoliert betrachtet und betrieben werden. Solange das Künstliche nicht alles allein regelt, haben Mitarbeiter ihre Bedeutung und ihre Funktion in einem System. *KI* ist integriert in eine neue Form der Unternehmensführung, die dann bis in die Mitarbeiterführung hineinreicht. Der Umgang mit *KI* kann nicht vorgeschrieben und verordnet werden, stattdessen müssen Führungskräfte und Mitarbeiter daran herangeführt werden. Dieses neue Führungsmodell beinhaltet das Aufnehmen und Weitergeben von Impulsen. Mittels eines impulserzeugendenden (*Stimulus Communicating/Advice Generating*)[31] Coachings können Coaches die Führungskräfte und diese wiederum ihre Mitarbeiter in dialogischer Form an neue Arbeitsmedien und -methoden sowie an *New Work* heranführen. Die Personalentwicklung muss demnach zuerst *New Work* und Führung in dynamischen Teams thematisieren, bevor dann die Mitarbeiter das neue Lernen für sich entdecken.

Zu den Standardanforderungen, die noch nichts mit künstlicher Intelligenz zu tun haben, gehören die Übersichtlichkeit im Bezug auf Lerninhalte, Qualifikation, Weiterentwicklung sowie Lernfortschritt. Der Lernprozess selbst sorgt im Hintergrund dafür, dass die Datenbasis kontinuierlich ausgebaut wird, denn schließlich kommen neben neuen Anforderungen ebenfalls neue Lerninhalte dazu. Daher müssen Möglichkeiten gesucht werden, die Datenbasis um den Wissenstransfer zwischen den Mitarbeitern zu erweitern. In der Verknüpfung von Lernen und

31 Es handelt sich hierbei um eine Wortneuschöpfung, die verstärkt darauf hinweist, dass Impulse die Ratschläge abgelöst haben und dass es in dem Verhältnis von Coach zu Führungskraft sowie von der Führung zu den Mitarbeitern keine Asymmetrie mehr gibt. Kooperatives Miteinander und kollegiales Führen bestimmen den neuen Rahmen der Zusammenarbeit.

dem Transfer des eigenen Wissens steckt das Potenzial, den Wissensauf- wie -ausbau merklich voranzutreiben. Fragen und Antworten gelten dabei als eines der mächtigsten Lern- und Lehrwerkzeuge. Die Fragen zeigen die Wissenslücken auf, die Antworten füllen das Wissen auf und können gleichzeitig im Falle neuen Wissens die Datenbasis erweitern.

9.6 Und dann noch die Mitarbeiter – Pflichten und Rechte der Mitarbeiter

Veränderungen schaffen Bewegung und am Ende entsteht Wandel, so die oberflächliche Betrachtung. In Organisationen wie Unternehmen baut dies außer auf Technologie im gleichen Maße auf Mitarbeiter auf. Deren Psychologie wird hier beiseitegelassen, obschon Identifikation und Motivation beim Lernen und damit bei der Veränderung eine große Rolle spielen. Jedenfalls müssen Mitarbeiter sich fortwährend auf Neues einstellen und sich daran anpassen – und das erfordert eben Lernen. Eine intelligente IT kann ihnen dabei helfen, indem sie, außer die Arbeitswelt zu prägen, neue Lernwelten schafft, die Anpassung und Flexibilisierung erleichtern.

Eine moderne, zukunftsgerichtete Führung sorgt dafür, dass Mitarbeitern Bedeutung und Notwendigkeit von Lernen bewusst werden. Dadurch verstehen sie, dass die persönliche Weiterentwicklung eine Verpflichtung darstellt. Mit dem Bewusstsein für eine sich verändernde Arbeitswelt und der Selbstverpflichtung zur Flexibilisierung wächst zudem das Interesse daran, Veränderungen selbst anzustoßen. Der Arbeitsalltag liefert trotz vermeintlicher Eintönigkeit ständig Gelegenheiten zur Optimierung. In der Dynamik des Wandels sind die Mitarbeiter indes nicht schutzlos der (digitalen) Transformation ausgeliefert. Trotz aller Verpflichtungen haben sie genauso Rechte. Arbeitsrechtliche Aspekte im Kontext der digitalen Transformation sind allerdings eher ein juristisches Thema, weshalb hier lediglich auf die Tragweite der künstlichen Intelligenz in einer sich verändernden Arbeitswelt hingewiesen werden soll.

Künstliche Intelligenz lässt manche ins Schwärmen geraten, und wenn dann noch die Einsparpotenziale ins Blickfeld rücken, kann es passieren, dass die Mitarbeiter in den Hintergrund rücken. Sie dürfen jedoch bei all dem nicht vergessen werden, denn ohne Mitarbeiter funktioniert die Wertschöpfung nicht. Es ist von entscheidender Bedeutung, die Mitarbeiter aktiv in den Prozess einzubeziehen, anstatt ihnen digitale Veränderungen einfach aufzuzwingen. Anforderungen müssen transparent und Veränderungen nachvollziehbar sein, sodass Kompetenzlücken aufgearbeitet werden. Digitale Transformation und *New Work* haben die Arbeitswelt nachhaltig verändert. Dies darf nicht genutzt werden, um Mitarbeiter auszusortieren. Die Rechte der Arbeitnehmer zählen in der Ära von *New Work* in gleichem Umfang wie zuvor. Künstliche Intelligenz sollte weder dazu dienen, Mitarbeiter überflüssig zu machen, noch darf sie irgendwelche Daten sammeln und zusammenstellen, die Mitarbeiter ohne deren Wissen bewerten. Solche arbeitsrechtliche Aspekte mögen als marginal gewertet werden, da die Dynamik, der Wandel und die Notwendigkeit zur Veränderung stets im Sinne der Wettbewerbsfähigkeit angemahnt werden. Deshalb ist es umso wichtiger, Arbeitsplatz, Mitarbeiter und Technologie zu harmonisieren, was bedeutet, dass alle drei Faktoren beim Wandel berücksichtigt und eingebunden werden.

Lebenslanges Lernen war und bleibt ein Zukunftskonzept, nicht zuletzt aufgrund der zunehmenden Entwicklungsdynamik. Lernen darf nicht auf formalisierten Unterricht reduziert werden. Insbesondere selbstorganisiertes Lernen ist ein Lernformat, das bei hoher Dynamik im Unternehmen und steten Veränderungen unumgänglich scheint. Lerner müssen demnach lernen bzw. daran herangeführt werden, ihr Lernen selbst zu organisieren. Die formalisierte Weiterbildung muss zu Bedarf und Situation passen. Selbstorganisation ist – wie auch lebenslanges Lernen – nichts Neues. Wer *New Work* als ein neues Arbeitsformat betrachtet, der könnte in gleicher Weise von *New Learning* sprechen. Die Personalentwicklung muss in Zeiten der mobilen Arbeit erst recht beim betrieblichen Lernen auf neue Wege geführt werden. Ähnlich wie an die mobile Arbeit müssen Mitarbeiter an ein selbstbestimmtes Lernen herangeführt werden. Das darf keinem reinen Delegieren von Verantwortung gleichkommen, die Mitarbeiter brauchen in diesem Prozess Unterstützung und sie müssen in einem fortschreitenden Dialog zu den individuellen Entwicklungszielen an die entsprechenden Lerninhalte herangeführt werden.

Gute digitale Lernwelten helfen dabei, sie können und müssen sich von vorhandenen Entwicklungsangeboten unterscheiden. Sie müssen interaktiv sein, indem sie dem Lerner nicht nur Inhalte bereitstellen, sondern auch personalisierte Lernvorschläge und -hinweise bieten. Das setzt wiederum voraus, dass das digitale System der Weiterbildung ein zuverlässiges, situationsbezogenes und am Bedarf orientiertes Profil der einzelnen Lerner ermittelt. Intelligenz hat auch Praktisches: Sie zeigt sich im Weitergehen und der Fähigkeit, nicht in der Aufgabe, im Problem, in Vorbehalten stecken zu bleiben. Zunächst gilt es, Zusammenhänge herzustellen, denn zu Wissen gehört das Lernen und zur künstlichen Intelligenz das maschinelle Lernen. Im nächsten Schritt bleibt zu überlegen, wie beides sinnvoll miteinander verknüpft werden kann. Heutzutage ist nicht die Frage, ob man etwas lernen kann, und im Sinne der Wirtschaftlichkeit interessiert weniger, wie man etwas lernen kann. Vielmehr stellt sich die Frage, wie schnell man etwas lernen kann.

10 Von der Quantifizierung zum operativen Handeln

Das Digitale und das Virtuelle haben neue Welten eröffnet und das hat eine solche Dynamik nach sich gezogen, dass der Teamalltag nicht mehr ohne *Change* auskommt. Damit jedoch *Change* sinnvoll ist, muss sichergestellt sein, dass der mit dem Wandel verbundene Aufwand einen Nutzen hat, der Veränderungen einen Mehrwert verleiht. Die Bilanzierung des Mehrwerts kann als ein spezieller Aspekt der Quantifizierung betrachtet werden, jedoch steht sie eng im Zusammenhang mit der Leistungsbewertung, denn beiden Prozessen liegt zugrunde, dass der Aufwand in Relation zum Ergebnis zu setzen und die Gültigkeit des Ergebnisses sicherzustellen ist. Das heißt im Besonderen, die Fragen danach zu stellen, ob und welche Fakten vorliegen, ob das Handeln einem tatsächlichen Bedarf entspringt, inwieweit sich eine Leistung messen lässt und welchen Einfluss die Leistung als Teil auf das Ganze hat. Die kritische Distanz ist ein hilfreiches Instrument, um von den bloßen Fakten zu den tatsächlichen Gegebenheiten vorzudringen. Auf diese Weise kann eine gründliche Analyse stattfinden, um Quantifizierung und Leistung in eine valide Relation zu bringen.

Mit der Konzentration auf das Operative und die Leistung wird das Quantifizieren entzaubert. Es findet eine Reduktion auf das Wesentliche statt, der Blick wird auf die Leistung gerichtet und die Herausforderung besteht darin, einen Weg zur ihrer Berechenbarkeit und Bewertung zu finden (siehe Abb. 47). Es kann hilfreich sein, über eine solche Simplifizierung zum Kern des Quantifizierens vorzustoßen. Gleichzeitig führt die Eingrenzung auf Leistung und Leistungsbewertung vor Augen, wo das Messverfahren gefunden werden muss. Denn es kann nicht dienlich sein, einfach irgendwelche von außen bestimmte Kennzahlen auf die Leistung anzuwenden. Stattdessen können diejenigen, die unmittelbar mit der Leistung zu tun haben, zuverlässig definieren, was eine Leistung ist, was sie ausmacht und wie sie sich bemessen lässt. Das sind in der Regel die Mitarbeiter, die an der Leistung beteiligt sind, und die Verantwortlichen, die die Leistungsbewertung vornehmen sollen. Sich auf die Leistung sowie die Leistungsbewertung zu konzentrieren und an der Leistungsbasis das Messverfahren anzusiedeln, ist der einfache, zielführende Weg zum Leistungsergebnis und damit die praktische Umsetzung von Quantifizierung. Manchmal ist es hilfreich, den Blick auf das Konkrete zu richten und zugleich auf Erfahrung und Intuition zurückzugreifen, statt dass mit zu viel Komplexität und Wissenschaftlichkeit das Blickfeld verstellt wird.

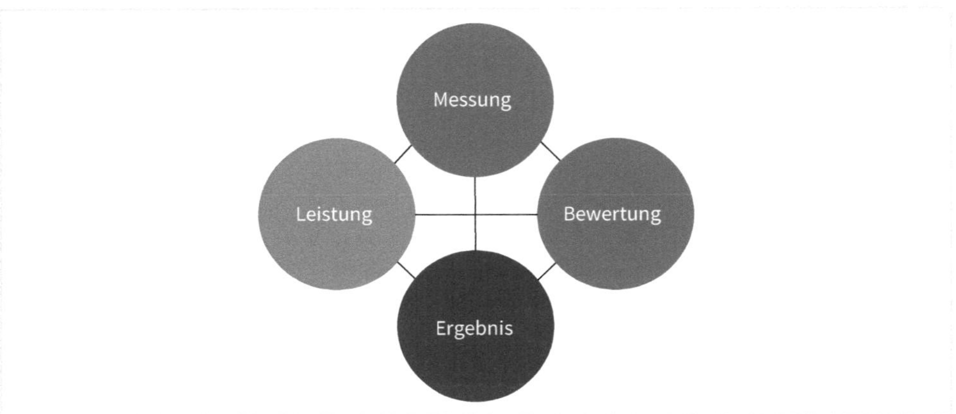

Abb. 47: Leistung bis Leistungsbewertung

Sowohl die Leistungserbringung als auch die Umsetzung von Veränderungen basiert auf der Erfüllung eines echten Bedarfs. Wird also eine Leistung von Mitarbeitern gefordert, muss klar sein, was sie bewirken soll und welchen konkreten Bezug zum Prozess- resp. Unternehmenserfolg sie hat. Dass die Messung das misst, was sie messen soll, ist keine empirische Norm, sondern eine allgemeingültige Forderung. Jedenfalls wird einem Handeln eine messbare Einheit zugeordnet, die Aufschluss darüber gibt, in welchem Maße eine Leistung erbracht worden ist. Führungskräfte können im Rahmen ihres Kompetenzspektrums Leistung bemessen. Sie sorgen dafür, dass die Mitarbeiter das *Procedere* nachvollziehen können und dass kein Misstrauen gegenüber der notwendigen Leistungsmessung entsteht. Sie schaffen ein transparentes und nachvollziehbares Bewertungssystem.

Festzuhalten bleibt:

... beim Quantifizieren im Team steht die Leistungsbewertung an erster Stelle. Als Nächstes muss die geeignete Methode zur Messung gefunden werden.

10.1 Von Misstrauen bis Controlling

Misstrauen und Controlling sind sorgsam voneinander zu trennen. Gelassenheit hilft dabei, Vertrauen aufzubauen und Vertrauen zu schenken. Das nicht selten anzutreffende Misstrauen steht einer funktionierenden Kooperation im Wege. Fehlendes Vertrauen steht dann einem lückenlosen Controllingsystem gegenüber. Das *Controllen* als notwendiger Bestandteil des Quantifizierens ist damit nicht gemeint. Es bedarf dieses Feingefühls, die Grenzen zum Misstrauen zu erkennen. Mit Ruhe und Besonnenheit an die täglichen Herausforderungen heranzugehen, ist eine Art der Gelassenheit, die sich auf die Stimmung im Team überträgt und sich damit in der Folge auf die Leistungsbereitschaft auswirkt.

Misstrauen ist verbreiteter, als angenommen wird. Es ist fast eine kulturbedingte Haltung, die sich über ganz verschiedene Kulturen spannt. Nun ist Kooperation im Team keine reine Kulturarbeit, sondern erfordert auch einen klaren Ablauf. Dennoch darf der emotionale Aspekt der Zusammenarbeit nicht vernachlässigt werden. Ein weiterer wichtiger Aspekt ist die positive Einstellung, da sie sich auf andere Teammitglieder übertragen kann. Es ist nachvollziehbar, dass mit einer pessimistischen Einschätzung dargelegten Herausforderungen scheitern müssen, weil am Ende keiner an das Gelingen glaubt und alle nur mit angezogener Handbremse Fahrt aufnehmen. Dagegen kann eine positive Grundhaltung eine Menge Energie freisetzen. Letztlich ist es der Wille, der außer Berge zu versetzen, auch Erfolge ins Ziel trägt. Das psychologische Moment wird an kaum einer anderen Stelle derart spürbar, es muss deswegen in jedem Planungshorizont seinen festen Platz finden.

Entwicklungen kommen nicht gleichförmig daher, Phasen wechseln sich ab uns so entstehen immerzu neue Herausforderungen. Teambildung sowie Teamentwicklung kann aus diesem Grunde keinen Standard haben. Es gibt gewisse Standardmaßnahmen oder Kernkompetenzen, die als allgemeingültig aufgefasst werden, jedoch bestimmen die Situation und der Bedarf die Ausprägung. Die Ziele mit den konkreten Operationalisierungen tun ein Weiteres dazu, dass sich die Bausteine zur Teambildung wie -entwicklung in der Ausgestaltung verändern. Zielsetzungen sind allgegenwärtig und sind im Grunde genommen zugleich eine Art Bauplan. Das Operationalisieren kann daher als eine übergreifende Kernkompetenz der Teamführung verstanden werden. Sie versteht es, die Teammitglieder gemäß der der Vorgaben und der anstehenden Aktivitäten zum richtigen Handeln hinzuführen. Sie erkennt den konkreten Bedarf und übersetzt die Anforderungen. Die Übersetzungen zielen dann zum einen auf die geeigneten Maßnahmen sowie Schritte zur Zielerreichung, zum anderen auf die Teammitarbeiter, die in ähnlicher Weise die Operationalisierungen verstehen müssen. So kann im Gleichschritt die Zielerreichung ins Visier genommen werden. Dies alles verdeutlicht ein weiteres Mal, wie wegweisend die Kommunikation für Kooperation und Arbeitsorganisation ist.

Hybride Formate der Arbeit haben sich längst etabliert, nachdem sie mancherorts nahezu bekämpft wurden. Ein Faktor war bei aller Abwehr das Misstrauen, das immer wieder dazu geführt hat, dass Entwicklungen blockiert wurden. Dagegen ist es gerade das Vertrauen, das für so viel Bewegung sorgt. Das Misstrauen war in der Vergangenheit wohl meist durch den Mangel an Quantifizierungsmöglichen bedingt und gewiss durch den Mangel an Sachkenntnis zur mobilen Arbeit begründet. Die mangelnde Erfahrung und zum Teil der Unwille, sich mit neuen Formaten auseinanderzusetzen, haben eine Starre erzeugt, die eine Zeit lang den Durchbruch hin zur mobilen Arbeit verhinderten. Dabei hatte sich mobiles Arbeiten schon längst in den Organisationsstrukturen einen festen Platz erobert, wenn auch unmerklich. Immerhin sind Laptops als Sinnbild der Mobilität schon länger auf dem Markt und Internet überall verfügbar. Vernetzung wird also auf diesem Wege aktiv ausgebaut. Mittlerweile haben äußere Einflüsse (z.B. durch Pandemien) für eine beachtliche Beschleunigung der Entwicklungen gesorgt. Was sich noch nicht richtig etabliert hat, sind die Organisation und Steuerung der mobilen Arbeit. Es gibt zwar meist einen Rahmen, der Struktur vermuten lässt, dennoch bleiben ein paar

Feinarbeiten, bevor von wirkungsvollen und adäquaten Arbeitsformaten die Rede sein kann. Die Arbeitsorganisation durchläuft im Hinblick auf die virtuelle Arbeitswelt in gewisser Weise einen Paradigmenwechsel, der in vielerlei Hinsicht ein Umdenken erforderlich macht.

Virtualisierung wird aktuell oft nicht aus dem Bedarf heraus vorangetrieben, es sind vielmehr die technologischen Entwicklungen, die die Integration des Virtuellen sozusagen einzufordern scheinen. Die Technologie bestimmt demnach die Prozesse. Das kann zu Optimierungen führen, birgt jedoch die Gefahr, dass die Situation und der Bedarf in den Hintergrund gedrängt werden. Doch im Grunde genommen interessiert es weniger, was welche Entwicklung vorangebracht hat, was zuerst da war und was den Impuls zur Veränderung gegeben hat. Weit wichtiger ist, wie die Entwicklungen das Arbeitsumfeld verändern, welche Folgeentwicklungen anzustoßen und wie Fehlentwicklungen zu vermeiden sind. Oft ist es nicht eine Entwicklung allein, die die alltägliche Arbeit verändert, häufig werden Entwicklungen in Gang gebracht, die wiederum Folgeentwicklungen initiieren. Solche Veränderungen sind am augenfälligsten dort, wo der Einsatz von Computer-Anwendungen die Arbeitsplätze verändert hat. Die Etablierung der *E-Mail* hat nicht allein den Informationsfluss beschleunigt, die Kommunikation im Team hat ein ganz neues Format bekommen, das wiederum seine eigenen Anforderungen und Gesetzmäßigkeiten zutage gefördert hat. Die hybriden Formate haben sich längst etabliert, sodass die Vorteile gewinnbringend genutzt werden. Der Umgang mit den Formaten bedarf dagegen mancherorts der Professionalisierung.

Alle Beteiligten müssen lernen, mit den hybriden Formaten umzugehen. Es kann weder zur Teamarbeit noch zur Teamführung eine universelle Handreichung geben. Die Situationen sind zu unterschiedlich und die Teammitglieder bringen alle ihren eigenen Charakter mit – Charaktere sind so vielfältig wie die Situationen. Da Veränderung mit Lernen zu tun hat, muss die Unterschiedlichkeit ihren Niederschlag im Lernen und in den Lernangeboten im Besonderen finden. Kommunikation und Teamgeist sind feste Größen, die irgendwie auf neue Formen der Zusammenarbeit angewendet werden müssen. Da es dazu aber keine universelle Methode gibt, achten Führungskräfte darauf, dass Kommunikation in den neuen Formaten lebendig bleibt und dass Mitarbeiter Verbundenheit spüren können. Dazu begleiten die Teamleiter die Veränderungen, sorgen für den Erhalt der Teamkommunikation und passen diese an die neuen Rahmenbedingungen an.

10.2 Bewertungssysteme in Zeiten von New Work

Birgt auch die Vereinfachung die Gefahr für Missverständnisse, so lässt sich ganz einfach zusammenfassen: optional denken und zielgerichtet handeln (siehe Abb. 48). Den sachbezogenen, angemessenen Weg kann man nur finden, wenn Muster verlassen werden, die Perspektive gewechselt wird und Möglichkeiten sondiert werden. Das ist der erste Schritt hin zum Weiterdenken und der Grundstein für Innovationen. Das kann spontan geschehen oder formal organisiert sein. In der traditionellen Arbeitswelt ergab sich das Spontane aus dem persönlichen, räumlichen Kontakt und der Gelegenheit zu ungeplanten Brainstormings (auch Flurgespräche genannt). Auf der anderen Seite konnten dies eingeübte Ideenrunden oder andere erprobte Konzepte sein, die sich aus dem ständigen Austausch und Miteinander ergaben. Was in der Virtualisierung noch oft fehlt, das ist das Erprobte.

Leitfragen

- *Wie sollen die vertrauten Ideenrunden in die virtuelle Welt übertragen werden?*
- *Wie kann das vorhandene Potenzial transformiert werden, wenn das Erprobte wegfällt?*
- *Wie können Teammitarbeiter im virtuellen Raum zum Austausch zusammenkommen?*
- *Wie können die Flurgespräche in die neue Arbeitswelt übertragen werden?*

New Work fordert eine Blickfelderweiterung, denn Arbeit muss neu bewertet werden – nicht hinsichtlich der Leistung, sondern bezüglich der neuen Formate, der Veränderungsmöglichkeiten und der Kommunikation im Team.

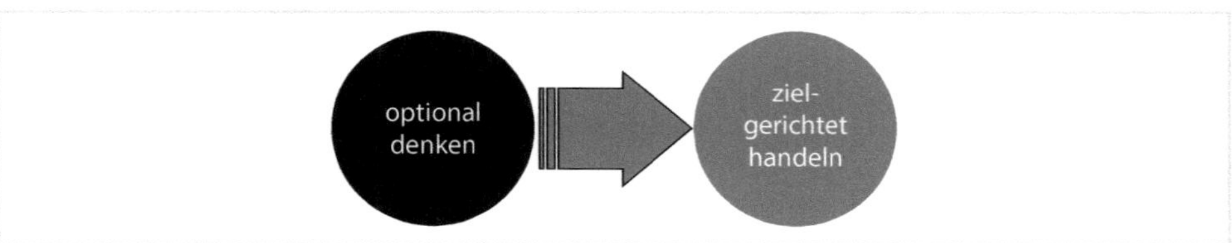

Abb. 48: Optional denken – zielgerichtet handeln

Es ergibt sich eine vorrangige Konsequenz aus dem Übergang zu *New Work*, nämlich die Notwendigkeit, Bewertungssysteme neu zu gestalten. Es hat sich zu viel verändert, als dass z.B. Leistung wie gewohnt bewertet werden könnte. Außer Leistung hat sich die Kommunikation so sehr verändert, dass überprüft werden muss, wie sich deren Funktionieren bewerten lässt. *New Work* wird sich erst etablieren und nachhaltig wirken, wenn das Bewerten von Leistung im Wertschöpfungsprozess zum Kern des neuen Arbeitsformats gehört.

Festzuhalten bleibt:

… New Work setzt neue Maßstäbe für Kommunikation, Kooperation und Leistung, sodass Bewertungssysteme neu zu justieren sind.

10.2.1 Führen nach Zielen – nicht ohne Mitarbeiter

Führen nach Zielen wird als eine der zentralen Herausforderungen moderner Personalwirtschaft verstanden. Quantifizierung mag diesbezüglich als Konsequenz einer erfolgsorientierten Unternehmensführung verstanden werden, doch an dieser Stelle muss angemahnt werden, die Mitarbeiter nicht aus den Augen zu verlieren. Alles Moderne, Erfolg, Leistung und nicht zuletzt Unternehmenszukunft gehen nicht zuletzt auf die Mitarbeiter zurück. Deshalb müssen bei jeglicher Quantifizierung, mag sie mathematisch wie betriebswirtschaftlich noch so überzeugend sein, die Mitarbeiter als ein wichtiger Bezugspunkt gesetzt sein. Dies darf nicht auf deren konkretes Leistungsergebnis begrenzt sein. Die Mitarbeiter sind im betriebswirtschaftlichen Kontext ein Ganzes, dass sich u. a. aus Kompetenz, Performanz, Wissen, Motivation, Leistung und Leistungspotenzial zusammensetzt (siehe Abb. 49). Demnach werden im Rahmen der Quantifizierung nicht einfach Ziele ausgegeben und überprüft, sondern derartige betriebswirtschaftliche Modellierungen beziehen Mitarbeiter ein, legen statt eines eindimensionalen Modells eine bilaterale Beziehung zugrunde, in der die Mitarbeiter einbezogen sind.

Abb. 49: Mitarbeiter als Ganzes

Festzuhalten bleibt:

... Ziele und Zielsetzung sind nichts, was von oben einfach so verordnet wird, sie müssen aufs Team angepasst sein und mit dem Team vereinbart werden.

10.2.2 Leistung – alles ganz einfach

Im Prinzip reicht es, über Anforderungen zu reden, sich in Bezug auf die erwarteten Leistungen zu verständigen und die Leistungserwartung zu konkretisieren. Woran es dann mangelt, dass dieses harmonische Dreieck nicht durchgängig wirkt (siehe Abb. 50), kann vielfältige Gründe haben. Die werden im Einzelnen noch darzulegen sein, damit aus der Erkenntnis heraus mit dem Verständnis für die Zusammenhänge Leistungsziele erreicht werden. Leistung ist aber auch ein kritisches Thema, weil zum einen durchaus häufig unterschiedliche Auffassungen zur Bewertung einer Leistung anzutreffen sind und zum anderen oft die Erfahrung fehlt, wie zuverlässig eine Leistung bewertet werden kann. Selbst der Begriff Leistung kann schon eine Kontroverse auslösen. Was die Objektivierung betrifft, sind Führungskräfte im Verbund mit den Mitarbeitern darüber hinaus herausgefordert, zuverlässig zu bestimmen, was tatsächlich als Leistung ein erwartetes Ergebnis bestimmt.

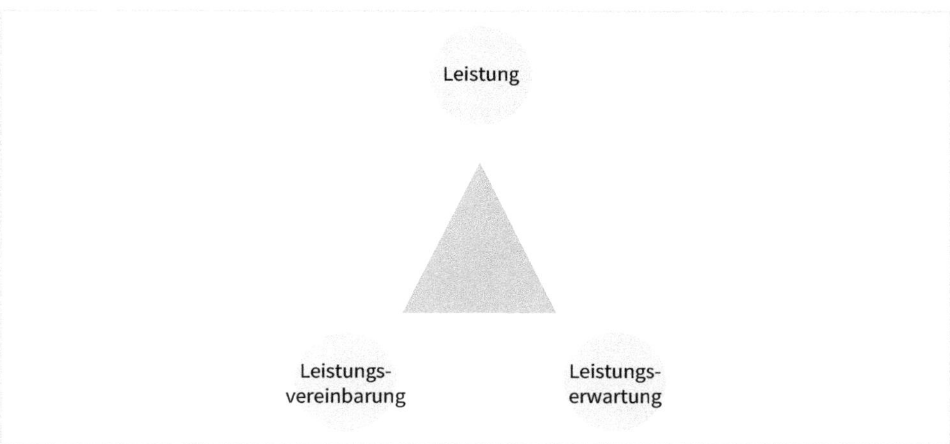

Abb. 50: Leistung in Harmonie

Der Weg zur Bewertung lässt sich einfach skizzieren und die dazu notwendigen wesentlichen Werkzeuge sind schnell zusammengefasst. Das Konzept zu Leistung und die Bausteine zur Leistung müssen klar und eindeutig sein. Das bedeutet außerdem, dass die Leistung ein Teil der Wertschöpfungskette ist und einen konkreten Bedarf deckt. Auf dieser Grundlage wird Leistung transparent. Die Kommunikation hilft dann dabei, dass alle über dasselbe reden, wenn die Leistungserwartung festgehalten wird. Diese Vereinbarung bildet den Bezugrahmen für die Bewertung der Leistung. So sind die unmittelbaren Bezugs- und Fixpunkte gesetzt: Transparenz, Klarheit, Eindeutigkeit, Konkretisierung, Vereinbarung, Verständigung zum Bewerbungsraster (siehe Abb. 51).

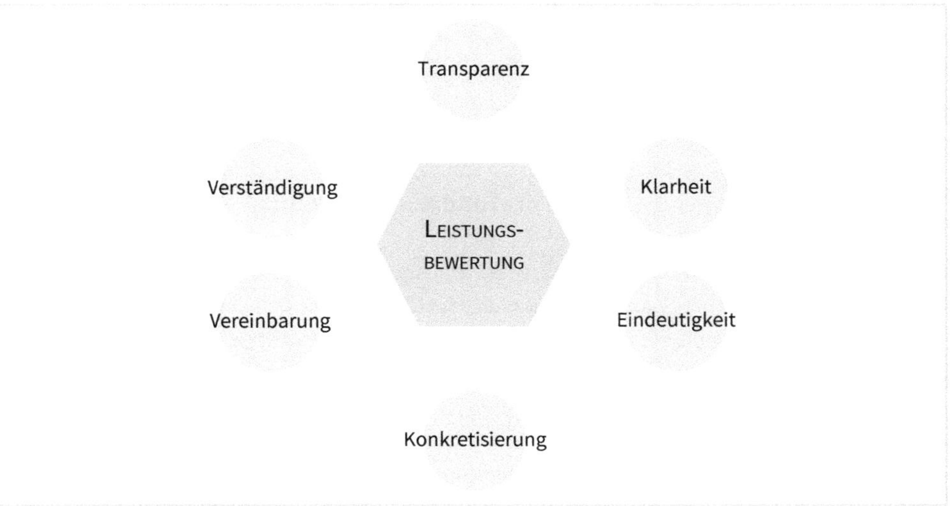

Abb. 51: Aspekte der Leistungsbewertung

Kritische Stelle in der Leistungsbewertung sowie in der Leistungsdiskussion ist das Bewerten von Leistung mit dem gewählten Bewertungsraster. Außerhalb der kategorischen Entscheidung, ob ein Ziel erreicht ist oder nicht, ist es vor allem der Erfüllungsgrad, der für Diskussionen bzw. Dissonanzen sorgen kann. Während ein *Ja* oder *Nein* aufgrund des kategorischen Wertes leicht gegenübergestellt werden können, sorgt der Grad von Erfüllung schnell für unterschiedliche Bewertungen, wenn dabei keine Klarheit herrscht.

Leitfragen

- *Welche Kriterien werden angesetzt?*
- *Wie zuverlässig und eindeutig sind die eingesetzten Skalierungen?*
- *Was bestimmt den Grad der Erreichung?*
- *Und wie entsteht Konsens zum Leistungsurteil?*

Es offenbaren sich mit den ersten Fragen einige Herausforderungen, um die Harmonie im Leistungsdreieck sicherzustellen (siehe Abb. 54).

Das, was eingangs übersichtlich in der Leistungsdiskussion scheint, gewinnt bei näherer Betrachtung an Komplexität. Deswegen erstaunt es nicht, dass das eine oder andere Mal Meinungsverschiedenheiten entstehen, ob im Falle der Einzelleistung oder der Teamleistung. Die sachliche Zerlegung von Leistung, deren nachvollziehbare Anbindung an den Bedarf sowie die Wertschöpfung, die Eindeutigkeit des Bewertungssystems und die Verständigung zu dem, was mit der Leistung zusammenhängt, sind unabdingbare Voraussetzungen für einen erfolgreichen Prozess der Leistungsbewertung.

Festzuhalten bleibt:

... Leistungsbewertung darf keine Wissenschaft sein, sie muss eine praxisnahe Methode bleiben, damit sie sinnvoll eingesetzt wird.

10.2.3 Vereinbarungen zwischen Form und Kommunikation

Vereinbarungen haben etwas Bilaterales, weil vorausgesetzt wird, dass sich zwei oder mehrere Personen oder Seiten auf etwas einigen und dies festhalten. Was sich dem Wortlaut nach leicht nachvollziehen lässt, bedarf in der Kommunikation einiger Grundsätze:

- im Dialog haben alle Gesprächsteilnehmer dasselbe Rederecht;
- im Hinblick auf die zu definierende Leistung bleibt keine Frage offen;
- Transparenz entsteht durch Offenheit;
- Verständnis entsteht durch Klarheit in der Kommunikation;
- Zuverlässigkeit entsteht in der Nachhaltigkeit;
- Objektivität entsteht durch die Rekursion auf Tatsachen und das Ausgrenzen von Behauptungen;
- ...

In all diesen Punkten wird deutlich, dass Transparenz in der Kommunikation von zentraler Bedeutung ist, ein offenes Miteinander das Ganze flankiert und es entscheidend ist, klare Konsensfindungen zu formulieren (siehe Abb. 52). Wird an vielen Stellen auf Klarheit, Transparenz und Offenheit Bezug genommen, dann wird hier nachvollziehbar, dass die Kommunikation einen Dreh- und Angelpunkt darstellt – sowohl in der Teamarbeit als auch im Prozess der Quantifizierung.

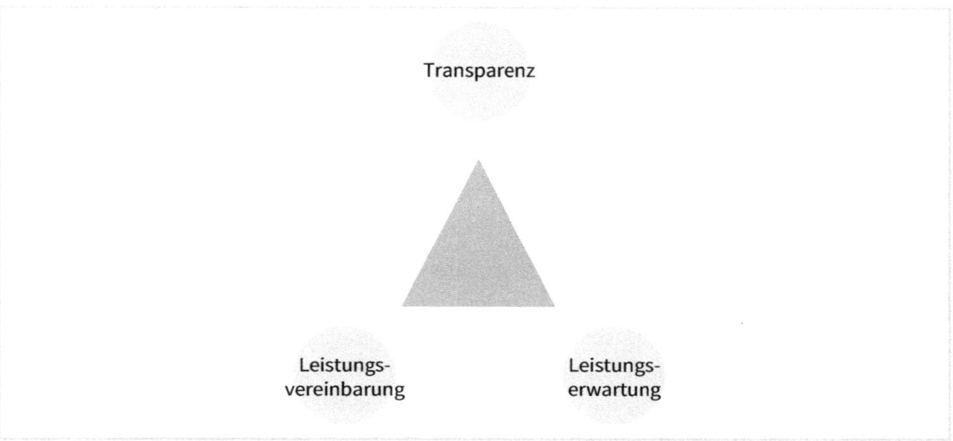

Abb. 52: Vereinbarungen treffen

Festzuhalten bleibt:

… Vereinbarungen schaffen Nachhaltigkeit, dafür müssen sie allerdings nachverfolgt werden.

10.3 Quantifizieren, Messen, Controllen

Mit der Strategie werden Ziele gesteckt, die auf dem Weg hin zur Umsetzung mit Werten verbunden werden müssen. Das Wertespektrum kann vielfältig sein und reicht von Kennzahlen, die aus dem Controlling kommen, bis zu Qualitäten, die den Grad der Zielerreichung beschreiben. Grundsätzlich lässt sich das alles unter Messbarkeit und Messung subsumieren. Die Leistungsmessung als eine Sonderform der Quantifizierung, weist einer Leistung ein Bewertungsspektrum zu, sodass mit der Bewertung eine Qualität oder ein Grad der Leistung bestimmt wird. Die Leistungsbewertung als Methode orientiert sich an den Eckpunkten Leistung, Messung, Messverfahren und Leistungswerte (siehe Abb. 53).

Abb. 53: Eckpunkte der Leistungsbewertung

Methoden, Hilfsmittel, erprobte Wege zu messbaren Zielen zu finden – die Begrifflichkeit *Leistungsbewertung* hat einen klar abgesteckten Rahmen. Allerdings führt der zum Teil pauschale Gebrauch des Begriffs zu einer Unschärfe, die dann die Abgrenzung vom Controlling erschwert. Obschon das strenge Differenzieren nicht Ziel sein kann, muss zumindest beim Gebrauch bewusst sein, was Quantifizierung will und was Controlling leisten soll. Zum besseren Verständnis, wie die Begriffe im Weiteren eingesetzt werden, soll für das Quantifizieren gelten:

- Messbarkeit schaffen;
- Zielen oder Aussagen messbare Größen zuordnen;
- qualitative Aussagen in messbare Größen umwandeln;
- Bezüge zwischen Zahlen/Aussagen und Kennzahlen herstellen;
- mit der Zuordnung einer Kennzahl Vergleichbarkeit schaffen;
- Erfolg messbar machen;
- Bezüge zwischen Vergangenheit und Zukunft herstellen;
- Vergleichbarkeit von Zuständen, Situationen, Ergebnissen hinterfragen und prüfen;
- statistische Verfahren zur Erfassung diachroner Daten auswählen;
- mit wirtschaftstheoretischen Modellierungen Zusammenhänge erfassen;
- quantitative und semi-quantitative Verfahren anwenden;
- …

Betriebswirtschaftliche Modelle zur Systematisierung von Kennzahlen könnten unter bestimmten Voraussetzungen eingesetzt werden. Erreichen sie einen zu hohen Komplexitätsgrad, der in der Teamarbeit nicht mehr abgebildet werden kann, sind sie nicht mehr zielführend. Für die Praxis der Leistungsbewertung steht im Vordergrund, das messbar zu machen, was gemessen werden soll. Die Konsequenz daraus ist, ein pauschales Modell zur Quantifizierung abzuleiten, das die genannten Merkmale zusammenfasst (siehe Abb. 54). In Projekten sowie in der Teamarbeit geht es vordergründig darum, Zielvorgaben messbar zu machen. Es muss das Bewusstsein dafür vorhanden sein, dass das Team und jeder Einzelne eine Leistung erbringen, die einer

Bewertung bedarf. Diejenigen, die leisten, wollen dann in der Folge eine Rückmeldung dazu, wie ihre Leistung wertgeschätzt wird, und die Teamführung muss wissen, inwieweit ein Ziel erreicht worden ist.

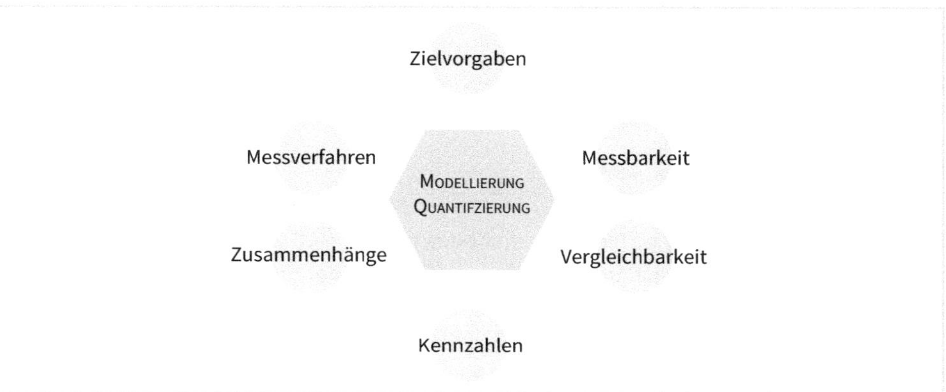

Abb. 54: Quantifizierung als Modell

Das Erfassen von Ergebnissen ist für ein Unternehmen erfolgskritisch. Es stehen dazu etablierte Methoden zur Verfügung, die helfen sollen, Leistungen und Ergebnisse in ein Bewertungsschema einzubringen. Beispielhaft für ein etabliertes Verfahren der Leistungsmessung im Unternehmen steht die *Balanced Scorecard.* Sie kann aber auch als Beispiel dafür fungieren, dass Methoden mit der Komplexität über das Ziel hinausschießen und Theorie zu viel Raum im Abgleich zur Praxistauglichkeit einnimmt.

Festzuhalten bleibt:

Berechenbarkeit orientiert sich an der Praxis und am *Point of Performance* (PoP).

10.3.1 Messen und Controllen

Ob quantifizieren oder *controllen* – letzten Endes ist es das Bemessen, um das sich alles dreht. Da dies ein grundsätzlicher Aspekt in der Annäherung an eine Leistung ist, gilt es zuvorderst zu klären, was eine Leistung im Kontext der Wirtschaftlichkeit ist – unabhängig davon, ob die Leistung in einem Unternehmen oder einer *Non-Profit*-Organisation erbracht wird. Leistung kann dort leicht erfasst werden, wo die Wertschöpfungskette detailliert, zuverlässig wie zutreffend formuliert ist. Produktionsketten stehen hierfür beispielhaft. Im Dienstleistungsbereich wird das Ganze schon kniffliger, zumal nicht immer konkrete Kennzahlen verfügbar sind. Werte, Wertereihen oder ganz allgemein Kennzahlen umfassen den ersten großen kritischen Bereich, den es im Sinne einer zuverlässigen Messung von Leistung zu klären und zielführend zu strukturieren gilt. Eine zweite kritische Zone bildet die Messung selbst, denn es reicht nicht, allein das zu Messende zu identifizieren. Das Verfahren, das zum Messen eingesetzt wird, sowie die Werte, die Kennzahlen selbst müssen das messen, was sie messen sollen. Diese simple Logik birgt in sich durchaus etwas Herausforderndes, denn es muss sorgfältig geprüft und hinterfragt werden, inwieweit das eingesetzte Kennzahlensystem die zu messende Leistung umfasst. Sind diese beiden erfolgskritischen Säulen gesichert, steht der Leistungserfassung nichts mehr im Wege.

Festzuhalten bleibt:

... Messbarkeit ist kein Zauberwerk, wenn feststeht, was zu welchem Zweck wie bewertet werden soll.

10.3.2 Aufwand, Nutzen, Mehrwert

Aufwand-Nutzen-Mehrwert ist hier keine mathematische Relation und sie soll im Gegensatz zu einer Formel mathematisch unscharf bleiben. Das eröffnet die Möglichkeit, verschiedene Betrachtungspunkte mit ggf. unterschiedlichen Wertesystemen zu wählen. Prinzipiell kann die Relation, die Aufwand und Nutzen in Beziehung setzt, damit ein Mehrwert bestimmt werden kann, als eine Grundform des Quantifizierens verstanden werden. Während über das Quantifizieren Ziele mit Kennwerten verbunden werden, reicht die Bestimmung eines Mehrwerts noch einen Schritt weiter, weil ein positiver Kennwert, der aus der Kennzahl zum Aufwand im Abgleich mit der Kenngröße zum erwarteten Nutzen ermittelt wurde, einen Mehrwert erkennen lässt. Die betriebswirtschaftliche Betrachtung der Leistung ist nur eine Seite der Leistungsbewertung, das Team und die einzelnen Mitarbeiter brauchen eine Übersetzung dieser Bewertung. Dazu muss sowohl das Bewertungssystem als auch die Leistung selbst auf die Teamarbeit übertragen werden. Wenn alle im Team verstehen, welche Leistung gefordert ist und wie die Leistung aussehen soll, können sie bei Vereinbarungen zur Leistungserbringung mitwirken. Der Mehrwert wird in diesem Moment ein Mehrwert für die Mitarbeiter. Selbst wenn die Gestalt des Mehrwertes eine andere ist als die Kennzahlen, die das Controlling verwendet, handelt es sich immer noch um einen Mehrwert. Der persönliche Mehrwert ist der Antrieb, der Motivation freisetzt. Führungskräfte müssen freilich die Teammitarbeiter noch dafür sensibilisieren, dass es auch eine Aufwand- und Kostenseite gibt. Mitarbeiter sind am betriebswirtschaftlichen Ergebnis außer mit der Leistung noch mit dem Kostenbewusstsein beteiligt. Ihr Beitrag zu Kostensenkung erfolgt über das Kostenbewusstsein.

Festzuhalten bleibt:

... am Ende zählt allein der Mehrwert.

10.3.3 Grundsätzliches zum Quantifizieren

Leistung resp. Leistungsbewertung lassen sich auf die Leistungen der Einzelnen, auf ein Teamergebnis, auf eine Produktionseinheit oder ganz allgemein auf eine Verbesserung beziehen. Vornehmlich der letzte Aspekt gibt einen Hinweis darauf, dass der Leistungsbegriff nicht ausschließlich auf Messbares bezogen wird. In manchen Leistungsbeurteilungen stecken subjektive Komponenten, meist verknüpft mit emotionalen Aspekten. Diese Bewertungen von

Leistungen haben durchaus ihren Platz in der Führung, doch sie gehören nicht zur verfahrensorientierten Quantifizierung. Das führt zu ersten Fragen, wenn man sich auf den Weg zur Quantifizierung macht:

Leitfragen

- *Was lässt sich messbar machen?*
- *Was steht zum Messen zur Verfügung?*
- *Was wird zum Messen vorgegeben?*

Quantifizierung funktioniert nicht ohne Ziele. Im Überführen der Ziele in Messwerte liegt letzten Endes die Essenz des Quantifizierens. Das setzt voraus, Ziele zu operationalisieren, was wiederum bedeutet, dass sie in konkrete Aktionen überführt werden, die zum Ziel führen. Ein potenzielles Problem beim Operationalisieren besteht gelegentlich darin, dass die konkreten Handlungen nur bedingt oder gar nicht zum Ziel führen. Es erfordert Erfahrung und Sachkenntnis, für Ziele die entsprechenden Handlungen zur Zielerreichung zu definieren und eine Verknüpfung herzustellen. Stehen Ziele fest und sind ihnen konkrete Ergebnisse und zielführende Handlungen zugeordnet, können ihnen auch Kennzahlen zugeordnet werden. Das Ergebnis einer Quantifizierung wird meist eine Menge oder eine Anzahl sein, aber genauso gut könnte statistisch die Häufigkeit berechnet oder der Grad eines Ausmaßes ermittelt werden. Leistung muss dafür betriebswirtschaftlich relevant und der Inhalt sowie der Umfang einer Leistung definierbar sein.

Qualitativ wird es z. B. bei der Leistungsbewertung, wenn Vorgesetzte ein Urteil abgeben, eine Einschätzung zum Erfolg vornehmen. Dem steht die quantitative Betrachtung gegenüber, wenn die Leistungsbeurteilung auf konkrete Werte zurückgeht, ob sie nun statistisch begründet sind oder auf einmalige Ergebnisdaten zurückgehen. Die Modelle, die bei der Werteermittlung an die Hand gegeben werden, basieren auf mathematischen Verfahren, die als Berechnungsalgorithmen Vorgaben machen. Bei semi-quantitativen Methoden wird mit einer Mischung aus qualitativem und quantitativem Verfahren operiert. Ein Beispiel hierfür ist die Meinungsumfrage, die einerseits mit Fragen Urteile abfragt und damit eindeutig qualitativ orientiert ist, während die Verfahren zur Ermittlung statistischer Ergebnisse ohne Zweifel quantitativer Natur sind.

Die Ergebnisse einer Quantifizierung können die Form von Beurteilungen, Bewertungen oder Messzahlen annehmen, wobei beispielsweise eine Benotung sowohl eine Bewertung als auch eine Messzahl sein kann. Das zeigt, dass das Ziel nicht das Begrenzen von Möglichkeiten sein darf, sondern die bestmögliche Methode zur zuverlässigen Abbildung der Leistungswirklichkeit zu finden. Zu Anfang wird differenziert, dass Leistungsquantifizierung auf grundlegenden Operationen beruht: bewerten, beurteilen, benoten, messen (siehe Abb. 55).[32] Das muss

32 Wie wiederholt betont, muss Messen in seiner Gesamtheit erfasst werden, die verschiedenen Möglichkeiten müssen vorab abgewogen werden, damit das richtige Verfahren, d. h. das angemessene Verfahren Anwendung findet.

bewusst wahrgenommen werden, weil von der Art des Quantifizierens die jeweilige Form und die nutzbaren Formate zum Berechnen abhängen.

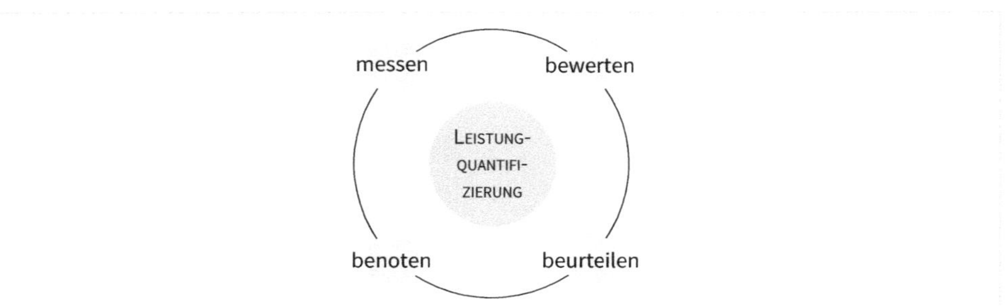

Abb. 55: Was macht das Quantifizieren

Das Bewerten mit Noten veranschaulicht am deutlichsten, wo die Gefahrenquellen liegen, nämlich bei der Subjektivität. Eine Note ist noch lange kein objektives Urteil, nur weil auf mathematischen Wegen eine Leistung bemessen wird, denn die Auswahl der Note unterliegt dann schon das eine oder andere Mal einem subjektiven Urteil, wenn nicht z. B. eine Fehlerzahl zugrunde gelegt wird. Egal wie Datenermittlung und Datenauswertung erfolgen, der Kreis schließt sich damit, dass das gemessen wird, was gemessen werden soll. Leistungsbewertungen mögen vorgegeben sein, das Team darf Leistung nicht als Vorgabe empfinden und Erwartungen sklavisch erfüllen wollen. Leistung, Leistungserbringung, Leistungsergebnis und Leistungsbewertung sind Prozesse, die das Team bewusst wahrnimmt und wahrnehmen sollte. Kennzahlen sind nicht zum Sammeln da. Von den Auswertungen ausgehend werden Anpassungen oder Veränderungen geplant. Die Bestätigung, dass das erreicht wurde, was als Ziel gesetzt wurde, reicht nicht aus und darf nicht zum Anlass genommen werden, die Hände in den Schoß zu legen. Der Blick bleibt nach vorn gerichtet und so wird ständig geschaut, wo sich was verbessern, also verändern lässt.

Festzuhalten bleibt:

… es ist das zu messen, was gemessen werden soll, um die Leistungswirklichkeit abzubilden – das Grundsätzlichste zum Quantifizieren kann nicht oft genug wiederholt werden.

10.3.4 Systematik erkennen, System aufbauen, Strukturen schaffen und Gültigkeit als Ziel setzen

Das Erarbeiten einer Systematik erfordert in einem ersten Schritt das Auseinanderlegen der Leistung, damit ein Zugang zur Beschreibung geschaffen wird und sich die einzelnen wirkenden Komponenten bestimmen lassen.

Leitfragen

- *Was genau ist die Leistung, die gemessen werden soll?*
- *Welche Formen von Leistungen gibt es?*
- *Woraus setzt sich die Leistung zusammen?*
- *Inwieweit lässt sich eine Leistung segmentieren?*
- *Welche messbaren Bewertungen lassen sich den Leistungsteilen zuordnen?*
- *Warum wird Leistung gemessen?*
- *Wie sollen Ergebnisse ermittelt werden?*
- *Was soll mit den erhobenen Ergebnissen gemacht werden?*

Aus diesen Fragen erwächst erst recht die Notwendigkeit, eine Systematik zu finden (siehe Abb. 56).

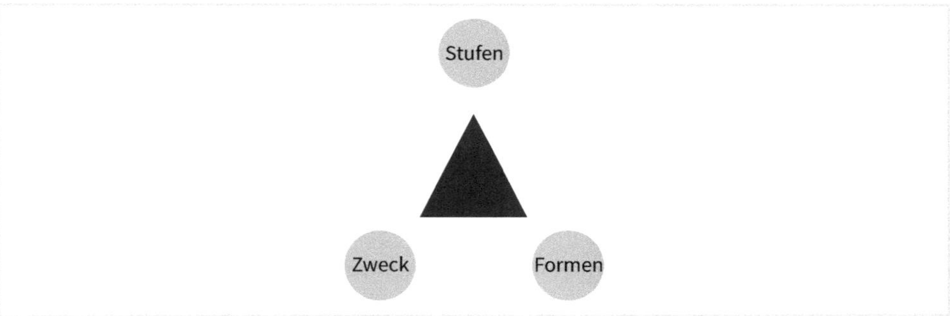

Abb. 56: Stufen, Formen, Zweck – ein erster Schritt

Aus den betrachteten Fragen und der Systematik leitet sich der Versuch ab, Vorgaben für das System zu definieren. Dies geschieht zunächst durch die Differenzierung der Stufen, gefolgt von der Abgrenzung von Formen und der Erfassung des Zwecks. Das ist keine strenge Chronologie, entscheidend ist das Bewusstsein dafür, dass unterschiedliche Leistungsgegenstände und die Situation das Verfahren und den Ablauf bestimmen:

- Stufen:
  - die subjektive, immerhin erfahrungsgetragene Bewertung,
  - die Leistungsmessung nach einfachem Schema als Indikator,
  - die komplexe Erfassung von Leistung anhand einer Zusammenführung mehrerer Faktoren,
  - die komplexe Erfassung von Leistung anhand mehrerer, festgelegter Kennzahlen, die in einem Berechnungssystem und mithilfe spezifischer Auswertungsalgorithmen zur Entscheidungsgrundlage werden (siehe z. B. *Balanced Scorecard*),
  - ...

- Formen:
  - Beobachtung,
  - Vergleich,
  - Kennzahlenermittlung allein auf der Erfassung von Leistungsdaten,
  - Kennzahlenermittlung auf mathematischem Wege oder mittels Algorithmen,
  - ...
- Zweck:
  - Bewertung individueller Leistung der Bewertung wegen,
  - Leistungserfassung als Erfassung von IST und SOLL und zur Abschätzung der vorhandenen Potenziale,
  - Produktionsplanung,
  - Zukunftsplanung,
  - Qualitätscontrolling,
  - ...

Allein diese erste Segmentierung zum Leistungscontrolling führt vor, wie wichtig die grundlegenden Fragen zum Was, Warum und Wozu von Quantifizierung sind. Erfolgt das Quantifizieren in der strengen Folge zur Strategieumsetzung, sind Kennzahlenbestimmung und Bewertungssystem zumeist noch klar vor Augen und der Kennzahlenhorizont eindeutig. Doch wenn es darum geht, Einzelne oder das Team zu bewerten, kann Leistungsmessung schnell zu einem komplexen Unterfangen werden und die Klarheit des ganzen Verfahrens verloren gehen. Individualität erschwert die Objektivität, was nicht davon abhalten darf, eine objektivierte Bewertung anzustreben.

Im Arbeitsalltag gelangen oft Vorgaben von außen in ein Team, wobei dann allein die Zielerreichung im Vordergrund steht. Es geht nicht mehr um eine zuverlässige Einschätzung der Leistungsfähigkeit der Einzelnen. Was zählt, ist allein das erwartete Ergebnis. Das Wie und die Zusammenhänge in Bezug auf die Leistung interessieren nicht. Wollen Führungskräfte gleichwohl ihren Mitarbeitern Wertschätzung entgegenbringen, dann brauchen sie ein wirksames, zuverlässiges und eindeutiges Bewertungssystem. Wertschätzung ist mehr als ein Lob oder eine positive Anerkennung. Damit der Wert der Anerkennung von denjenigen, die ihn entgegengebracht bekommen, geschätzt wird, brauchen sie ein Bewertungssystem. So können sie die Wertschätzung objektivieren und sie von einem beiläufigen, bezuglosen Lob unterscheiden. Letzteres wird meist als bedeutungslos empfunden, weil es keinen Bezug hat und wahrscheinlich auch keine Nachwirkung hat.

Festzuhalten bleibt:

... die Systematik ist notwendig, um Leistung adäquat messen zu können.

10.3.5 Perspektivität in der Quantifizierung und in der Leistungsermittlung

Die initialen Fragen sind gestellt worden und haben eine Vielzahl von Perspektiven aufgezeigt. Da es keine pauschal zu empfehlende Perspektive gibt, soll ein breites Spektrum an Perspektiven veranschaulichen, welche Wege hin zur Leistungsbewertung beschritten werden können und wie mittels der im vorherigen Schritt erarbeiteten Systematik eine Entscheidung für eine geeignete Perspektive getroffen werden kann. Den Grundstock haben Stufen, Formen und der Zweck der Leistung sowie der damit verbundenen Leistungsbewertung gelegt. Das lässt sich durch ein Wortfeld zur Leistung erweitern (siehe Abb. 57). Auf dieser Grundlage können Entscheidungen getroffen werden. Die Wahl einer bestimmten Vorgehensweise stellt eine grundlegende Voraussetzung dar, da unklare Zielsetzungen oder die Vermischung von Zielen ohne klare Abgrenzung dazu führen können, dass die Ergebnisse bestenfalls eingeschränkt aussagekräftig sind.

Abb. 57: Begriffswelt der Leistung als Wortfeld

Es wird in einer ersten Schau ersichtlich, dass es schwer ist, klare Trennlinien zwischen den Ausrichtungen der Leistungserhebung zu ziehen, und dass es umso wichtiger scheint, die eigene Zielrichtung zu fixieren und somit Trennschärfe herzustellen. Die Diskussion um die Zielrichtungen macht sichtbar und hebt nochmals die Notwendigkeit hervor, eine klare Entscheidung für die persönliche Zielsetzung einer Leistungserhebung zu treffen. Fokussiert man auf Leistung, wird schnell ersichtlich, dass ein anderer Blick auf eine spezifische Leistung einen anderen Eindruck zur Leistungsbewertung hinterlassen kann. Trotz einer differenzierten Betrachtung wird nicht zwangsläufig Klarheit geschaffen, durch eine andere Sichtweise können die Grenzlinien verschwimmen. Die einzelnen Aspekte können so sortiert werden, dass eine Entscheidung darüber getroffen werden kann, wie und wo man sich der Leistung annähert:

- Form der Leistung,
- Erbringen der Leistung als Prozess,
- Anteil an der Wertschöpfung,
- Ziel einer Leistungsmessung,
- Auswirkung der Bewertung und damit die Nachhaltigkeit von Leistung,
- ...

Auch können Leistungskategorien geschaffen werden:
- Leistungsfähigkeit,
- Leistungsqualität,
- Prozessoptimierung zur Leistung,
- Wirtschaftlichkeit einer Leistung,
- Anreize zur Leistung,
- Leistungsbewertung als Führungsinstrument,
- ...

Die Systematik darf nicht als Entscheidungshilfe missverstanden werden. Es gibt keinen Entscheidungsbaum, dessen Durchlaufen zur richtigen, letztgültigen Form der Leistungsbewertung führt. Es ist genauso wenig allein das Format der Bewertung, dass die Qualität des Verfahrens bestimmt. Nicht jedes Zahlenformat hat den Anspruch, allgemeingültig und zuverlässig zu sein. Die Qualität eines Verfahrens hängt nicht von mathematischen Formeln ab, die Qualität wird dadurch bestimmt, dass die Vorgehensweise treffsicher ist und das misst, was sie messen soll. Wie die Beteiligten mit der Bewertung umgehen und was sie daraus machen, bestimmt in gleichem Maße den Wert einer Leistungsmessung wie -beurteilung. Was hilft das beste Verfahren, wenn die Beteiligten damit nichts anzufangen wissen, die Ergebnisse nicht verwerten können und Zusammenhänge nicht erkennen?

Ein kleiner Fragenkatalog (siehe dazu beispielhaft die hier verteilt gestellten Fragen) hilft bei der Verortung der Leistungsbewertung, bei der Wahl der Messmethode und beim Umgang mit dem Ergebnis. Darüber hinaus schlägt dieser Ansatz eine Brücke zur Digitalisierung, denn Leistungsmessung wie -bewertung dürfen keine Handarbeit mehr sein. Automatisierung, Auswertungsalgorithmen sowie arithmetische Datenauswertung im Allgemeinen sorgen dafür, dass kein Aufwand entsteht. Wird dann Leistungsbewertung in Gänze erfasst, können überdies Bewertungen als Hinweissysteme genutzt werden. Auch beschränkt sich Leistungsbewertung nicht nur auf individuelle oder Teamleistungen, sondern kann gleichzeitig als Warnsystem agieren, wodurch das gesamte Leistungsmessungsverfahren bereichert und erweitert wird.

Festzuhalten bleibt:

... Leistung aus verschiedenen Blickwinkeln zu betrachten, ermöglicht es, das Wesen und die Gültigkeit einer Leistung zu erfassen.

10.3.6 Umgang mit Kennzahlen

Kennzahlen haben verschiedene Ursprünge, das Wichtigste daran ist das erwähnte zugrunde liegende Bewusstsein – nämlich zu wissen, was man messen will. Das sollte allen jederzeit als Maxime dienen, wenn sie Leistung messen wollen. Wird Leistungsmessung auf Führungskräfte übertragen – also an sie einfach delegiert und nicht von den Führenden entwickelt –, kann es passieren, dass Vorgaben unreflektiert abgearbeitet werden, ohne dass genau hingeschaut wird, ob die angewandte Messung überhaupt die konkret erbrachte Leistung misst. Die Entscheidung für eine Kennzahl oder ein Kennzahlensystem ist indes nicht das Entscheidende beim Quantifizieren. Von alledem bleiben erst einmal die Ziele unberührt. Damit ist sowohl das Ziel gemeint, dass es zu quantifizieren gilt, als auch die Zuordnung einer Kennzahl zu einem konkreten Ziel. Ziele werden unabhängig vom Messverfahren definiert und sind allem übergeordnet. All das setzt voraus, dass hinsichtlich der Wahl eines Kennzahlensystems im Vorfeld geklärt wurde, ob eine Erfolgskontrolle durchgeführt wird, Prozesse zur Bewertung vorliegen, eine Risikoanalyse ansteht, beispielsweise mit einer *Business Scorecard* die Unternehmenszukunft modelliert wird oder ganz team- resp. mitarbeiterorientiert eine Leistungsbewertung durchgeführt wird.

Prüfung, Kontrolle, Bewertung, Analyse sind zentrale Funktionen von Kennzahlen sowie Kennzahlensystemen. Das setzt voraus, dass das Messen an sich einige Kriterien erfüllt, wozu Messbarkeit, Gradierung, Zerlegbarkeit gehören, die dann mit den ermittelten Kennzahlen ein Kennzahlensystem schaffen. Der Umgang mit Kennzahlen ist vielfaltig, die Entscheidung für ein System situations- wie bedarfsabhängig, die vorhandenen Verfahren sehr unterschiedlich und die Anforderungen im Umgang reichen von einfach bis komplex.[33] Nachhaltigkeit entsteht, wenn die Ergebnisse verstanden wurden und wenn sie eine Wirkung hinterlassen. Das kann im Falle einer Bestätigung das Weitermachen sein, das kann Anpassen zur Folge haben und bei negativem Resultat Veränderung erforderlich machen.

Festzuhalten bleibt:

… am Ende zählt, was aus einer Messung gemacht wird.

10.3.7 Transformation berechenbar machen

Transformation bringt Veränderung, die zu bewerten ist, Mitarbeiter erbringen eine Leistung, die zu bewerten ist. Beidem ist gemein, dass ein mathematischer Weg gefunden werden muss, der Rückschluss auf das Maß und die Qualität von Veränderungen wie Leistungen erlaubt. Veränderungen haben Ziele, genauso wie Leistung ein Leistungsziel hat. Zur Absicherung der Zielerreichung wird geschaut, inwieweit das Ziel erreicht worden ist. Im Vorfeld wird dazu geklärt,

33 Die Masse der Verfahren geht auf genauso viele Publikationen zu Kennzahlensystemen zurück, beispielhaft für alle steht hier Erwin Rödler (2022): *Entwicklung von Kennzahlensystemen. Ein Konzept zur Prüfung und Steuerung von Geschäftsprozessen*, Stuttgart: Schäffer-Poeschel.

dass eine nützliche Veränderung resp. ein sinnvolles Handeln angestrebt wird. Der Bedarf wurde demnach erkannt, der Nutzen vorausgesehen und der Aufwand dem gegenübergestellt. In Bezug auf die Leistung wurde also festgehalten, welches Ziel mit einer Leistung verfolgt wird, was dafür zu machen ist und wie sich im Sinne der Quantifizierung Ziel und Machen in Relation setzen lassen. Ein einfaches Beispiel ist die Quantifizierung in Stückzahlen: Bei einer erwarteten Produktion von 100 Stück je Mitarbeiter in 8 Stunden, lässt sich leicht am Ende eines Tages mit 8 Stunden berechnen, inwieweit die Einzelnen dieses Ziel erreicht haben. Nun dient diese Simplifizierung nur dem Verständnis, während der Arbeitsalltag außerhalb einer Stückzahlenproduktion mehr mathematisches Verständnis verlangt, damit am Ende Leistung gemessen werden kann. Im Sinne des Quantifizierens muss zu Anfang eine Segmentierung erfolgen: Situation, Ziele, Prozess der Berechnung mit der Konkretisierung der Berechenbarkeit und dem Weg hin zum Ergebnis und der Bestimmung der Quantität (siehe Abb. 58).

Abb. 58: Wegführung zur Quantifizierung

Bei der Situation interessieren zum Beispiel Bedarf, Arbeitsvolumen, Aufgaben oder Problemsituation. Das ist eng an das Ziel des Quantifizierens gekoppelt. Ziele können sein: ein Produktionsergebnis, die Bedarfsdeckung, eine Veränderung, eine Leistung oder ganz allgemein eine Lösung. Es ist wichtig, dass die Ergebnisse nachvollziehbar sind, ein messbarer Weg zum Ziel gefunden, der Grad der Zielerfüllung ermittelt und ein erwartetes Leistungsergebnis als Orientierung vorgegeben wird. Dann kann die Umwandlung der Ziele in Kennzahlen vollzogen werden. Diese einzelnen Komponenten sowie Schritte stehen beispielhaft, weil die Vielfalt nicht in eine Schablone passt. Dieses Spektrum wird angereichert auf dem Weg zur Quantifizierung mit einer Bestimmung von Einheiten, mit Stückzahlvorgaben, vorgegebenen Kennzahlen oder mit einer systematisierten Leistungsmessung. Das Ergebnis kann dann die Zielerreichung, der Grad der Zielerreichung, ein Leistungsergebnis in Bezug zur Leistungsvorgabe oder die Bestätigung einer Leistungserwartung sein.

Die digitale Transformation hat die Quantifizierung von Leistung erkennbar vorangebracht. Daten lassen sich viel einfacher erfassen, sammeln und auswerten. Allerdings wird das Quantifizieren dadurch nicht zum Selbstläufer, es bedarf schon noch der Analyse und vor allem des Bewusstseins für den Wert einer Kennzahl. Der genaue Blick auf Zahlen und Werte legt eine weitere Forderung offen, sollen doch gültige Aussagen auf der Grundlage valider Werte einen verlässlichen Mehrwert hervorbringen.

Festzuhalten bleibt:

... beim Quantifizieren ist tatsächlich der Weg das Ziel, es muss gesetzt sein, was wie gemessen werden soll, wozu die Ergebnisse dienen und was daraus folgt.

10.3.8 Objektivität als Handlungsrichtung, nicht als empirische Notwendigkeit

Beim Objektivieren kann die letzte Wahrheit nicht das Ziel sein, da ihr Ergründen im Hinblick auf menschliches Verhalten sowie Handeln ein philosophisches Unterfangen ist. Aufgrund der Unterschiedlichkeit der Menschen und der Vielzahl an Verhaltensmöglichkeiten kann eine Grundannahme ausschließlich ein Hilfsmittel sein, Verhalten zu verstehen, zu steuern und vorherzusagen. Empirische Objektivität braucht zuverlässiges Zahlenmaterial. Um das Verhalten von Mitarbeitern zu verstehen, brauchen die Beobachter Erfahrung. Dazu müssen kein statistisches Material und keine validen Kennzahlen zugrunde liegen, und dennoch können diese Erfahrungen objektiv sein, wenn man sich die Mühe macht, aus verschiedenen Perspektiven vermeintliche Wahrheiten zu betrachten. Objektivierung ist in diesem Falle, verschiedene Erfahrungen zusammenzubringen und Situationen aus unterschiedlichen Blickwinkeln zu betrachten.

Abb. 59: Objektivität und Pragmatik

Mit dieser Relativierung des Quantifizierens in der Arbeitswelt wird nicht der Wert von Messungen *ad absurdum* geführt. Solche Annäherungen helfen, Leistungen zu messen, Veränderungen zu bewerten und Handeln zu optimieren. Das muss lediglich in dem Bewusstsein geschehen, dass nicht letzte Wahrheiten und empirische Validität im Spiel sind. Erfahrungen, kritische Distanz und Perspektivwechsel helfen, sachorientierte Entscheidungen zu treffen, denen das entsprechende Machen folgt (siehe Abb. 59). Dass dies unbeständig sein kann, belegen all die vermeintlichen Wahrheiten zu betriebswirtschaftlichem Handeln, zu Team, zu Führung und nicht zuletzt zu einem konkreten Mehrwert, die alle im Laufe der Zeit eine Revision erfahren haben, weil neue Erkenntnisse dazugekommen sind.

Festzuhalten bleibt:

... Objektivität im betrieblichen Handeln repräsentiert kein empirisches Gütekriterium, es sind die Nutzung von Erfahrung, eine notwendige kritische Distanz und der Wechsel der Perspektive, die dem Handeln einen Wert geben.

10.4 Berechenbarkeit herstellen, Leistungsmessung systematisieren – ganz praktisch

Leistungsmessung bringt den Vorteil mit sich, dass Mitarbeiter sowie Führungskraft sich Gedanken zur Leistung und zu den einzelnen Bestandteilen machen, sodass am Ende alle genau darauf schauen, wo Optimierungen stattfinden können. Eine dazugehörige Leistungsmessung muss einvernehmlich sein und die Ergebnisse müssen die vorher festgelegten Messgegenstände und -ziele widerspiegeln. Selbstverständlich muss diese Leistung dann ebenfalls ein Bestandteil der Wertschöpfungskette sein und zum Unternehmensergebnis beitragen. Was kompliziert anmutet, lässt sich ganz simpel in der Aufforderung zusammenfassen: Bewusst und gleichzeitig genau auf die Leistung und die wirkenden Faktoren schauen, die Leistung in messbare Teile zerlegen und immer wieder Ergebnis wie Verfahren auf Gültigkeit prüfen. Zu Anfang erfolgt das Zerlegen der Arbeit in einzelne Einheiten. Daraufhin folgt die Festlegung eines beispielhaften Aufwandes, womit ein Vergleichspunkt etabliert wird. Das vermögen theoretische Abhandlungen nicht zu leisten, das geht auf Erfahrung zurück. Im Zuge des Leistungsmessungsverfahrens kann es notwendig werden, den Vergleichspunkt anzupassen oder grundlegend zu verändern. Das zeigt, wie flexibel mit Kennzahlen umzugehen ist und wie viel Erfahrung dazu gehört, Leistungssituationen richtig zu bewerten. Das ganze Verfahren beschränkt sich nicht auf das Rechnen, Kommunikation spannt einen Bogen über alles. Dazu werden Vereinbarung zur Leistungserbringung getroffen und Transparenz zum Verfahren der Leistungsmessung hergestellt: Leistungsmessung, Aufbereitung der Leistungsdaten und Besprechung der Ergebnisse.

Die Protokollierung und die Datenhaltung von Leistung wie Bewertung zur Vergleichbarkeit stellt keine Herausforderung dar, darüber hinaus sollte Leistung als Thema in der Teamkultur integriert sein. Dies ist keine Aufforderung, Wettbewerb zu initiieren. Leistung als Teil der Teamkultur setzt in erster Linie eine durchgängige wie angemessene Wertschätzung von Leistung voraus. Mit der sachlichen wie faktenorientierten und regelmäßigen Besprechung von Leistung wird die Leistungsbewertung entemotionalisiert, sodass ohne Druck und Wettbewerb Leistungsergebnisse, Leistungsvergleich und Leistungsverbesserungen besprochen werden können. Zumindest muss offen über Leistung gesprochen werden und sie darf kein Tabuthema sein. Mit der Verortung von Leistung im Team und mit der Wertschätzung schließt sich der Kreis zur Leistung, der durchaus als ein Prozess betrachtet werden kann. Der Prozess umfasst zusammengefasst: Leistungsmessung, Aufbereitung der Leistungsdaten, Besprechung der Ergebnisse, Datenhaltung zur Vergleichbarkeit, Protokollierung, Verortung der Leistung im Team und deren Mitwirkung bei Thema *Leistung*, Transparenz zur Leistung und klare Vereinbarung, Wertschätzung und Honorierung von Leistung (siehe Abb. 60).

Abb. 60: Systematik in der Leistungsbewertung

Im modernen *Teaming* hat Leistung im Team einen festen Platz. Der Begriff muss dazu aus seiner Pauschalität herausgeholt und konkret an die Leistung im Team angebunden werden. Leistung ist nicht ausschließlich ein Thema des Controllings. In der Teamarbeit werden die Bewertungsmaßstäbe definiert, damit die Bewertung der Leistung in der täglichen Arbeit gültige und nachvollziehbare Werte liefert. Leistung darf nicht als Druckmittel oder als falsch verstandener Ansporn im Team platziert sein. Leistungswerte sind eine Orientierung und trotz der engen Anbindung an die Wirtschaftlichkeit und die Fakten verknüpfen Führungskräfte die Leistung mit Emotionen, weil ein wenig Leidenschaft und vor allem Motivation bei der Zielerreichung mitwirken müssen.

Festzuhalten bleibt:

… Leistungsmessung und Leistungsbewertung brauchen zwar eine klare Struktur, aber sie müssen auf die Arbeitspraxis passen.

10.4.1 Leistung und Leistungsbewertung

Wer Leistung messen will, muss sich über die Formen der Leistung im Klaren sein (siehe Abb. 61). Leistungsbewertung selbst umfasst verschiedene Möglichkeiten, praktische Hinweise, die Vorgehensweise, die Hilfen und die wichtigen Schritte. Letzteres kann darin bestehen, auf Stück, Zahl, Kennzahl oder Zeit zu schauen. Die Formen der Leistung sind variabel und variantenreich. Die Wahl der Blickrichtung bestimmt das Messverfahren. Eine Arbeit mit Kennzahlen veranschaulicht, wie der Zugang zur Leistung gefunden wird, ist allerdings nur ein Beispiel und gibt Impulse, die geeignete Leistungsform mit der passenden Bewertungsmethode für das eigene Anliegen zu finden. Bei der Suche nach Leistungsformen darf nicht vergessen werden, dass sie Unschärfen vorweisen können: Probleme können sich bei der Vergleichbarkeit der Aufgaben ergeben. Zum Beispiel kann es bei der Verwendung von Stückzahlen die Herausforderung geben, sicherzustellen, dass es sich um dieselbe Stückeinheit handelt, um sinnvolle Vergleiche anzustellen.

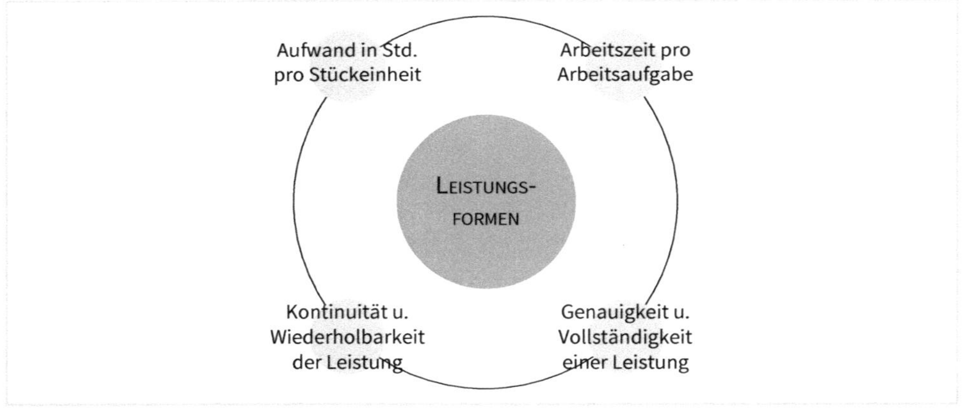

Abb. 61: Leistungsformen

Damit Leistung transparent wird, muss klar sein, was ein Produkt, eine Dienstleistung wert ist und was die Produktion kosten darf. Diese Werte lassen sich aufs Team und dann auf die Einzelnen herunterbrechen. Die Leistungsbestimmung gelingt nur über Leistungsmessung, in der Konsequenz dieser Beziehung muss ein System aus Kennzahlen am Bedarf ausgerichtet sein. Es ist wieder die Herausforderung zu wissen, welche Werte eine gültige Aussage zur Leistung ermöglichen, aber Leistungsmessung muss generell sinnhaft, zielorientiert, zuverlässig und nachhaltig sein (siehe Abb. 62). Die Leistungsbewertung bildet den Kern der Leistungsmessung. An dieser Stelle muss Konsens darüber bestehen, was bewertet wird, wie eine Leistung bewertet wird, d.h. welches System der Gradierung oder der Skalierung zum Einsatz kommt, und welche Bedeutung resp. Auswirkungen das ganze Verfahren hat.

Abb. 62: Attribute der Leistungsmessung

Leistungsbewertung und die Transparenz der Leistungsermittlung wie der Leistungsmessung schaffen in der Folge auch die Grundlage dafür, das mobile Arbeiten zu etablieren. Beim *Homeoffice* werden ähnliche Kriterien angewendet. Hier können Mitarbeiten vollständig eigenverantwortlich arbeiten und in ihrem heimischen Büro schalten und walten, wie es ihnen gefällt, weil der *Output,* das Ergebnis der Arbeit vorgegeben ist. Das kann z.B. eine feste Zahl von Akten, Aufgaben oder Schriftsätzen sein. Beim *Homeoffice* wird einfach das definierte, bekannte Arbeitspensum an einem anderen Ort erbracht. Das mobile Arbeiten hinterlässt bei vielen Entscheidern dagegen noch eher Misstrauen, weil es zum Teil an der Transparenz bei der Leistungsbewertung und an den Möglichkeiten der Leistungsmessung mangelt. Der Weg zur aussagekräftigen wie umfänglichen Leistungsmessung erfolgt am besten schritt- und stückweise. Das bedeutet, dass nicht angestrebt werden sollte, alles auf einmal zu erfassen. Stattdessen muss Ausschau danach gehalten werden, was sich problemlos und zuverlässig quantifizieren lässt. Quantifizierung ist ein Weg, der zu beschreiben bleibt, der aber ebenso seine festen Wegmarken hat (siehe Abb. 63).

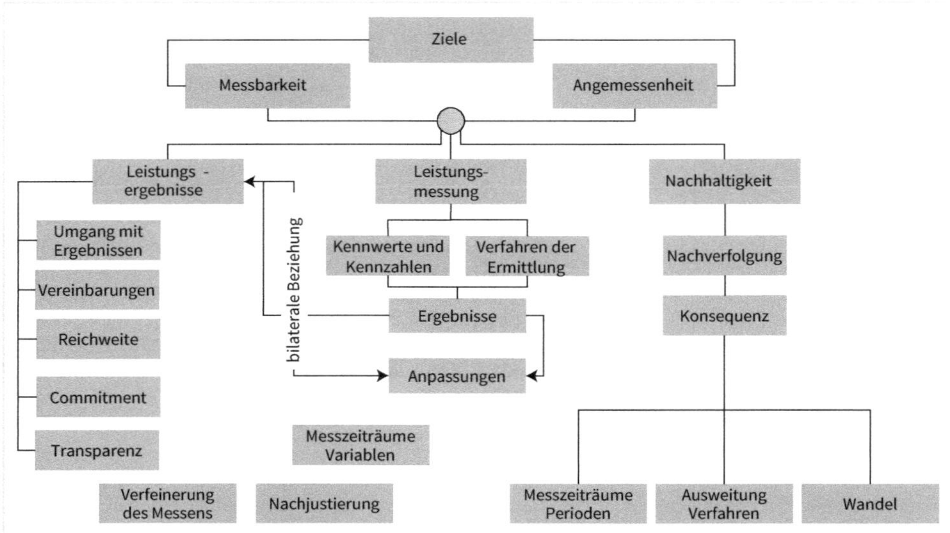

Abb. 63: Der Weg zur Quantifizierbarkeit – Ziele quantifizieren

Festzuhalten bleibt:

... von der Leistung hin zur Leistungsbewertung sollte ein strukturierter Weg führen, weil am Ende eine sachliche, objektive, angemessene, gültige Bewertung vorliegen muss.

10.4.2 Umgang mit Leistungsergebnissen

Mit dem Bezug auf das Faktische wird der Einstieg in die Leistungsdiskussion gesucht. Die Besprechung und die Diskussion von Leistungsergebnissen sind von gleichem Wert wie die Messung der Leistung und das Leistungsergebnis an sich. Im Zusammenhang mit der Leistungsbewertung lautet der wichtigste Leitsatz:

Festzuhalten bleibt:

... Fakten wie Tatsachen haben Vorrang, Emotionen wie subjektive Bewertungen haben in der Bewertung nichts verloren.

Die Bewertung von Leistung baut außer auf der Messung noch auf der gemeinsamen Analyse auf. Gerade darin steckt möglicherweise Konfliktpotenzial. Das trifft erst recht zu, wenn der Boden der Fakten verlassen wird und wenn emotionsgeladene Qualitäten, wie z.B. *schlecht* und *zufriedenstellend*, eingebracht werden. Führungskräfte müssen die Schwelle erkennen, wo die Diskussion ins Emotionale abgleitet und die Fakten zweitrangig werden. Ganz wichtig ist der Hinweis, dass eine Leistungsmessung nicht dem Sammeln von Kennzahlen dient. Dennoch passiert es nicht selten, dass Leistungsmessungen über das Sammeln nicht hinausreichen. Es ist aber gerade Sinn und Zweck von Leistungsmessungen, dass die Ergebnisse bearbeitet werden, dass der Austausch mit den Leistungserbringern erfolgt und dass Ergebnisse Konsequenzen haben. Eine Konsequenz muss nicht zwingend negativ sein, es ist mehr eine Ableitung aus einer Erkenntnis heraus.

Festzuhalten bleibt:

... Leistung birgt neben dem Objektiven viel Emotionales, wenn es an die Bewertung geht, daher muss im Umgang mit Leistung auf die Fakten geachtet werden.

Leistungsergebnisse sind in der ersten Schau reine Mathematik oder zumindest eine Form von Berechnung. Doch die Ergebnisse werden nicht um der Ergebnisse willen erhoben. Das Ergebnis oder die Bewertung ist Anlass zu handeln, wobei ein unverändertes Weitermachen ebenfalls eine Form des Handelns ist. Deswegen müssen alle Beteiligten Vereinbarungen treffen, die Transparenz zur Leistungsbewertung verdeutlichen und Konsens dokumentieren. So spiegeln Leistungsergebnisse entweder wider, dass ein Ziel erreicht wurde oder dass eine Aufgabe nicht oder nur zum Teil umgesetzt worden ist. Das veranschaulicht, dass die Ermittlung von Ergebnissen eine Grundlage für weiteres Handeln bietet.

10.4.3 Vom Bewerten zum Quantifizieren

Leistung ist nicht isoliert zu betrachten, sondern sie ist immer mit einer Bewertung verbunden. Das Bewerten im Allgemeinen und die Leistungsbewertung im Besonderen sind qualitative Verfahren, die sich durch die Ausrichtung auf Leistungsziele mit der Quantifizierung verbinden. Leistungsziele sind im Idealfall messbar, angemessen, qualitativ und gültig (siehe Abb. 64). Diese bekannten Bezugspunkte sind diejenigen, die unmittelbar in den Fokus geraten, wenn Leistungsergebnisse objektiviert werden sollen. Dass sich trotz der Bemühungen um Objektivität das Subjektive nicht ausschließen lässt, macht all die Verfahren und Vorgehensweisen nicht hinfällig. Das Subjektive hat sogar eine Berechtigung, wenn darüber ein Zugang zum Bewerten gefunden wird und im Nachhinein die subjektiven Wertungen gegen objektivierte Auswertungen ausgetauscht werden.

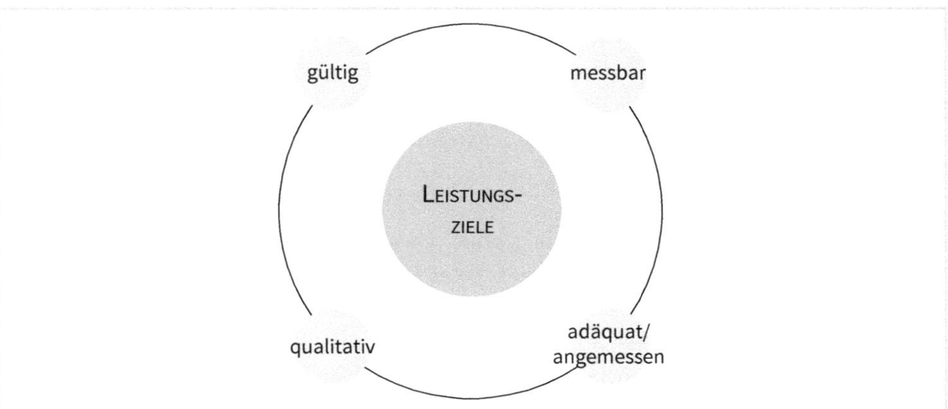

Abb. 64: Leistungsbewertung als ein qualitatives Verfahren

Die Verknüpfung von Quantifizierung und Leistungsbewertung erfolgt auf zweierlei Weise. Die Digitalisierung begünstigt das Bewerten von Leistungen, und das bei verschiedenen Formen der Leistung. Zum einen wird das Erfassen einfacher, zum anderen das Auswerten und das Sammeln von Daten. Damit wird bereits deutlich, wie die digitale Transformation auf breiter Front den Arbeitsalltag verändert hat:

- Optimierungen
- Arbeitserleichterungen
- Datenerfassung und Datensammlung
- Quantifizierung von Leistung
- Qualitätskontrolle
- Arbeitssicherheit

Digitale Hilfsmittel erledigen die notwendigen Arbeiten rund um das Quantifizieren, sowohl beim Protokollieren und beim Erfassen als auch bei der Überwachung mit Sensoren oder durch die Archivierung und die damit verbundenen Vergleichsmöglichkeiten. Digitale Lösungen können in diesem Zusammenhang sogar Tätigkeiten der Mitarbeiter ersetzen. Die einzelnen Einsatzbereiche sind unter Sammelbegriffen zusammengefasst, denn z. B. die Qualitätskontrolle beinhaltet weitere untergeordnete Einsatzbereiche digitaler Unterstützung:

- die Kontrolle im Allgemeinen mit ihren verschiedenen Kontrollpunkten,
- die Leistungsbewertung im Sinne der Qualität der Leistung,
- die Mitarbeiterbewertung im Sinne der Leistungsfähigkeit
- und die Qualitätssicherung mit Meldesystem.

Aus Unternehmenssicht kommen noch weitere Aspekte dazu, wie z. B. die Produktionssteuerung und die Automatisierung. Die Mitarbeiter nutzen zum Teil die Neuerungen ohne das Bewusstsein, ganz nah an der Digitalisierung zu sein. Beispiele hierfür sind *E-Mail*-Kommunikation, Textverarbeitung und die Möglichkeiten des Mobiltelefons. Das Controlling hat ungeahnte Möglichkeiten erhalten, die Produktionssteuerung erfährt ständig Optimierungen und die Unternehmensleitung weiß die vielen Wege der Datenaggregierung für die Strategiebildung zu schätzen. Ein Ausschnitt mit der Fokussierung auf die Virtualisierung erscheint daher sinnvoll, weil auf diese Weise konstruktiv wie operativ an die Möglichkeiten durch die digitale Transformation herangegangen werden kann. In der Virtualisierung können Testläufe und Szenarien durchgespielt werden, Produktionsabläufe zur Überwachung grafisch nachgebildet werden und Führungskräfte eine idealisierte Leistungserbringung mit den tatsächlichen Leistungen abgleichen, um Potenziale zu erkennen.

Werden die Innovationen, die die Digitalisierung angestoßen hat, genutzt und immer neue Anbindungsmöglichkeiten entwickelt, wirkt vieles spontan, sporadisch oder punktuell. Die Virtualisierung ist ein Bereich, bei dem strukturiert an die Nutzung heranzugehen ist, indem dieser Bereich erfasst und systematisiert wird. Das andere große digitale Segment, die Quantifizierung, ist noch weitgehend unerschlossen. Hierbei kann die Digitalisierung ihr ganzes Potenzial entfalten und können diejenigen, die quantifizieren wollen, der Kreativität freien Lauf lassen. Das setzt jedoch voraus, dass das Potenzial und die sich ergebenden Möglichkeiten in eine Struktur eingefasst werden, damit klar zutage tritt, was wie warum zur Quantifizierung ansteht.

Festzuhalten bleibt:

… Bewerten von Leitung muss objektivierbar, d. h. objektiv erfassbar sein, was voraussetzt, dass das Spektrum der Möglichkeiten erfasst worden ist und dass ein angewandtes Messverfahren auf die zu messende Leistung passt.

10.4.4 Angewandte Quantifizierung – aus der Praxis in die Praxis

Die maschinelle Produktionssteuerung basiert auf mathematischen Verfahren. Diese müssen nur angepasst werden, wenn sich Umgebungsvariablen ändern. Selbst im Dienstleistungsbereich greifen viele mathematische Modelle zur Steuerung sowie zur Überwachung der Dienstleistungsproduktion. Doch außerhalb einer maschinengesteuerten oder streng prozessgestützten Leistungserbringung existiert ein Feld von Leistungen, dem so gut wie keine durchgängig objektivierten Quantifizierungsmodelle zugrunde liegen. Beispielhaft dafür stehen die Aufgaben, die während einer Teamsitzung verteilt werden und die lediglich im Protokoll als *To-do* festgehalten sind. Diese offenen Posten stehen meist außerhalb der üblichen Abläufe und enthalten besondere Leistungsanforderungen. Derartige Leistungen werden spontan in die Arbeitsprozesse integriert. Das verdeutlicht schon, unter welch unterschiedlichen Rahmenbedingungen Quantifizierung stattfindet. Im Zusammenhang mit der Teamarbeit interessiert, wie sich die Leistungen, die außerhalb des Gewohnten zu erbringen sind, messen sowie bewerten lassen. Das Angebot, in diesen Fällen neue Wege sowie Methoden zur Leistungsmessung zu nutzen, scheint schier unerschöpflich. Es beginnt bei der Nachverfolgung offener Posten und reicht bis zum Einsatz von *Scrum*. *Scrum* erfreut sich gerade in den Arbeitsbereichen zur Digitalisierung eines größeren Interesses, da man darauf vertraut, über dieses Verfahren Digitalprojekte besser in den Griff zu bekommen.[34] Es stellt sich dann die Frage, warum es so wenig Leistungsmessung und -kontrolle in den weniger systematisierten Aufgabenstellungen gibt.

Festzuhalten bleibt:

… Leistung ist der Kern des Quantifizierens und des Messens, die Praxis zeigt den Weg dahin auf.

34 Ein kleiner Ein- wie Überblick zu diesem spezifischen Vorgehensmodell findet sich u. a. in Karen Dittmann (2023): *Hybrides Projektdesign*, Freiburg: Haufe; Andreas Opelt/Boris Gloger/Wolfgang Pfarl/Ralf Mittermayr (2023): *Der agile Festprei. Leitfaden für wirklich erfolgreiche IT-Projekt-Verträge*, 4., überarb. Aufl., München: Hanser; Boris Gloger (2023): *Scrum Think big*, 2., aktual. Aufl., München: Hanser; James Coplien/Jeff Sutherland/Lachlan Heasman/Mark Hollander/ Cesário Ramos Oliveira/The Scrum Patterns Group, The Scrum Patterns (2022): *Scrum – ein Buch über Zusammenarbeit. 94 Muster, die helfen, die Arbeit mit Scrum zu verbessern*, München: Vahlen; Sabine Niodusch (2022): *Agiles Projektmanagement nach SCRUM. dreitägiges Trainingskonzept + Follow-up-Tag*, Bonn: managerSeminare. Mehr auf Produktionsprozesse bezogen siehe z. B. Susanne Bartel (2023): *Kanban – kurz & gut*, Heidelberg: O'Reilly.

10.4.5 Quantifiziertes Wissen – eine neue und eine ganz besondere Herausforderung

Moderne Wissenswirtschaft im Unternehmen gelingt nicht ohne die Berechenbarkeit von Wissen. Da Wissenskennzahlen in vielen Unternehmens-/Organisationsbereichen Neuland sind und der Umgang mit der Wissensbewertung nicht in alle Führungsbereiche vorgedrungen ist, stellt sich die Forderung, hier außer einem Bewusstsein für die Messbarkeit auch eine Systematik zu schaffen, Messbarkeit herzustellen und praktische Hilfen an die Hand zu geben. Fragen können hierbei ein weiteres Mal helfen, eine allumfassende Frage macht den Anfang:

Leitfragen

- *Wann, wo und wie lässt sich Wissen in der Wertschöpfung messen?*
- *Wo wird die Wirkung von Wissen ganz deutlich erkennbar?*
- *Wie lässt sich dieses Wissen in Operationen zerlegen?*
- *Welche Quantitäten resp. Qualitäten lassen sich hinsichtlich der Bewertung solcher Wissensteile erkennen?*
- *Wie kann verfolgt werden, ob ein Wissenstransfer stattgefunden hat?*
- *Welche Anreize zum Teilen von Wissen können eingesetzt werden?*
- *Wie kann ganz allgemein die Bedeutung von Wissen aufgewertet werden?*

Das übergeordnete Ziel bildet die Kapitalisierung von Wissen, denn Humankapital im Unternehmen wird zunehmend vom Wissen der Mitarbeiter hergeleitet. Der oft beschworene Fachkräftemangel spricht dafür, Wissen in die Kapitalisierung einzubeziehen, wohingegen zu hinterfragen bleibt, wie dramatisch der Fachkräftemangel tatsächlich ist. Solange die vorhandenen Mitarbeiterpotenziale brachliegen und Wissen wie Wissensvermittlung nicht gefördert werden, droht ohne Frage ein Fachkräftemangel, da Wissen immer mehr an Bedeutung gewinnt.[35]

Festzuhalten bleibt:

… die Bewertung von Wissen bereitet Wissenskapitalisierung vor, die die Wissenswirtschaft im Unternehmen begründet und damit zur Zukunftssicherung beiträgt.

10.4.6 Praktische Handreichungen zur Quantifizierung

Die Eckpunkte (siehe Abb. 54 in Kapitel 10.3 und Abb. 58 in Kapitel 10.3.7), das Operative der Quantifizierung (siehe das nachfolgende Kapitel 10.5) und die Anforderungen der Praxis stellen die Bausteine zur Verfügung (siehe weiter unten Kapitel 11.5), die in einen Ablauf gebracht wer-

35 Das Thema Fachkräftemangel hat schon eine erstaunlich lange Laufzeit, siehe dazu beispielhaft Werner Bünnagel (2011b): »Fachkräftemangel – ein Gerücht«, in: *PERSONAL. Zeitschrift für Human Resource Management*, Heft 4/2011, S. 26.

den müssen. Gleichzeitig hilft der Ablaufplan mit der vorgegebenen Struktur, den Weg von der Leistung zur Leistungsbewertung zu finden. Beim Prozess der Leistungserfassung beginnt der Ablauf mit dem Messgegenstand und endet mit der Nachverfolgung. Es mag paradox erscheinen, die Gültigkeit des gesamten Verfahrens erst im Anschluss zu prüfen, aber erst nachdem der Prozess einmal durchlaufen worden ist, können Gültigkeit, Vergleichbarkeit und Wiederholbarkeit überprüft werden (siehe Abb. 65). Die Pilotierung hilft, den empirischen Ansprüchen näherzukommen. Das Verfahren muss nicht alle Kriterien der Empirie vollumfänglich erfüllen, eine Annäherung daran und ein Bewusstsein für die Objektivierung reichen, Leistungsbewertung Gültigkeit, Anwendbarkeit und Angemessenheit zu verleihen.

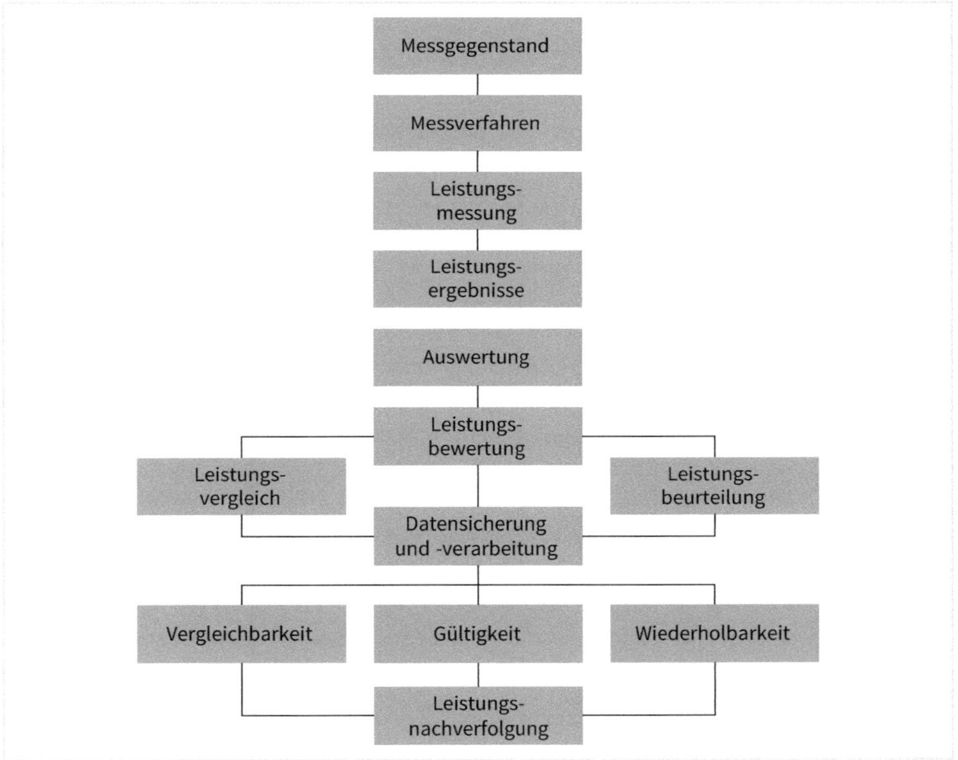

Abb. 65: Leistungserfassung als Ablauf

Im Sinne der kritischen Prüfung und mit dem Bewusstsein, dass Objektivierung beim Verfahren der Leistungsmessung unabdingbar ist, bleibt nach der Leistungsbewertung erneut die relevanteste aller Fragen:

Leitfrage

- *Wird tatsächlich das gemessen, was gemessen werden soll?*

Quantifizierung erfordert ein gewisses Maß an Kreativität, da es weder einen allgemeingültigen Quantifizierungsweg gibt noch irgendeine einheitliche Methode zur Verfügung steht. Die Situation, das Ziel und der Zweck sind die Eckpunkte, auf deren Grundlage die eigene Methode entwickelt wird. Vollständig wird dieser Prozess aber erst, wenn über den vorgezeichneten Rahmen hinweggeschaut wird. Den Ablauf komplettiert die Leistungsnachverfolgung – mit dem echten Mehrwert, der aus der Nachverfolgung hervorgeht, kann der Prozess abgeschlossen werden.

Festzuhalten bleibt:

... Wirtschaftlichkeit oder Sinnhaftigkeit lässt sich nur objektiv bewerten, wenn Handeln durch einen geregelten Ablauf berechenbar gemacht wird.

10.4.7 Leistungsmessung konkret – am besten am Beispiel

Leitfrage

- *Was interessiert an einer Leistung, warum soll sie gemessen werden?*

Von dieser Frage ausgehend ermitteln die Verantwortlichen die Handlungsrichtung. Mit der Leistung wird immerhin das Erreichen einzelner Unternehmensziele wiedergegeben. Führungskräften sowie Mitarbeitern gibt es Gelegenheit, Erwartungen abzugleichen. Alle zusammen können dann auf das Optimierungspotenzial schauen. Leistungsmessung bringt den Vorteil mit sich, dass Mitarbeiter sowie Führungskraft sich Gedanken zur Leistung und zu den einzelnen Bestandteilen machen, sodass am Ende alle genau darangehen, Veränderungen anzustoßen. Ähnlich wie Optimierungen zur Messzahl erhoben werden können, so kann in der konkreten Leistungsmessung noch feiner das Was bestimmt werden (siehe Abb. 66). Voraussetzung dafür, dass diese Messpunkte fassbar werden, ist es, dass eine Entscheidung getroffen und eine Festlegung auf einen oder auch mehrere Messpunkte vorgenommen wird.

Abb. 66: Leistungsmessung konkret

Im Einzelnen werden die möglichen Messpunkte weiter heruntergebrochen. Mit dem Aufteilen wird Voraussetzung geschaffen, die richtigen Schritte auszuwählen, um daraufhin Schritt für Schritt auf das gültige Leistungsergebnis hinzuarbeiten.
Es beginnt mit der Zielrichtung:

- Historie, Vergleich von Leistungen auf einer Zeitschiene,
- Einzelleistung,
- Teamleistung,
- ...

Es führt dann über die Formate:

- Anzahl/Stück,
- Zeit,
- Dauer,
- Güte,
- ...

Die Messung kann dann die Dauer erfassen:

- Wie lange wird für die Erledigung gebraucht?
- Bis wann wird etwas erledigt?
- ...

Messung kann die Zeit ganz allgemein erfassen:

- Arbeitszeit,
- Bearbeitungszeit für ein Produkt/eine Dienstleistung,
- Dauer bis zur Erledigung,
- ...

Die Häufigkeit oder die Qualität können eine Rolle spielen:

- Wie oft wird eine Einheit produziert/geleistet?
- Wird die Qualitätserwartung erfüllt?
- Wird mit dem Umfang die vorgegebene Qualitätsanforderung erfüllt?

Ein weiteres Bewertungskriterium kann im Sinne von Stabilität/Kontinuität sein:

- Ergebnisse im Vergleich,
- Ergebnisse auf einer Zeitschiene,
- Ergebnisse in einem Zeitraum,
- ...

Eine der ersten Aufgaben, bevor es überhaupt an die Messung geht, besteht darin, die Einheiten festzulegen, damit Ergebnisse des Bewertungsprozesses gültig sind. Nicht die Vielzahl der Möglichkeiten zählt, sondern das, was aus diesen Möglichkeiten gemacht wird und welche genutzt werden. Dazu sind Entscheidungen notwendig, und das Messen muss ins Handeln überführt werden. Bei der Leistungsmessung reicht es nicht, einfach den Verlauf abzuspulen. In der Nachverfolgung zeigt sich das Interesse an der Gültigkeit und an der Aussagekraft der Ergebnisse.

Leistung darf nicht bloß auf die Leistungen der Mitarbeiter beschränkt bleiben. Die Leistungsfähigkeit und der Leistungsumfang von Hilfsmitteln, Maschinen, Abläufen oder Prozessschritten sind nicht minder wertvolle Indizien für die Leistungsfähigkeit eines Unternehmens, aber sie liefern im Umgang wie in der Handhabung vor allem konkrete Leistungsergebnisse, wenn sie denn gemessen werden. Das reicht von einem pauschalen Vergleich (z. B. damit abgewogen werden kann, wie die Teambesprechung im virtuellen Raum am günstigsten abbildbar ist, mit Videokonferenz über spezifische Konferenz*software* oder ganz einfach mit dem Mobiltelefon) bis hin zur Prüfung, ob die automatische Datenerfassung kostengünstiger ist als das manuelle Einpflegen oder Nachbearbeiten. Statt Arbeitszeit von Hand zu erfassen, kann die Erfassung über Sensoren oder über die Technologienutzung (z. B. Dienst-PC, Dienst-Telefon oder *Log-in*-Status) erfolgen. Nachrichtendienste (*Mailing*, *Social Media*, *SMS* u.ä.) werden oft pauschal in Hinsicht auf deren Reichweite bewertet, dagegen ist Erreichbarkeit wesentlich komplexer zu betrachten, wozu das Auswerten von Zugriffen über die Klickzahlen hinausgeht. Das mag ein Beispiel dafür sein, das Leistungsbewertung im technologischen Bereich aus verschiedenen Blickwinkeln erfolgen sollte.

Akzeptanz und Nutzung von Medien oder Informationen lassen sich über Zugriffsstatistiken überprüfen. Neue Medien, neue Wege erhalten ihre Berechtigung über den Nutzwert, ob dies zum Beispiel das IT-gestützte Lernen am Arbeitsplatz, IT-gestützte Projektmanagement oder die Auslagerung sowie Automatisierung von Verwaltungsprozessen (z. B. Bestellwesen, Urlaubsanträge, Weiterbildung) ist. Scannen, Fotoerkennung, Diktierfunktion, Textbausteine, Erinnerungsfunktion, Archivierung, Datenrecherche, Datenabgleiche, Arbeitszeiterfassung, Nutzungszeiten, Stückzahlen, automatische Protokollierung und Auswertung, all das ist ohne Informationstechnologie nicht mehr vorstellbar und aus dem heutigen Arbeitsalltag nicht mehr wegzudenken. Algorithmen werten Daten im Hintergrund aus und können Ergebnisse bei Bedarf oder in definierten Perioden liefern. Effizienz bedeutet in diesem Zusammenhang, dass nach der Bereitstellung und Vorbereitung aller Daten für die Auswertung die technologischen Hilfsmittel genau auf die spezifischen Anforderungen abgestimmt sind.

Sind durchweg die Leistung und Leistungsbewertung thematisiert worden, ist dies nicht gleichbedeutend mit einer generellen oder unternehmenspolitisch entstellten Leistungsorientierung. Orientierung an Leistung ist zuvorderst eine sachliche Hinwendung zur Leistungsbewertung. Die Leistungsorientierung hilft allgemein und ohne Verbrämung dabei, ein selbstgestecktes Leistungsziel zu erreichen. Aus diesem Grund ist es umso wichtiger, Mitarbeiter am ganzen Prozess zu beteiligen. Auf diese Weise und in dieser Deutung der Leistungsorientierung entsteht keine Konkurrenz zur Handlungsorientierung. Sie ist und bleibt die bestimmende Maxime, denn Handeln ist allem übergeordnet. Falsch verstandene Leistungsorientierung zielt darauf, Leistung mit der Leistung anderer vergleichbar zu machen.

Festzuhalten bleibt:

… nicht alle Wege führen zum Ziel, besser gesagt zum Ergebnis, das bedeutet, dass eine Entscheidung getroffen werden muss.

Es darf bei alledem nicht vergessen werden, dass Leistungsbewertung auch kritisch zu sehen ist: Bringt Leistungsbeurteilung den gewünschten Nutzen? Führt die Leistungsbewertung zum Rückzug und wirkt demotivierend? Wie dynamisch ist das Beurteilungssystem? Entwickeln sich Instrumente mit? Schließlich entscheidet man auf dieser Grundlage über die Zukunft der Mitarbeiter. Sind die Ergebnisse einer Bewertung nicht für die betreffende Person gültig, erfolgt eine falsche Einschätzung zur Leistungsfähigkeit der Mitarbeiter. Solange die allgemeine Arbeitsleistung im Mittelpunkt steht, scheint eine Bewertung weniger problematisch zu sein. Verlagert sich das Ganze hin zu einer Leistungsbeurteilung im Sinne eines Vergleiches mit anderen Mitarbeitern oder als Entscheidungsgrundlage für Lohn und Karriere, lauern Gefahren. Wenn Mitarbeiter nicht in die Leistungsbeurteilung einbezogen werden, kann es passieren, dass Mitarbeiter auf Distanz gehen, sich zurückziehen oder ihre Motivation sinkt. Letztlich wird dadurch die Leistung gemindert. Insbesondere im Hinblick auf die Autonomie und die Agilität zeigt sich, dass Leistungsbeurteilung Konsens braucht. Die Leistungsbeurteilung im klassischen Sinne und in hierarchisch organisierten Strukturen, in denen Mitarbeiter zur Festlegung von Entlohnung und zur Vergleichbarkeit bewertet werden, hat in der *neuen Arbeit* ausgedient.

10.5 Quantifizierung in der Praxis – die Aufforderung zur Umsetzung

Es gibt ganz viele Berechnungsmodelle und Berechnungsarten, was jedoch kein Grund sein sollte, den Überblick zu verlieren. Bei der Wahl der Kennzahlen und der daran geknüpften Berechnungsmethode hilft es, die Möglichkeiten zu prüfen und daraufhin den geeigneten Weg einzuschlagen (siehe Abb. 67). Quantifizierung und in dessen Folge die Leistungsbewertung sind kein Hexenwerk. Der Prozess der Leistungsmessung ähnelt in vieler Hinsicht anderen Problemstellungen und Aufgaben: Man muss einen Anfang suchen und in kleinen Schritten vorangehen. Wer weiß, was zu messen ist und welcher Weg zu einem gültigen Ereignis führt, der hat die Herausforderung, die im Quantifizieren und im Messbarmachen steckt, erfolgreich gemeistert. Den Anfang mit einem kleinen Schritt zu machen, wird wahrscheinlich am ehesten dafür sorgen, dass weitere Schritte folgen und dass zum Schluss die Aufgabe erfolgreich abgeschlossen wird. In Möglichkeiten denken, den ersten Schritt wagen, in Bewegung bleiben, zwischendurch kritisch auf das eigene Tun schauen und unentwegt den Abschluss suchen – das ist Umsetzung in der Praxis.

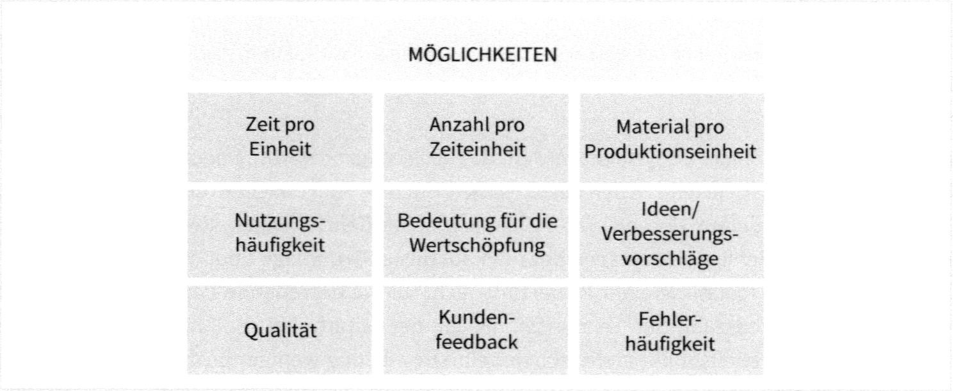

MÖGLICHKEITEN		
Zeit pro Einheit	Anzahl pro Zeiteinheit	Material pro Produktionseinheit
Nutzungs-häufigkeit	Bedeutung für die Wertschöpfung	Ideen/ Verbesserungs-vorschläge
Qualität	Kunden-feedback	Fehler-häufigkeit

Abb. 67: Quantifizierung in der Praxis

Ein Quervergleich der bisherigen Darstellungen zeigt einerseits auf, welches die wesentliche Kernbestandteile der Quantifizierung sind und bestätigen, dass es in der Summe nur wenige wichtige Aspekte gibt. Andererseits führt er vor, wie der Perspektivwechsel einzelne Blickwinkel erzeugt, Sichten gewinnen und Merkmale erkennen lässt. Das Thema *Leistung* darf nicht einfach in die Hände anderer gelegt werden, und es sollte auch nicht blind auf Standards vertraut werden, um festzulegen, was das Team gemeinsam leisten muss. Leistungsmessung wird zunehmend wichtiger, da sich aufgrund der Dynamik Arbeitsinhalte immerfort verändern. Während in stereotypen Abläufen und bei Tätigkeiten, die unverändert fortwährend ausgeführt wurden, Leistung entweder immer dieselbe war oder aus Erfahrung pauschal bewertet werden konnte, müssen wechselnde Leistungen sowie sich verändernde Leistungsergebnisse gegebenenfalls mit wechselnden Methoden erfasst werden. Standardisierungen sind in diesem Falle keine starren Verfahren, die zum unreflektierten Gebrauch animieren sollen. Führungskräfte müssen sich auf die Leistungsmessung und Leistungsbewertung einlassen, damit sie hinterfragen können, ob das Ergebnis objektiv ist, welche Bedeutung es für die Teamleistung hat und wie sie das Ergebnis für die weitere Entwicklung nutzen können.

Festzuhalten bleibt:

… Methoden und Formeln zum Berechnen gibt es viele, doch beim Quantifizieren muss das Augenmerk auf das Umsetzen von Planungen gelegt werden.

11 Verbindungen herstellen und bedarfskonformes Veränderungsmanagement

Verbindungslinien erklären die Zusammenhänge in Bezug auf die gesetzten Themen, sie sensibilisieren dafür, wie Digitalisierung, Virtualisierung und Quantifizierung miteinander verwoben sind. Für die Dynamik ist dies im Grunde genommen unwesentlich, denn die Kybernetik in Unternehmen oder Organisation lässt Bewegungslinien in alle Richtungen erkennen. Letztendlich sind alle Aspekte auf irgendeine Weise miteinander verbunden. Vernetzungen ist eigen, dass sie Verbindungen herstellen. Daraus können wiederum weitere Vernetzungen stattfinden. Was nun die Realität abbildet, die Digitalisierung oder die Vernetzung an sich, bleibt zunächst ohne Bedeutung. Die Vernetzung bringt die Veränderung, stärkt den Wandel und schafft Neues. In einer an Kybernetik orientierten Matrix wirkt das neue digitale Tool hinein ins Team, erleichtert die Arbeit und erlaubt beispielsweise das Arbeiten im virtuellen Raum, sodass nach der Einführung von Neuerungen Ressourcen entstehen, die zum Beispiel für Ideen und Impulse für andere Veränderungen freisetzen. Dieses Wirkungsgefüge könnte genauso gut mit Knoten in einem Netz dargestellt werden (siehe Abb. 68).

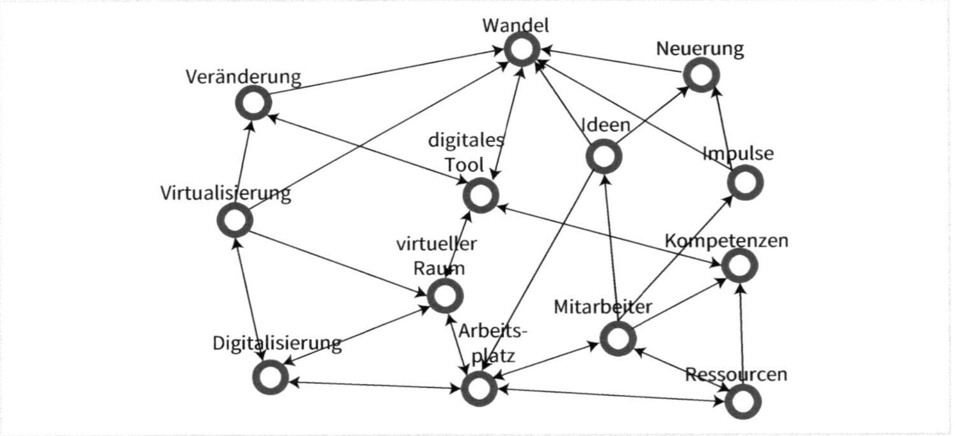

Abb. 68: Knoten, Verknüpfungen, Netze und Kybernetik

Festzuhalten bleibt:

… im Veränderungsmanagement gewinnt es an Bedeutung, über den Tellerrand zu schauen, denn jede Bewegung wirkt in mehrere und verschiedene Richtungen, sodass ein Netz von Bewegungen in Schwingung gerät.

11.1 Kybernetik lesen

Die größte Wirkung von Dynamik in Technologie und der Ausbreitung des virtuellen Arbeitens kann erzielt werden, wenn die innewohnende Kybernetik vollumfänglich genutzt wird. Das bedeutet, bei Neuerungen stets genau darauf zu schauen, wie weit eine Innovation wirkt, womit sie verknüpft und wie sie weiterentwickelt werden kann. Es ist das Heraustreten aus einer Situation und das Weiterdenken, u. a. mittels des Perspektivwechsels, was den Horizont öffnet. Dieses gedankliche Vernetzen ermöglicht es, Verbindungen herzustellen und Wirkungen zu verfolgen. Das Netz der Wirkung zu erfassen, lässt erkennen, welche Verknüpfungen noch nicht aktiviert sind. Wenn z. B. Neuerungen das Weiterlernen der Mitarbeiter noch nicht aktiviert haben, dann muss dies so gefördert werden, dass die Mitarbeiter verstehen, welche Bedeutung das Weiterlernen im Wandel hat. Den Mitarbeitern kann dabei der Perspektivwechsel in gleicher Weise helfen. Modernität kann oft nur durch den Perspektivwechsel skizziert werden.

Das Verständnis für das Kybernetische im System der Dynamik, der Digitalisierung, der Führung und der Leistung hilft, Verbindungen zu erkennen, Möglichkeiten auszumachen und die Reichweiten einzelner Veränderungen zu erkennen. Bewegt sich ein Knoten in einem Netz, dann wirkt dies auf die benachbarten Knoten. Es entstehen Schwingungen im Netz, die sich fortsetzen. Übertragt man dieses Bild auf das Weiterlernen, kann nachvollzogen werden, wie die Schwingungen im Netz sich ausbreiten und wie das Weiterlernen durch seine Bewegung andere Knoten im Netz in Bewegung versetzt. Kybernetik in der Teamarbeit soll keine Wissenschaft sein, es ist mehr das Bewusstsein, wie alles miteinander verknüpft ist und wie Wirkung genutzt werden kann, damit Bewegung eingeleitet wird und sich fortsetzt.

Festzuhalten bleibt:

... alles hängt auf irgendeine Weise zusammen, deshalb dürfen Veränderungen nicht isoliert gesehen und verfolgt werden.

Handeln hat Seiteneffekte, das Kybernetische im Handeln macht deutlich, dass jedes Tun nicht nur eine Wirkung hat, es wird bei aller Zielgerichtetheit stets über das Handeln Bewegung an anderen Stellen erzeugt. Auch wenn ein Perspektivwechsel nötig sein mag, um einen Seiteneffekt zu erkennen, bleibt es am Ende doch eine Nebenwirkung. Dies sollte nicht unbedingt als Mahnung aufgefasst werden, sondern vielmehr als Ansporn, sich der weitreichenden Auswirkungen des eigenen Handelns bewusst zu werden und die gesamte Wirkmächtigkeit unseres Tuns optimal zu nutzen. Handeln ist nie eine isolierte Aktion, jede Handlung wirkt in verschiedene Richtungen – dessen müssen sich diejenigen, die handeln, bewusst sein.

11.2 Neue Technologien und Wirtschaftlichkeit – alles berechenbar machen

Ob digitale Revolution oder digitale Transformation, mit dem rasanten Vordringen neuer Technologien hat sich die Arbeitswelt grundlegend verändert. Dem muss mit entsprechenden strukturellen Reaktionen in der Gestaltung sowie Organisation von Arbeit Rechnung getragen werden. Die Veränderungen durch die Technologisierung sind so tiefgreifend, dass eine kleine Strukturkosmetik den Anforderungen an eine neue Arbeitswelt nicht mehr gerecht wird. Innovation hat nicht allein eine besondere Veränderungsgeschwindigkeit, sie wird begleitet von der Notwendigkeit, Strukturen anzupassen und die Aufgaben von Mitarbeitern den Veränderungen anzupassen. Bei aller Hoffnung, die oft auf das Neue gerichtet wird, darf der betriebswirtschaftliche Aspekt nicht unbeachtet gelassen werden. Vor allem neue Technologien erfordern eine sorgfältige betriebswirtschaftliche Prüfung, da meist beachtliche Investitionskosten damit verbunden sind.

Festzuhalten bleibt:

… nicht jede technologische Neuerung zahlt sich aus, es bedarf immer einer betriebswirtschaftlichen Prüfung.

Ein weiterer wichtiger Anknüpfungspunkt ist der Bedarf. Er ist für alle Vorhaben, Neuerungen und Veränderungen der entscheidende Bezugspunkt. Entscheidungen und Planungen hängen davon ab, was aus einer Bedarfssituation hervorgeht. Die Verbindungslinien aus dem Digitalen wie Virtuellen hin zur Quantifizierung sind bei oberflächlicher Betrachtung vielleicht nicht sofort ersichtlich. Es kann indessen nicht geleugnet werden, dass mit der modernen Informationstechnologie sowohl die Möglichkeiten erweitert werden als auch sich seitdem die Leistungsbewertung leichter gestaltet. Beispielhaft hierfür stehen die automatisierte Datenerfassung, die elektronische Datenauswertung und die schnelle Datenübermittlung. Ob betriebliche Datenvernetzung oder Datenanalyse, es muss nichts mehr in die Hand genommen werden. Digitalisierung und Quantifizierung sind eng verknüpft. Nicht selten liegt es an einem mangelhaften Informations- oder unzureichenden Kenntnisstand, dass die vielfältigen Einsatzmöglichkeiten der neuen Technologien nicht genutzt werden. Wer also Quantifizierung im Projektcontrolling, in der Teamsteuerung oder in der Leistungsbewertung aufsetzen will, der braucht die Informationstechnologie. Die Virtualisierung kann dazu beitragen, die Datenerfassung zu dezentralisieren und im Gegenzug hilft die Quantifizierung dabei, z. B. die Vor- und Nachteile der mobilen Arbeit zu erfassen. Leistungsergebnisse können durch Virtualisierung vor allem dort verbessert werden, dadurch dass Aufwand entfällt und Prozesse optimiert werden.

Leistungsbewertung wird stets den Hauch oder vielleicht den Ruch von Überwachung und Kontrolle haben. Kontrolle muss deshalb aus der Emotionalität herausgezogen und die Sachlichkeit sowie die Objektivität als Maßstäbe genommen werden. Kontrolle oder Bewertung sind lediglich zwei Formen, sich der Leistung anzunähern. Damit das alles dann einen Wert für die Beteiligten am Verfahren hat, treffen sie eine Vereinbarung. Das zeigt, wie sich Leistung,

Leistungsmessung, Leistungsbewertung und Kommunikation zusammenflechten lassen. Im modernen *Teaming* funktionieren Leistungskontrolle und Leistungsbewertung dadurch, dass Transparenz und Klarheit herrschen, was Ziele, Aufgaben und Erwartungen betrifft.

Festzuhalten bleibt:

… berufliches Handeln folgt einem Zweck und Ziel, was nicht losgelöst von der Wirtschaftlichkeit geschieht, sodass das Handeln messbar sein muss.

Mit der Berechenbarkeit werden Veränderungen berechenbar – damit dies kein Wortspiel bleibt, müssen Strukturen geschaffen sein, die sicherstellen, dass Veränderungen bewertet werden können. Dies betrifft vornehmlich die Bedarfskonformität, denn es liegt auf der Hand, dass Veränderungen wirtschaftlich sinnvoll sein müssen.

11.3 Bedarfskonformität verstehen – Bedarf adäquat und geprüft

Veränderungen durch die digitale Transformation sowie der schnelle Wandel bedingen ein dynamisches Changemanagement. Zu den entscheidenden Variablen im Hinblick auf die Wirksamkeit von Veränderungen sind außer Bedarfskonformität und Nachhaltigkeit noch die Mitarbeiter resp. deren Veränderungsbereitschaft. Fehlt auch das Vertrauen, Mitarbeiter als *Change Agents* aufzuwerten, so muss zumindest bei allen Planungen einbezogen sein, dass sie eine wirksame Variable bei der Umsetzung von Neuerungen sind.[36]

Eine Systematik in der Quantifizierung erleichtert das Erfassen von Veränderungsmöglichkeiten und zugleich von Wirksamkeit, was beispielsweise die verschiedenen Digitalisierungsmomente betrifft. Auf diese Weise finden Digitalisieren, Virtualisieren und Quantifizieren immer wieder zusammen. Es ist wichtig, den konkreten und tatsächlichen Bedarf zu berücksichtigen und nicht den gedachten, antizipierten, möglichen oder wahrscheinlichen. Denn Bedarf, der sich mit Sicherheit einstellt, ist in diesem Moment schon Bedarf und nichts Prognostiziertes. All das zeichnet eine hinreichende Ausgangssituation vor. Hinreichend bedeutet in Anbindung an ein betriebliches Veränderungsmanagement, dass die genannten Aspekte Berücksichtigung finden müssen.

Am Anfang stehen wie gewohnt einige Fragen:

Leitfragen

- *Was sind die Vorgaben?*
- *Was sind die Erwartungen?*
- *Was sind die Ziele?*

36 Siehe auch zu Mitarbeitern als *Change Agents* Werner Bünnagel (2021): *Mitarbeiter als Change Agents. Dynamik im Unternehmen neu denken, Strategie und Führung neu ausrichten*, Wiesbaden: Springer Gabler.

- *Was genau soll sich ändern?*
- *Welche Expertise ist notwendig?*
- *Was macht hinsichtlich der geplanten Neuerung einen Fachexperten aus und wo sind solche Experten im Unternehmen zu finden?*
- *Wie lassen sie sich einbinden?*
- *Welche Vision steht dahinter?*

Damit *Change* nicht als Aktionismus verkümmert und Mitarbeiter nicht die Ernsthaftigkeit von Veränderungen anzweifeln, sollten alle gemeinsam an das Verändern herangehen. Die erzeugte Bewegung durch eine Innovation setzt Beweglichkeit dort voraus, wo sie ankommt, damit die Bewegung erhalten bleibt.

Festzuhalten bleibt:

... Change trifft irgendwann auf die Mitarbeiter, die sind aber nicht einfach willfährige Vollstrecker, erfolgreich wird das Changemanagement erst mit Mitarbeitern als Change Agents.[37]

Die Modernität droht häufig, die Bedarfskonformität in den Hintergrund zu drängen. In einer eher unsachlichen Deutung wird alles Moderne als nützlich und dienlich gewertet, ohne genau hinzuschauen, welcher Mehrwert denn wirklich mit von außen eingeführten Neuerungen erwartet werden darf. Deshalb muss die Bedarfsprüfung immer wieder mahnend gefordert werden. Der Bedarf ist eine der größten Herausforderungen im operativen Geschäft und vor allem im Zusammenhang mit Digitalisierung und Virtualisierung. Wie oft werden neue Technologien als Heilsbringer aufgefasst und sogar ohne Bedarfsprüfung in Unternehmen wie Organisationen gewissermaßen hineingepresst. Das stellt neue Technologien nicht infrage, sie werden immerhin entwickelt, um einen Bedarf zu decken. Eben diese Bedarfssituation entsteht jedoch nicht generell, sie muss vorliegen und erkannt werden, um dann gezielt die Bedarfsdeckung anzugehen. Wenn der übersteigerte Glaube an Modernität die Bedarfsprüfung verdrängt, wird eine Innovation unkalkulierbar.

Festzuhalten bleibt:

... Bedarfsanalyse darf nichts Intuitives sein, denn erst ein objektivierter Bedarf schafft die Grundlage dafür, die geeigneten Maßnahmen zu initiieren.

11.4 Bedarf erkennen, Bedarf decken und Bedarfsdeckung verfolgen

Den Bedarf zu erkennen und zugleich zu objektivieren ist die Nahtstelle jeglichen Changemanagements. Sachlichkeit im Sinne der Objektivität zum Tragen zu bringen, hilft dabei,

37 Ebd.

erfolgreich Veränderungen anzustoßen. Ist einmal Bedarf objektiviert, sind die Folgeschritte sozusagen folgerichtig. Wenn konkret bekannt ist, worin ein Bedarf besteht, kann mit geeigneten Maßnahmen die Bedarfsdeckung verfolgt werden. Die Nahtstelle des Erfolgs bildet in diesem Zusammenhang die Umsetzung, die mit der Bedarfsdeckung gleichzusetzen ist. Außer dem Umsetzungserfolg zählt aber noch die Nachverfolgung (siehe Abb. 69).

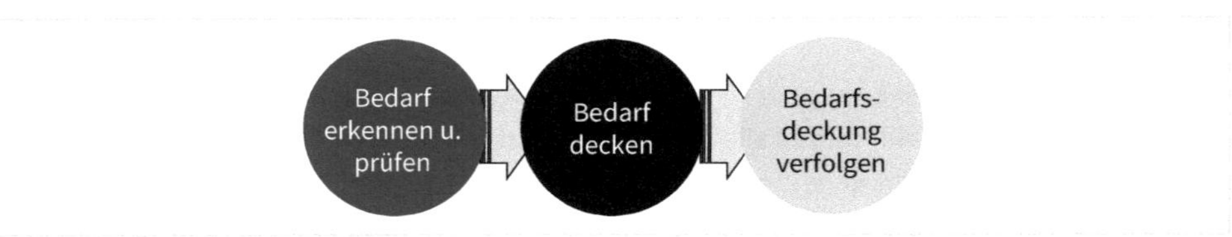

Abb. 69: Bedarfsorientierung

Wenn bei Wissenstransfer, *Intranet*-Lösungen sowie virtueller Zusammenarbeit die Effizienz und die Optimierung als Zielpunkte vorgegeben sind, dann sollte man das ernst nehmen. Es geht dann nicht um das *Smarte* einer Lösung, das Allumfassende oder die intelligente Programmierung, gefordert ist eine am Bedarf ausgerichtete Lösung, die *de facto* eine Optimierung bringt und den konkreten Aufwand verringert. Ganz simpel heruntergebrochen bedeutet dies, dass eine Plattform ein Hilfsmittel ist und bei einer Recherche die notwendigen Informationen bereitstellt, dass eine Vernetzung, z. B. über ein Forum, konkrete Hilfen anbietet sowie die richtigen Mitarbeiter zusammenbringt und dass mittels der Vernetzung im Allgemeinen die Kooperation zielgerichtet gefördert und die Vernetzung von Wissen ausgebaut wird.

Der Kreis der Bedarfsdeckung schließt sich mit dem konkreten Mehrwert. Digitale Neuerungen, dezentrale Teamarbeit, Wissensvernetzung sowie alle Veränderungen zeichnen sich durch ihren Mehrwert aus. Dadurch erhält Wandel Sinnhaftigkeit und obendrein Nachhaltigkeit, sodass weitere, neue Entwicklungen angestoßen werden können. Digitalisierung und Virtualisierung lassen sich nicht von der Quantifizierung abtrennen. Die rein betriebswirtschaftliche Betrachtung greift diesbezüglich oft zu kurz, weil die Standards, die auf den *Change* angewendet werden, die Wirklichkeit nicht vollständig abbilden. Die Wirklichkeit vor Ort zeigt den tatsächlichen Nutzen auf, und das muss mit Werten wie Kennzahlen aus der Umsetzung bemessen werden. Ein weiteres Mal wird vorgeführt, wie Digitalisieren, Virtualisieren, Quantifizieren, Wandel und Veränderungen mit der Arbeit im Team verschmelzen.

Festzuhalten bleibt:

... Change ist kein Glücksspiel, sondern erst wenn Veränderungen auf den Bedarf passen, ist Wandel sinnvoll.

11.5 Eins nach dem anderen – Baukästen und Bausteine

Baukasten und Bausteine sind allgemeine, eher didaktische Arbeitsbegriffe. Sie sollen das Entwickeln, Zusammensetzen und Aufbauen einerseits zusammenfassen, andererseits als ein Werkzeug zugleich Leitfaden für das Weiterentwickeln sein. Da dies alles beispielhaft und nicht spezifisch ist, wird sich die Zusammenstellung der Bausteine je nach Situation und Bedarf verändern. Die Blickrichtung gibt die Wahl und die Gestalt der Bausteine vor. Mit dem Perspektivwechsel verändern sich die Bausteine selbst, und da Situation sowie Bedarf alles prägen, verändert sich sogar die Form der Bausteine. Die Baumeister setzen die Richtschnur gemäß ihren eigenen Vorstellungen und nach den vorliegenden Rahmenbedingungen. Sie werden die angebotenen Inhalte zu den Bausteinen als Impulse nehmen und sich die Bausteine selbst formen.

11.5.1 Vom Baustein zum Impuls

Der Baukasten ist zweifellos ein theoretisches Konstrukt, aber er kann als Instrument dienen, um den Prozess des Teamaufbaus zu strukturieren, denn es wird ein roter Faden für die Entwicklung gelegt. Tauchen bei Teamentwicklung und Führung zuweilen dieselben Bausteine auf, sind das dann Begrifflichkeiten, hinter denen jeweils unterschiedliche Blickwinkel die Beschreibung ausmachen. Digitale Transformation unterliegt derselben Methodik, es sind die einzelnen Schritte, die als Bausteine dienen. Mitarbeiterqualifizierung und Innovation unterliegen demselben Schema. Die einzelnen Maßnahmen zur Umsetzung dieser Bausteine können variieren, da es keine universellen Lösungen gibt. Dagegen können einige Mechanismen in der Zusammenarbeit sowie in der Führung als übergreifend betrachtet werden, sie ergeben in der bedarfskonformen Ausprägung dann Leitlinien, die die Richtung vorgeben. Bausteine sind damit nichts Vorgefertigtes, sie werden erst durch die individuelle Ausgestaltung zu einem konkreten und aufgrund deren Spezifität zu einem wirksamen Baumaterial (siehe Abb. 70). Da neue Arbeitsmaterialien, neue Arbeitssituationen und digitale Neuerungen denselben Mechanismen unterliegen, gleichen sich die Methoden. Alles lässt sich im nachfolgenden Ablauf aggregieren: das Zerlegen in Wandel, Bedarf und Schritte, dann das Abarbeiten durch die Umsetzung und das Nachhalten, während die Wirksamkeit von Veränderungsmaßnahmen überprüft wird.

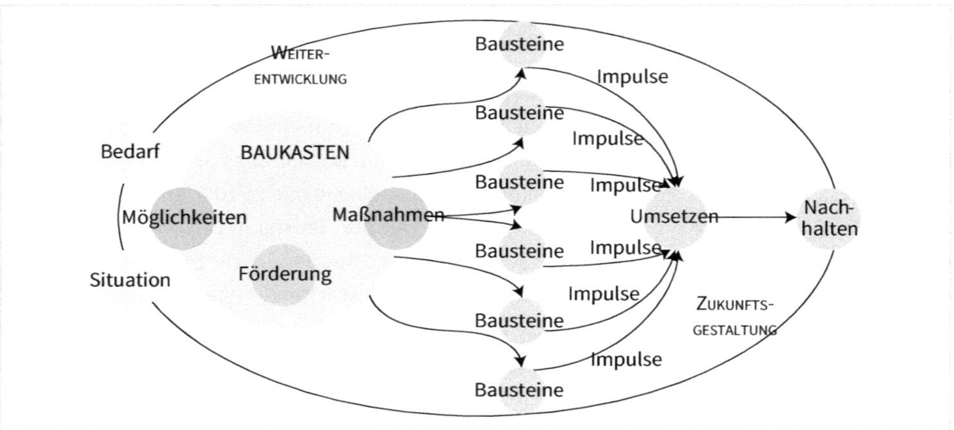

Abb. 70: Baukasten und Bausteine

11.5.2 Zukunft ist Handwerk

Mit dieser operativen Ausrichtung, mit dem Blick auf das Notwendige und das Machbare und mit dem Handeln als Maßstab bekommt die Teamentwicklung Konturen und die Zukunft wird fassbar, weil die Teammitglieder eingebunden sind. Das darf bei aller Zukunftsgestaltung nicht vergessen werden. Das Wesentliche an diesem Baukastenmodell ist, dass das Handeln im Vordergrund steht. Es geht nicht darum, allgemeingültige Bausteine zu modellieren, Handlungsvorgaben zu machen oder eine Methode auf ein Podest zu heben. Ein solcher Baukasten ist weder konkret noch präskriptiv. Erst die Anwender lassen daraus etwas Konkretes entstehen, indem sie die einzelnen Bausteine, die z. B. für die Teamentwicklung geeignet scheinen, für sich als Impulse nehmen, um Veränderungen voranzubringen. Mancher Baustein mag auch etwas Allgemeingültiges haben, andere sind dagegen so speziell, dass sie nicht zu jeder Veränderungssituation passen. Die Kunst der Führungskraft, das Geeignete herauszufiltern, macht aus der Umsetzung des Baukastens Handwerkskunst.[38] Teamentwicklung ist ebenso Handwerk, wobei es auf das Konkrete, das Nützliche und nicht zuletzt auf den Bedarf ankommt.

Festzuhalten bleibt:

… Handeln braucht eine Struktur, das Zerlegen von Handeln ist der goldene Weg, um Schritt für Schritt zum Ziel zu kommen.

38 Zu Setzkasten, Baukasten und Bausteinen siehe auch Kap. »7 Der Setzkasten – Einzelteile zur erfolgreichen Führung«, in Werner Bünnagel/Alwine Pfefferle (2023): *Praxisleitfaden Führungskompetenz. Professionelle Führung mit System*, Stuttgart: Schäffer-Poeschel, S. 199 ff.

11.6 Konsequenzen für Führung – Führung kompakt

New Work im Bunde mit der digitalen Transformation nimmt Einfluss auf die Führung. So mancher Blickwinkel muss ausgebaut werden, andere Aspekte sind vielleicht für die eine oder andere Führungskraft neu. *Führung kompakt* repräsentiert hier ein Programm, das die notwendigen Navigationspunkte für ein modernes *Teaming* vorgibt. Die Digitalisierung für sich allein mag reine Technologie sein, während die Vermittlung der Anwendung etwas für Trainer ist. Aber die Veränderung im Team müssen Führungskräfte organisieren. Sie sorgen für die Akzeptanz, die Nutzung und danach für die Weiterentwicklung. Die Organisation von Wandel ist Teil der Dynamik, die damit die umspannende Struktur vorgibt. Technologischer Wandel lebt von der Dynamik, die aus den Teams heraus entsteht. Die Führung versteht, was digitale Transformation leistet resp. leisten kann, sie transportiert deren Dynamik ins Team hinein und Führung muss ein Konzept haben, wie Dynamik im Team entsteht, wodurch Bewegung gefördert wird und in welche Richtung Neuerungen zu lenken sind. Daher ist der Steuerung von Dynamik eine Führungskompetenz und ein zentrales Führungsmoment.

Dynamik hat ein umspannendes Moment, weil sie in alle Bereiche der Prozesse, der Zusammenarbeit und der Steuerung hineinwirkt. In der Folge hat all das Bedeutung für das Quantifizieren, denn eine Erfolgsrechnung weist in der Summe außer z. B. ein Produktionsergebnis noch aus, welcher Mehrwert nach der Aufrechnung von Aufwand und Nutzen zurückgeblieben ist. Will eine Nutzenrechnung vollumfänglich sein, dann wird sie zudem ausweisen, in welchem Umfang eine Innovation Nutzen gebracht hat und wie viel des vorhandenen Potenzials genutzt worden ist. Das muss bei den Teammitarbeitern ankommen. Das Quantifizieren soll dadurch nicht unnötig komplex werden. Es darf darin auch kein Anlass gesehen werden, die Nutzenrechnung ins Theoretische zu verlagern. Der Blick aufs Wesentliche, die Begrenzung auf Fakten und das Gespür für Zusammenhänge sind die Anforderungen an eine Erfolgsrechnung zur Teamarbeit. Führung muss:

- heraustreten,
- Fakten isolieren,
- Emotionen isolieren und kontrollieren,
- Zusammenhänge erkennen,
- zusammenführen,
- gestalten,
- bewegen,
- teilen und verteilen,
- organisieren und umsetzen,
- bewerten und entscheiden,
- handeln.

Aus diesen Maßgaben für Führung können die Dimensionen moderner Führung differenziert werden (siehe Abb. 71). Wie bereits oft erwähnt, hat das Beschreibende keine Wirkung ohne das Handeln, die differenzierte Betrachtung hilft dagegen, das System zu verstehen, damit das Handeln Sinn und Zielrichtung bekommt.

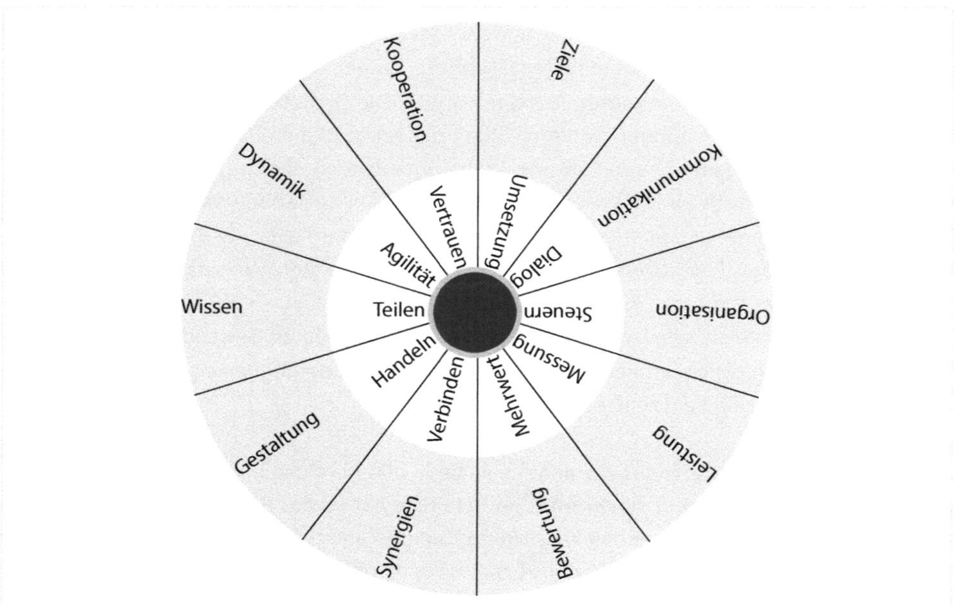

Abb. 71: Dimensionen moderner Führung

Die Blickwinkel verbinden digitale Transformation mit Quantifizierung und zeigen beispielhaft, dass Berechnungsmodelle weiter gehen müssen als eine Investitionsrechnung. Die kennzahlenorientierte Bewertung der Teamarbeit und die Nachverfolgung von Neuerungen als betriebswirtschaftliche Betrachtung machen ein *Modern Teaming* aus. Innovative Teamarbeit geht weiter als die Nutzung moderner Technologien. Es bleibt stets festzuhalten, was Neuerungen bringen und wie Dynamik erzeugt werden kann. Führen in der digitalen Transformation und in einer dynamischen Arbeitsumgebung im Besonderen verlangt eine Neuordnung der Mitarbeiterführung. Das Wesen und die Eckpunkte des Führens bleiben unverändert, doch der Einsatz neuer Arbeitsmittel und veränderte Methoden erfordern Anpassungen, die zum Teil mit strukturellen Änderungen der Mitarbeiterführung verbunden sind. An dieser Stelle werden deshalb die Besonderheiten herausgelöst und zusammengefasst. Im ersten Schritt sollten drei Bereiche differenziert werden:

- Kommunikation,
- Prozesse,
- Organisation.

Das sind die gängigen Bereiche, auf die Führung einwirkt. Es wird demnach nicht nach ganz neuen Führungsfeldern gesucht, während die digitale Transformation selbst noch andere Wirkungsfelder haben kann, die vor allem in der Daten-/Informationstechnik, in der Maschinensteuerung und in den Vernetzungsmöglichkeiten gesucht werden können. Digitale Transformation hat in ihrem Verlauf nichts Programmatisches und es findet weder eine Einschränkung auf die betriebswirtschaftliche Sicht noch auf die Informationstechnik statt. Dementgegen war hier der Bezugspunkt mit dem durch technologische Neuerungen sich fortsetzender Wandel der Arbeitswelt sowie der Arbeitsformate gesetzt. Das Digitale selbst wirkt weiter, wobei insbesondere

- Technologie,
- Infrastruktur
- und Anwendungen

die beherrschenden Themen für technologische Innovationen sind. Es wird nicht zwischen Geschäftsmodellen und der Zugehörigkeit zu Wertschöpfungsketten unterscheiden, weil die Umsetzungen in der Unternehmensrealität erkennbar sein müssen. In der Fortsetzung und zugleich als eine Annäherung an die Zukunft können die großen Trends der Gegenwart gegenübergestellt werden:

- New Work,
- Wissensvernetzung,
- Künstliche Intelligenz.

Daraus ergibt sich der Dreischritt der Digitalisierung im Zusammenhang mit Führung (siehe Abb. 72). Auch wenn die Führung nicht in allen Punkten konkret zu sein scheint, so ist sie doch das Bindeglied, das all diese Aspekte verknüpft, weil die Umsetzung und das Weiterdenken dann der Beschreibung das Operative zuordnen und Wirklichkeit schaffen.

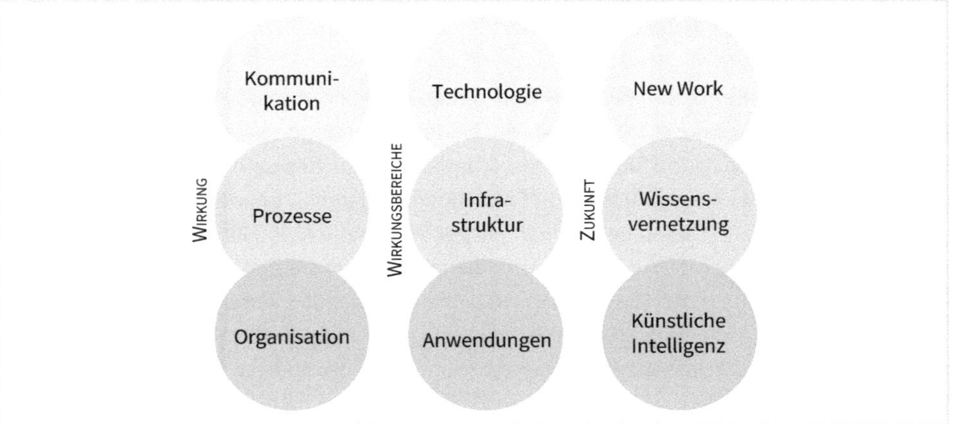

Abb. 72: Digitalität und Führung

Künstliche Intelligenz mag Zeichen setzen und Entwicklungen bestimmen, letzten Endes sind es Algorithmen, die selbst bei selbstlernenden Systemen eine Navigation brauchen. Führungskräfte und Teams müssen ihr Wissen ins künstliche neuronale Netz hineingeben, damit es verfügbar wird und damit neues Wissen entstehen kann. Das selbstlernende Netz mag Realität sein und für viele eine menschliche Qualität haben, aber die Komplexitätsstufe menschlichen Lernens ist noch nicht erreicht. Außerdem hängen alle diese Entwicklungen noch von der

Programmierung von Menschenhand ab. Damit sich etwas bewegt, Mitarbeiter in Bewegung kommen und Entwicklungen vorangetrieben werden, müssen Führungskräfte den Weg dafür bereiten. Sie sind mehr denn je Mitgestalter, Dynamiktreiber, kollegialer Berater und Aktivposten. Sie sind weniger vorgesetzte Führungskraft und Verwalter von Aufgaben. Von ihnen wird abhängen, wie sich Wissensnetze entwickeln und Agilität zum Selbstverständnis wird. Aus den neuen Leitlinien ergeben sich folgende Aussagen. Führungskräfte:

- geben Orientierung, tragen Entscheidungen mit und kommunizieren nachvollziehbar;
- sind verbindlich sowie erreichbar und sind sich stets ihrer Vorbildfunktion bewusst;
- geben individuelles Feedback und gehen vertrauensvoll wie wertschätzend mit den Kollegen um;
- denken bereichsübergreifend, alle arbeiten fair und kollegial miteinander;
- handeln unternehmerisch für den nachhaltigen Erfolg;
- ermöglichen eine zielgerichtete Entwicklung, indem sie unter anderem Initiativen sowohl fordern als auch fördern;
- sind Botschafter der Unternehmensphilosophie und Unternehmenspolitik.

Festzuhalten bleibt:

... Führung ist mehr denn je Changemanagement, daher müssen Führungskräfte für Veränderungsbereitschaft und Flexibilisierung in ihren Teams sorgen.

11.7 Mitarbeiter und Motivation

Führung wirkt auf Mitarbeiter, das ist Grund genug, das Führen an dieser Stelle abzurunden. Denn ohne die Motivation der Mitarbeiter wird keine freie Bewegung, keine Selbstbestimmung und keine Selbstorganisation funktionieren. Mitarbeiter brauchen dafür einen Antrieb: die Motivation. Es gibt verschiedene Ansätze zur Entstehung von Motivation, vier besondere Antriebsmomente für Motivation seien beispielhaft ausgewählt (siehe Abb. 73): Es sind Perspektiven, Verantwortung, Wertschätzung und Anreize, die Mitarbeitern helfen, sich zu motivieren. Alle vier Antriebsmomente hinterlassen Motivation, die in Bewegung versetzt. Von außen gibt es dabei Unterstützung im Aufbau von Selbstbewusstsein, u. a. durch das Vertrauen und die Vermittlung von Werten. Sicherheit gibt als weitere Zutat den notwendigen Rest dazu, dass daraus Selbstbewusstsein wird.

Abb. 73: MotiVIERen

Operativ betrachtet ist es erforderlich, der Mitarbeitermotivation mehr Struktur zu geben und sich nicht mit einer ersten Beschreibung zufriedenzugeben. Führungskräfte müssen nicht nur die Bedeutung von Anreizen erkennen, sondern auch verstehen, auf welche Anreize Mitarbeiter reagieren und wie diese einzusetzen sind. Zudem sollten sie Methoden beherrschen, um Vertrauen und Sicherheit zu vermitteln. Damit Mitarbeiter dies auf- wie annehmen können, wollen sie Authentizität und ein bewusstes Wahrgenommen-Werden spüren. Kultur im Unternehmen, Wertschätzung und Atmosphäre am Arbeitsplatz sind wichtige Säulen für die Leistungsbereitschaft und die Motivation. Wertschätzung, Respekt und Offenheit leisten demnach einen wichtigen Beitrag zur Mitarbeitermotivation. Die operativen Maßnahmen zur Förderung verbessern dann insgesamt die Mitarbeiterbeziehungen und geben auf diesem Wege dem Gefühl der Kollektivität, der Gemeinschaftlichkeit ein Fundament.

Mit einem Leitbild muss die Wertschätzung explizit angesprochen werden. Zum Wandel der Zeit gehören nicht nur die nachwachsenden Generationen, die ins Unternehmen zu integrieren sind, sondern auch veränderte Einstellungen sowie Erwartungen auf der Seite der Mitarbeiter. Dadurch muss ebenfalls der Tatsache Rechnung getragen werden, dass sich gleichfalls die Mitarbeiterbeziehungen verändern resp. verändern werden. Zukunftscamps sind eine Möglichkeit, eine neue Basis zu schaffen und zu vermitteln, welchen Stellenwert die Wertschätzung einnimmt. Insbesondere an den unspektakulären Arbeitsplätzen wird das Bedürfnis anzutreffen sein, mehr und besser wahrgenommen zu werden. All dies trägt parallel zur Arbeitgeberattraktivität bei. Schließlich werden mit der Teamkultur neue Mitarbeiter gewonnen und die Stammbelegschaft gebunden. Neue Kollegen wollen nicht auf alte, eingefahrene Strukturen treffen. Sie wollen erfahren, dass sie etwas wert sind, dass das Unternehmen Dynamik zeigt und dass sich alles in Bewegung befindet.

Dazu muss das Unternehmen Interesse an den Mitarbeitern zeigen und die Wertschätzung thematisieren. So kann erfolgreich *Employer Branding* praktiziert werden. Zudem muss einer punktuell vorhandenen Geringschätzung von Mitarbeitern und einem manchmal anzutreffenden

Mangel an Respekt entgegengewirkt werden. Eine wirksame Vernetzung und ein reibungsloser Informationsfluss sind weitere hinreichende Rahmenbedingungen, die durchgängig erfüllt sein sollten. Wichtige Aspekte können in diesem Zusammenhang der demografische Wandel im Allgemeinen und die Veränderung der Altersstruktur im Besonderen sein. Unternehmenskultur kann nicht per Dekret verordnet und dem Unternehmen übergestülpt werden. Daher sind Maßnahmen wie eine Wertschätzungskampagne ebenfalls ein sinnvolles wie notwendiges Instrument, Kultur von innen entstehen zu lassen.

Festzuhalten bleibt:

... im täglichen Miteinander und in der Ausübung von Führung sollte stets präsent sein, dass vor allem Anreize, Perspektiven, Verantwortung und Wertschätzung die Motivation von Mitarbeitern in Gang setzen können.

12 Die richtige Sprache finden

Mit Kommunikation Wandel zu gestalten, soll keine bloße Formel sein. Das Gespräch, der Austausch und die Verständigung bilden den Grundstock dafür, Innovationen zu initiieren. Doch das Kommunizieren reicht noch weiter und bleibt bedeutsam, denn Veränderungen müssen begleitet werden. Führungskräfte erklären, Teammitglieder verständigen sich, Erfolge werden im Team transportiert und Probleme über den Diskurs gelöst. Dazu muss Sprache als mächtiges Instrument Beachtung finden, und bestenfalls hat die Kommunikation einen festen Platz im Team. Dies ist der Erwähnung wert, da Kommunikation gelegentlich nicht angemessen geschätzt wird. Das liegt daran, dass das Reden als Gegenpart zum Handeln verstanden wird. Teambesprechungen, Mitarbeitergespräche und ganz allgemein die Kommunikation im Team bestimmen dagegen das Handeln im Team und den Teamerfolg. Dass das Reden in Bezug auf die Teamarbeit bisweilen despektierlich bewertet wird, liegt in der Regel im Mangel an Konstruktivität begründet. Teamkommunikation braucht eine feste Struktur, braucht ein klares Ziel und muss in einem gemeinsamen Handeln münden. Es obliegt einer Teamführung, dafür zu sorgen, dass die Gespräche einen konkreten Auftrag und eine klare Aufgabenverteilung enthalten. Gespräche werden als überflüssig, als Zeitverschwendung oder als Pflichtübung verstanden, wenn die Klarheit und das Handeln fehlen.

Kommunikation erhält in der digitalen Transformation eine Aufwertung. Mit der Dezentralisierung und dem Vordringen der mittelbaren Kommunikation (*E-Mail*, *Chat*, soziale Medien) wird die Kommunikation umso wichtiger. Transparenz wie Klarheit geben in der geschriebenen Sprache eine Handlungslinie vor, aber das Aufrechterhalten von Kommunikation in der vernetzten, dezentralen Arbeit bildet die eigentliche Herausforderung. Mitarbeiter könnten die zentrale Funktion des Kommunizierens unterschätzen, sich zurückziehen oder den Austausch so gering schätzen, dass sie die notwendigen Dialoge vermeiden oder ihnen aus dem Weg gehen. Schon im Übergang zur digitalen Arbeitswelt mussten Führungskräfte dafür Sorge tragen, dass der Kommunikationsfluss erhalten blieb. Mit der Ausbreitung der mobilen Arbeit wurde dies noch dringlicher, denn der fortgesetzte Dialog im Team ist eine Grundvoraussetzung für die Lebendigkeit des Austauschs und zugleich wird dadurch eine Struktur geschaffen. Führungskräfte stecken dazu den Rahmen und geben die Anlässe zum Wortwechsel.

Manche Mitarbeiter nutzen den Mangel an Struktur aus, um so eine Aufgabenverteilung zu behindern. Mit einer Aneinanderreihung von Argumenten wird vom Tun und von der Entscheidung abgelenkt. Führungskräfte haben ihren Anteil an der Fehlentwicklung der Teamkommunikation, wenn sie an diesen kritischen Stellen nicht eingreifen und wenn sie nicht sicherstellen, dass Zusammenkünfte in klaren Absprachen und Handeln münden. Aber an erster Stelle steht das Sprachbewusstsein, denn die Bedeutung, die Wirkkraft und das Potenzial, damit Bewegung erzeugen zu können, muss bewusst erfasst werden, weil nur so die Kommunikation zielgerichtet eingesetzt wird. Mit dem Wissen um die Wirkung gehen die Verantwortlichen dann in die verschiedenen Gesprächssituationen. Es liegt auf der Hand, dass jede Gesprächssituation neben der sorgfältigen Vorbereitung eine eindeutige Zielrichtung braucht. So kommt zur Einstimmung auf Gespräche sowie zu deren Planung noch die Zielvorgabe dazu, die das genau festzuhaltende Handeln fixiert (siehe Abb. 74).

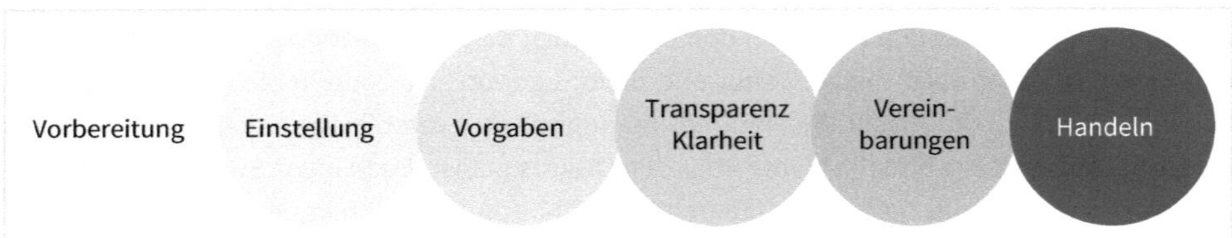

Abb. 74: Grundanforderungen an die Teamkommunikation

Die Teamsitzung, das Personalgespräch, die Projektbesprechung, das Krisengespräch oder die Intervention sind nur ein paar beispielhafte Gesprächsanlässe. Sie alle sollten auf der beschriebenen allgemeinen Struktur aufsetzen und ein Handeln als Folge haben. Erkennen und erfahren Mitarbeiter dieses Handeln nicht, werden sie den Wert des Miteinander-Redens gering schätzen. Es bleibt das Ziel, der Kommunikation den gebührenden Stellenwert zu geben, sie als mächtiges Instrument der Führung zu nutzen und sie als ein Treibstoff des Handelns zu verstehen. Dazu sei am Rande vermerkt, dass Vorbereitung und Einstellung ernst zu nehmende Punkte sind. Es ist vermessen, wenn man meint, über diese Punkte hinweggehen und den Dialog auf sich zukommen lassen zu können. Und es grenzt an Hochmut, Neuerungen und digitale Neuheiten wortlos zu implementieren. Das macht eher sprachlos.

12.1 Sprachbewusstsein

Sowohl der direkte Dialog oder das Mitarbeitergespräch als auch die virtuelle Besprechung müssen in dem Bewusstsein geführt werden, dass darüber das Handeln gesteuert wird. Im Zuge dessen müssen vor allem die Führenden bewusst wahrnehmen, dass die Kommunikation im Team zwei Ebenen hat. Sprache ist vielfältig und sie kann sowohl Wirklichkeit abbilden als auch Gefühlen freien Lauf bieten (siehe Abb. 75). Manchmal muss das Kommunizieren vermittelt werden. Gestützt werden kann es durch Strukturen wie Vorgaben. Das sind beispielsweise Personalgespräche im Allgemeinen und Personalentwicklungsgespräche im Besonderen. Hierbei darf nicht einfach vorausgesetzt sein, dass die Führungskraft imstande ist, derartige Gespräche zu führen. Außer der Unterweisung muss insbesondere die Sensibilisierung für den (Kultur-)Wert dieser Kommunikationsform erfolgen. Es wird einmal mehr klar, dass Führung im Wandel zu *New Work* kommunikative Kompetenz ins Zentrum der Führungskompetenzen rücken muss.

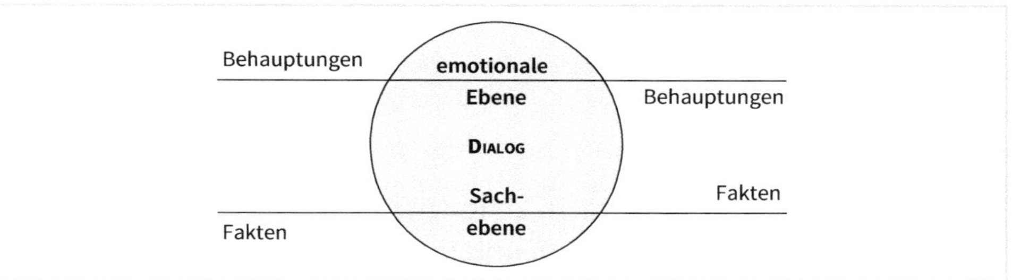

Abb. 75: Ebenen des Dialogs

Festzuhalten bleibt:

... um Dialoge zielführend zu nutzen und sich nicht von der Emotionalität einfangen zu lassen, muss darauf geachtet werden, dass Behauptungen von Fakten sowie Tatsachen getrennt werden. Darin besteht die zentrale Anforderung an das Miteinander-Reden.

12.2 Ansprache – ein ganz besonderes Instrument der Führung

Ob es nun Chemie ist, die stimmen muss, oder der richtige Ton, den es zu finden gilt, Kommunikation wird als ein mächtiges Instrument zur Steuerung der Zusammenarbeit eingesetzt. Dialog oder Teambesprechung schaffen den Zugang und stellen sicher, dass alle wissen, was zu tun ist. Inwieweit Botschaften und Informationen aufgenommen werden, hängt in großem Maße von der Bereitschaft ab, sich darauf einzulassen. Nur mit der passenden Handlungsmotivation lassen sich Aufgaben annehmen und Verantwortung übernehmen. Daher legen Führungskräfte Wert darauf, ihre Mitarbeiter zu erreichen und sich rückzuversichern, dass Aufforderungen angekommen sind, wenn Aufgaben ausgegeben wurden – soweit die Theorie, die in der Praxis gelegentlich beiseitegelassen wird. Grundsätzlich gilt für den Dialog, dass Führungskräfte authentisch in ihrem Sprachverhalten sind. Gesprächspartner wollen spüren, dass sie angesprochen und wahrgenommen werden. Daher muss Sprache klar und auf den Empfänger ausgerichtet sein, die Information transparent sein und eine Rückversicherung eingeholt werden. Letzteres insinuiert, dass außer Reden gleichermaßen das Zuhören zum Dialog gehört. Anderen zuzuhören, ist ein bestimmendes Moment im Dialog. Was in der oberflächlichen Betrachtung keiner Beachtung wert zu sein scheint, erweist sich in der Realität der Zusammenarbeit als erfolgskritisch. Wenn das Zuhören schwerfällt, helfen manchmal selbst gesetzte Signalwörter, die zum Zuhören auffordern. Es ist nicht allein die reine Rückmeldung, die den Kommunikationsprozess zum tragenden Moment einer Kooperation macht. Im Zuhören und im Eingehen auf Mitarbeiter wird zugleich Wertschätzung übermittelt. Spüren Mitarbeiter, dass ihre Arbeit und ihre Meinung wahrgenommen wie beachtet werden, fühlen sie sich wertgeschätzt, was wiederum Motivation freisetzen kann.

Festzuhalten bleibt:

... der Dialog, das Gespräch, die Teamsitzung – all das schafft die Gelegenheit, Mitarbeiter direkt anzusprechen.

12.3 Das Motivationsgespräch, Liniensitzung, Schwachstellendiskussion und Intervention

Für die Kommunikation mit dem Team und den Mitarbeitern kann auf verschiedene Formate zurückgegriffen werden. Das Motivationsgespräch, die Liniensitzung, die Schwachstellendiskussion und die Intervention sind vier Möglichkeiten, sich mit dem Team auszutauschen oder die einzelnen Teammitglieder anzusprechen. So unterschiedlich die Anlässe sind, zeigen sie doch alle auf, dass das Miteinander durch das Reden lebendig wird und dass sich dadurch Mitarbeiter wahrgenommen fühlen. Wenn dann Führungskräfte noch für das zielführende Moment sorgen, werden die Zusammenkünfte fruchtbar sein. Zur Gesprächsführung sowie zur Zielführung gehört es übrigens, dass mit der Faktenorientierung für Ruhe gesorgt wird.

12.3.1 Motivation in den Dialog packen

Richten Führungskräfte ihr Augenmerk auf das Engagement ihrer Mitarbeiter, werden sie Anreize vermitteln wollen, damit sich die Teammitglieder bewegen. Ein Gespräch, das zur Motivation der Mitarbeiter beitragen soll, braucht eine gründliche Vorbereitung. Die Anreize, die in diesem Dialog transportiert werden, müssen auf den jeweiligen Mitarbeiter zugeschnitten sein. Führungskräfte spulen dabei nicht einen Programmpunkt ab, sie evaluieren vorher, wie Mitarbeiter am besten auf Leistung anzusprechen sind. Anreizmodelle sind ohne Zweifel aufgrund der Vielfalt der einzelnen Anreize sehr umfangreich, aber es wird nicht das Ziel sein, alle möglichen Anreize zusammenzustellen und auf dem Plan zu haben. Stattdessen ist es entscheidend, einige Anreize bereitzuhalten, die auf die jeweiligen Mitarbeiter im Motivationsgespräch passen, und es ist unabdingbar, solche Gespräche mit Vereinbarungen zu verknüpfen. Noch wichtiger sind die Rückmeldungen und damit das Zuhören, inwieweit Anreize zur Motivation angekommen sind. Zu Anfang stellen sich demnach die Fragen:

Leitfragen

- *Was bewegt den Mitarbeiter?*
- *Wie wird erkennbar, ob die richtigen Anreize gefunden wurden?*
- *Wie kann Verbindlichkeit hergestellt werden, dass auf Anreize im Gegenzug die erwartete Leistung erbracht wird?*
- *Wie viel Spielraum ist in Bezug auf die Anreize vorhanden?*
- *Was muss unbedingt hinein in die Vereinbarung zur Leistung?*

Festzuhalten bleibt:

… Reden allein setzt noch keine Motivation frei, aber man kann dadurch Anreize transportieren.

12.3.2 Strategische Linie

Weiter oben erfolgte der Hinweis darauf, dass Mitarbeiter wissen müssen, welche Ziele im Team verfolgt werden. Mit den Zielpunkten können die Mitglieder im Team sich auf eine Linie einigen und vereinbaren, wie und wann gesteckte Ziele zu erreichen sind. Es werden dabei Formen der Bewertung gefunden, wann ein Ziel erreicht ist oder in welchem Umfang zumindest Teile der Zielsetzung erfüllt sind. Findet dies nicht in Einzelgesprächen statt, wird die Teamsitzung zur Strategiesitzung funktionalisiert. Das kann formal eine Sitzung zur Strategie oder eine Liniensitzung sein. Strategisches in eine Teamsitzung zu packen, hat im ersten Augenblick den Charakter eines Standardformats, dagegen ist es eine Führungsfunktion, den Teammitgliedern strategische Ziele sowohl adäquat zu vermitteln als auch diese in die Sprache der Mitarbeiter zu übersetzen und mit ihnen gemeinsam in Teamziele zu transformieren. Es ist der Konsens, der bewerkstelligen kann, dass Teammitglieder sich auf gemeinsame Ziele einschwören können. Das geschieht bewusst und über Einsicht. Das Pathetische in der Begrifflichkeit *Liniensitzung* kann davon ablenken, dass die gemeinsame Linie ein Produkt der Teamkommunikation ist. Das Ziel solcher Zusammenkünfte ist es, sich gemeinschaftlich auf Ziele zu verständigen und mit den dazugehörigen Handlungen der Operationalisierung Gestalt zu geben.

Festzuhalten bleibt:

… Einschwören darf keine Gehirnwäsche sein, eine gemeinsame Linie zu finden, hat mehr mit Erkennen und Verstehen zu tun, das Handeln begründet.

12.3.3 Umgang mit Schwachstellen

Die Kommunikation in kritischen Situationen gehört zu den anspruchsvollsten Anlässen in der Teamkommunikation. Hierbei sollten sich die Verantwortlichen zuallererst darum bemühen, die Emotionen herauszunehmen und Wertungen zu vermeiden. Es kommt an diesen Stellen ganz deutlich zum Tragen, wie wichtig die Konzentration auf die Tatsachen ist. Zweifelsfrei ist es nicht immer einfach, sich beim Austausch zu Fehlern oder Schwächen allein auf Tatsachen zu beschränken. Wogen schlagen schnell hoch, wenn statt Lob Kritik ansteht. Schwachstellen und Schwächen liegen nah beieinander, sie zu thematisieren setzt leicht Emotionen frei, sodass das Gespräch dazu ein paar Regularien braucht. An erster Stelle stehen die Tatsachen, sie schaffen Klarheit und Transparenz. Dann wird wichtig sein, zuzuhören, denn die Gesprächsteilnehmer wollen den Respekt spüren. Im weiteren Verlauf erfolgt kontinuierlich die Besinnung auf die Sachlichkeit, also ein Sprung zurück zum Anfang (siehe Abb. 76).

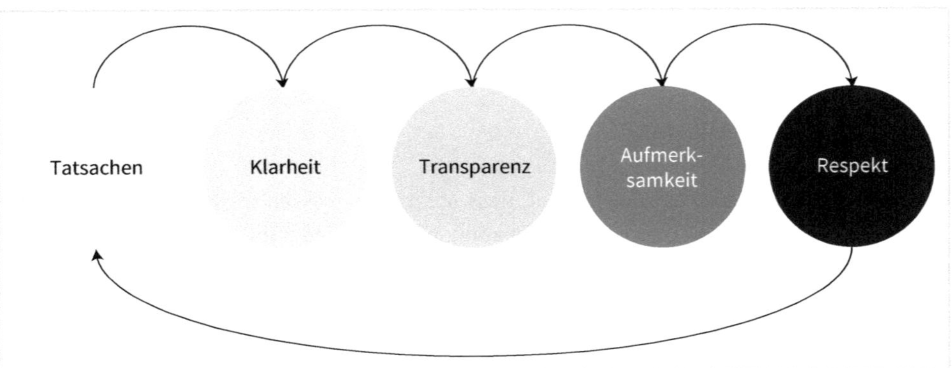

Abb. 76: Bausteine kritischer Gespräche

Festzuhalten bleibt:

... die Handlungsvorgabe lautet: Schwachstellen mit Sachlichkeit offenlegen und im konstruktiven Dialog das Problem klären, ohne dass Emotionen diesen Prozess überlagern.

Neue digitale Arbeitsmittel können Mitarbeiter überfordern. Darin zeigt sich, dass die Aufarbeitung von Schwachstellen auch in der neuen Arbeitswelt ein Thema ist. Mögen die Aussprachen zu Schwachstellen oder Schwächen einiges an Konfliktpotenzial haben, steht dennoch im Mittelpunkt, sachlich die Situation zu klären und Probleme aufzulösen. Die Grundlage dafür wird zu Beginn des Austauschs geschaffen. Der Hinweis auf die sachliche Annäherung versteht sich sozusagen von selbst. Dafür muss zu Anfang ganz konkret darauf hingewiesen werden, dass nicht eine persönliche Bewertung das Ziel sein wird. Dazu wird vorgegeben, die Schwachstelle ins Verhältnis zum optimalen Ablauf zu setzen und die möglichen Gründe zu sammeln, warum das Optimum nicht erreicht wurde. Im nächsten Schritt wird festgehalten, wie die Beteiligten sich im Prozess mit der Schwachstelle sehen und was sie beitragen können, das Optimum zu erreichen. Vor allem wenn mehrere am Prozess beteiligt sind, muss verhindert werden, dass sich Einzelne über Schuldzuweisungen aus der Verantwortung stehlen. Persönliche Erklärungen der Beteiligten helfen genauso wenig, sie sind ein Zeichen von Unsicherheit, bestenfalls werden Darlegungen und Beschreibungen als Erklärungen zusammengetragen.

Die enge Verbindung zwischen der Diskussion von Schwachstellen zur Intervention legt es nahe, dasselbe Prinzip in der Gesprächs-/Dialogführung anzuwenden. Je nach Fall kann man ebenfalls die Progressionsgespräche dazuzählen. Denn in gewisser Weise kann im Zuge der Progression und der Diskussion zum Verlauf eines Projektes oder einer Aufgabenerfüllung die Notwendigkeit entstehen, zu intervenieren, um den Fortschritt zu gewährleisten.

12.3.4 Eingreifen, wo es notwendig ist

Die Intervention repräsentiert eine Konsequenz des Handelns. Wenn Dinge sich nicht so entwickeln, wie es Planungen vorgeben, muss die Intervention dabei helfen, alles wieder in die richtigen Bahnen zu führen. Das Intervenieren ist als Ganzes ein steuerndes Handeln, das jedoch nicht allein aus einem Eingriff besteht. Sobald Mitarbeiter beteiligt sind, schließt die Intervention die Kommunikation ein. Mitarbeiter müssen verstehen, wo sich eine Veränderung in eine falsche Richtung bewegt hat oder was sie im Sinne der Zielsetzung falsch machen. Einfach über die Darlegung Hinweggehen und Eingreifen ohne Erklären wird die Mitarbeiter verunsichert zurücklassen. Eine andere große Schwäche in der Führung besteht darin, sich bei Konflikten zurückzuziehen und keine Position zu beziehen. Das unterstreicht erneut, wie wichtig die Sicherheit in der Teamarbeit ist.

Konfliktbereitschaft und bei der Führung sogar Konfliktkompetenz sind wichtige Erfolgsfaktoren in der Kooperation. Das Kommunizieren gehört zur Teamkompetenz und ist sie bei Einzelnen nicht ausgeprägt, sind Teamleiter gefordert, nachzuarbeiten. Denn zur Teamkompetenz gehört die Bereitschaft, sich Konflikten zu stellen und Konflikte offensiv anzugehen. Fluchtverhalten löst Konflikte nicht, da sie sich nicht von selbst lösen, sondern schlimmstenfalls weiterschwelen und sich die geeigneten Stellen suchen, um wieder aufzubrechen. Es ist nicht immer einfach, sich aus der Problemdiskussion zu lösen, da es bequem erscheinen kann, Schwierigkeiten aus verschiedenen Blickwinkeln zu betrachten, anstatt eine konkrete Handlung zu wählen. Stellt die Diskussion einer Form der Kommunikation dar, muss bei der zielführenden Kommunikation darauf geachtet werden, dass aus der Erörterung ein Handeln hervorgeht.

Festzuhalten bleibt:

... Fehlentwicklungen erfordern ein aktives Eingreifen, das aber nicht einfach als Korrektur verstanden werden darf, vielmehr erfolgt eine Intervention gemeinsam mit der Kommunikation, das heißt mit der Einbeziehung von Mitarbeitern über den Dialog.

12.4 Kooperation fühlbar machen

Die Grundeinstellung macht beim Aufbau der Kollektivität im Team den Hauptanteil aus. Kollektivität ist kein bloßer Schmuck. Zur Grundeinstellung gehört es, nicht auf aktionistische Team-*Events* zu setzen, sondern das Langfristige ins Visier zu nehmen. Dazu zählt vor allem der Umgang der Teammitarbeiter untereinander. In der Kommunikation, besser gesagt mit der Form des Redens wird der Grundstein für das Verstehen gelegt. Die Teamführung sorgt dafür, dass eine Kultur des Redens entsteht. Das geschieht zum einen durch das Vorbild, das gegeben wird, und zum anderen durch die Achtsamkeit. Letztere kann dadurch gefördert werden, dass bei Bedarf Leitplanken gesetzt werden und Mitarbeiter direkt wie unmittelbar angesprochen werden, wenn z.B. die Gesprächsführung durch aggressives Gesprächsverhalten geprägt ist. Der Prozess, alle an eine teamfördernde Gesprächskultur heranzuführen, kann durchaus einige Zeit in Anspruch nehmen. Beharrlichkeit wird dabei zum erfolgskritischen Faktor. Die Stärke eines Teams zeigt sich im Zusammenhalt, was an dieser Stelle kein Pathos sein soll. Zusammenhalt offenbart sich in der Bereitschaft zu teilen, ob es die Aufgaben sind oder ob es das eigene Wissen ist. Die wirkenden Variablen, die Kooperation herausfordern und sie bestimmen sind:

- die rasante Digitalisierung,
- die aktuelle Entwicklungsdynamik,
- die steigenden Qualitätsansprüche,
- die moderne Wissenswirtschaft,
- die moderne Projektwirtschaft,
- die notwendige Flexibilisierung,
- die wettbewerbsmäßige Alleinstellung,
- die nachhaltige Kunden-/Mandantenbindung
- und die agilen Projektierungen.

Festzuhalten bleibt:

... Teamkultur, Teamkommunikation und Teamerfolg bilden ein zusammenhängendes Gefüge, denn über die Gesprächskultur im Team wird Kooperation lebendig und verspüren die Teammitglieder den Zusammenhalt, was ein besonderes Motivationsmoment erzeugt.

Kooperation ist auch Beteiligung. Nachdem die zentrale Bedeutung der Beteiligung gewürdigt worden ist, bleibt noch explizit zu benennen, wie der Wirkungsgrad zu bemessen ist. So ist neben den Voraussetzungen für die Formen der Beteiligung ebenfalls noch zu definieren, wie sich die Vorteile der Beteiligungsprozesse messen lassen. Die Beteiligung von Mitarbeitern bei der Gestaltung von Geschäftsprozessen reicht über die Mitbestimmung hinaus. Außerhalb der politischen Diskussion ist der Beteiligungsprozess genauso eine Notwendigkeit, nicht zuletzt zur Ermöglichung einer *Win-win*-Situation bei der Gestaltung von Prozessen zum Wissenstransfer. Hinter allem steht die Kommunikation, ohne die Kooperation, Mitbestimmung und Beteiligung nicht auskommen.

Ein weiterer Aspekt der Beteiligung ist die Wertschätzung. Die Korrelation zwischen diesen Faktoren ist offensichtlich. Indem Mitarbeiter in jedwede Gestaltung (über den Dialog) einbezogen werden und am Gestaltungsprozess teilhaben dürfen, erfahren sie Aufmerksamkeit, Interesse, Respekt und damit Wertschätzung. Der Bogen hin zur Motivation ist schnell geschlagen. Motivation und Anreize sind wiederum eine unabdingbare Voraussetzung für das Stattfinden und das Gelingen des Wissenstransfers. Die Anreize müssen dafür verbalisiert werden. Selbstbestimmtheit und Mündigkeit eröffnen eine weitere Perspektive auf die Beteiligung. Mit der Selbstbestimmtheit wird schnell klar, dass nicht irgendeine philosophische oder sozialpolitische Begriffswelt geschaffen wird. Obgleich ein humanistisches Konzept dahinter durchschimmert, werden Selbstbestimmtheit und Mündigkeit insbesondere unter den Aspekten Motivation, Leistungsbereitschaft, Arbeitszufriedenheit und nicht zuletzt im

Hinblick auf die Skizzierung eines mitarbeiterorientierten Arbeitsplatzes betrachtet und bewertet. Das kommunikationsspezifische Instrument, das dafür zur Verfügung steht, heißt Mitbestimmung.

12.5 Noch ein Exkurs zur künstlichen Intelligenz

Kommunikation ist mehr als das gesprochene Wort, das verdeutlichen die sozialen Medien am eindrucksvollsten. Aber gesprochene und geschriebene Sprache decken auch noch nicht alles ab, was es zur Sprache zu sagen gäbe. Mit künstlichen Sprachen, wie zum Beispiel den Programmiersprachen, wird ein weiterer Sprachbereich hinzugefügt, der in einer ersten Schau kaum Verbindungen zur menschlichen Sprache aufzuweisen scheint. Doch Programmiersprachen erlauben eine Kommunikation mit Maschinen (zunächst mit einer einseitigen Sprachrichtung) und mit ersten Schritten hin zur künstlichen Intelligenz ermöglichen sie eine Vorform der Interaktion mit virtuellen Maschinen. Es entsteht eine Sonderform der Kommunikation mit Automaten. Sprache hat hier eine ähnlich große Bedeutung wie die Kommunikation im Team.

Denken hat etwas Sprachliches. Unterstellt man dem Denken eine Nähe zum Erkennen und damit zur Kognition, erfährt das Sprachliche noch mehr Bedeutung. Das reicht von der gesprochenen und geschriebenen Sprache bis hin zu Zeichen und Symbolen, die nicht weniger Sprache sind. Da erstaunt es nicht, dass Wissensvernetzung, künstliche Intelligenz und Computersysteme im Allgemeinen sprachbasierte Entwicklungen sind. Sie versuchen, menschliche Denkweisen, Entscheidungen und abstrakte Handlungen mit einer technischen, künstlichen Sprache abzubilden. Die menschliche Sprachlogik scheint dennoch durch, was am augenfälligsten wird, wenn man von den imperativen sowie deklarativen über die objektorientierten Programmsprachen zu den logischen wechselt. Der Einsatz von maschinellem Lernen und neuronalen Netzen ist am normalen Arbeitsplatz noch nicht etabliert. Inwieweit es sinnvoll ist, neuronale Netze für die alltägliche Arbeit zur Verfügung zu stellen, wird wie alle betriebswirtschaftlichen Entscheidungen von der Aufwand-Nutzen-Relation abhängen. Gewiss gibt es vielfältige Möglichkeiten, künstliche Intelligenz in normale Arbeitsabläufe einzubringen, doch zurzeit sind mit solchen Programmierungen noch immense Aufwände verbunden, die eine schnelle wie flächendeckende Verbreitung solcher Lösungen verhindern.

Festzuhalten bleibt:

…. Kommunikation und Sprache bringen die Teamarbeit in Bewegung und verändern die Arbeitswelt. Die künstliche Intelligenz veranschaulicht die Wirkkraft von Sprache derzeit am eindrucksvollsten.

13 Das homogene Ganze – alles zusammen schafft Dynamik und Zukunft

Wenn man das Ganze erfasst, versteht man die Teile besser. Dieser Leitsatz muss beherzigt werden, wenn die digitale Transformation Mehrwert bringen und Leistung objektivierbar gemacht werden soll. Nicht der große Wurf steht im Mittelpunkt, wenn Zukunft im Unternehmen/in der Organisation geschaffen werden soll, sondern die kleinen Schritte bringen die Veränderung. Dabei darf nicht vergessen werden, dass die Akteure vor Ort diejenigen sind, die an diesen Schritten beteiligt sind. Werden Digitalisierung, Virtualisierung und Quantifizierung von außen betrachtet, könnten die Schlussfolgerungen als Leitfaden interpretiert werden. Dagegen sollte eine solche Annäherung eher eine Impulssammlung sein. Eine solche Sammlung schafft eine Handreichung für die konkrete Arbeit, weil über die Ausgestaltung der Impulse eine praxistaugliche Umsetzung erfolgt. Wie oft geht der Praxisbezug verloren, wenn Zusammenarbeit oder Problemlösung in theoretische Modelle gepackt werden. Das trifft gleichermaßen für alle Formen der Handreichung zu, die auf den Umgang mit Digitalisierung, Virtualisierung und Quantifizierung abzielen. Impulse sind nicht minder wertvoll wie theoretische Erklärungsmodelle, allerdings wird damit keine Allgemeingültigkeit beansprucht, stattdessen Anwendbarkeit propagiert. Vor allem wenn Ziele mit Messbarkeit in Zusammenhang gebracht werden, muss übersteigerte Theorie dem Pragmatismus weichen. Bei der Umwandlung von Zielvorgaben in messbare Werte helfen theoretische Modellierungen nur bedingt. Die Vielfalt der Situationen und die Spezifität des Bedarfs verlangen spezifische Lösungen und ausgewählte Kennzahlen. Dies führt dazu, grundlegende Konzepte mit konkreten Beispielen zu verknüpfen, um Lösungen übertragen zu können. Allerdings kann die Einzigartigkeit einer Situation dazu führen, dass zu allgemein gehaltene Beispiele nicht zur Lösung beitragen. Kann das Beispiel nicht auf die Situation angewendet werden, dann muss eine andere Lösung geschaffen werden. Die Impulse können insofern hilfreich sein, dass sie die Reichweite des Impulses erweitern und die Entwicklung eigener Ideen zur Problemlösung ermöglichen.

Das Geheimnis der Dynamisierung liegt in der Steuerung und in der Fähigkeit, all die Möglichkeiten und all die Veränderungen, die von außen in ein Unternehmen, eine Organisation oder in ein Team hineingetragen werden, zu bewerten, in geordnete Bahnen zu lenken sowie die Kraft der Bewegung zu erhalten. Ansonsten bleibt Dynamik eine diffuse Kraft, die nichts als eine Reaktion zulässt. Das trifft im Besonderen auf die digitale Transformation zu, die auf der Unternehmensseite sowie auf der Teamseite nicht ausschließlich Reaktion hinterlassen darf. Lässt sich dagegen die Veränderungskraft kanalisieren, lassen sich die Auswirkungen der Veränderungen steuern und wird das kybernetische Wirken von Bewegung erfasst, kann eine strukturierte, zielgerichtete und erfolgreiche Unternehmens-/Organisationsentwicklung betrieben werden. Steuernd wirken auf die digitale Transformation Kommunikation, Nachhaltigkeit, Kollektivität, Lernen, Perspektiven, Mehrwert, Freiheiten, Sachlichkeit. Letzteres soll dazu beitragen, Risiken wie Gefahren zu minimieren (siehe auch Abb. 77). Es entsteht ein homogenes Ganzes.

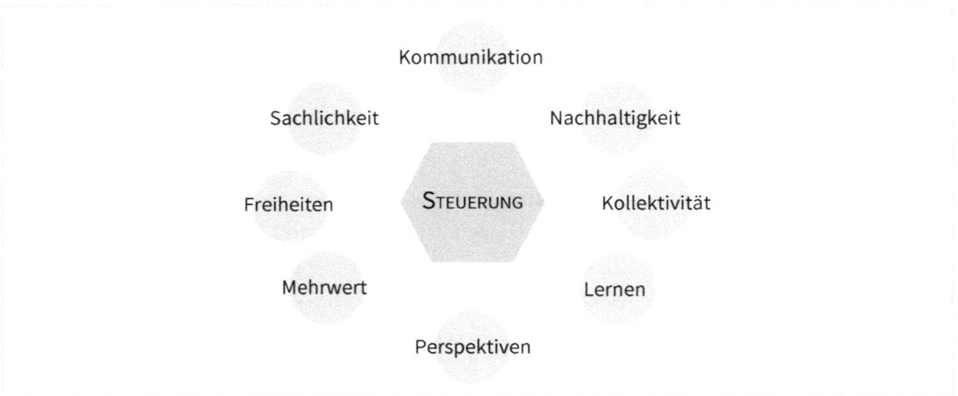

Abb. 77: Das homogene Ganze und die Steuerung

13.1 Das Allumspannende – die Kommunikation

Die Differenziertheit von Kommunikation und deren Bedeutung lässt sich leicht und schnell in Problemsituationen erkennen. Denn statt bei Problemen zu streiten oder zu diskutieren, muss doch mehr Interesse daran bestehen, zu klären und zu handeln. Der Dialog und das Gespräch – also die Kommunikation im Allgemeinen – legen den Grundstein für eine erfolgreiche Umsetzung. Andere Formen der Kommunikation können in gleicher Weise behilflich sein, Neuerungen zu etablieren. Die Kommunikation ist das Bindeglied für die Teams und sie schafft die Vernetzung von Wissen. Es reicht dabei nicht, das Kommunizieren auf den Austausch von schriftlichen Informationen zu beschränken. Da Teamgeist einen Anteil Emotionales hat, hilft der Dialog im Team, Chemie aufzubauen und eine Bindung zu schaffen. Hat auch die Technologie Kommunikation vereinnahmt, bleibt ihr der Charakter des Menschlichen. Gesprochene, geschriebene Sprache oder Gestik – Mitarbeiter haben unterschiedliche Möglichkeiten, sich mitzuteilen, und dabei geht es nicht immer um Fakten. Das kann allerdings die Kommunikation erschweren. Die geschriebene Sprache kann Sprache als Werkzeug der Kommunikation sogar an ihre Grenzen führen, was eine Eskalation via *E-Mail*-Verkehr eindrucksvoll vorführen kann. Interpretationen, Behauptungen oder Emotionalisierungen verzerren die reine Information und erzeugen nicht selten Irritation und Aggression. Kommunikation ist mächtig, die Kraft der Sprache braucht jedoch einen Rahmen, der sich an den Tatsachen und am Objektiven orientiert. Aus all dem folgt:

Leitfragen

- *Hat Kommunikation im Team einen besonderen Stellenwert?*
- *Gibt es ausreichend Gelegenheit für den Austausch?*
- *Wie lässt sich Sachlichkeit in der Problemlösung oder in der Konfliktsituation sicherstellen?*

- *Wo trägt der persönliche Kontakt zur Vernetzung bei?*
- *Was macht einen respektvollen Dialog aus?*
- *Wie wird die Kommunikation vor Missverständnissen geschützt, die aus der mittelbaren Kommunikation hervorgehen (z. B. E-Mail, Kurznachrichten, schriftliche Informationen)?*

Festzuhalten bleibt:

... noch mächtiger als Technologisierung und die Einführung digitaler Werkzeuge ist die Kommunikation, da sie das tragende Fundament bei Veränderungen mitgibt.

Im Gespräch zu bleiben, gehört im Hinblick auf das Teamleben zu den Grundfesten der Zusammenarbeit. Führungskräfte sind im *Modern Teaming* gefordert, diesem Anspruch gerecht zu werden und eine lebendige Kommunikationsstruktur zu schaffen. Insbesondere wenn der Austausch von Informationen und sogar die Zusammenarbeit immer mehr in die mittelbare, schriftliche Kommunikation verlagert werden, dann muss gegengesteuert werden. Teamkommunikation muss Anteile des Persönlichen enthalten, aber noch bedeutsamer ist die Vernetzung, die auf der Grundlage des Persönlichen entsteht. Der Austausch per *E-Mail* ist oft problematisch, da an allen Ecken das Missverständnis lauert, das nicht unmittelbar ausgeräumt werden kann und sich wohlmöglich verselbstständigt.

13.2 Weg vom Aktionismus – hin zur Nachhaltigkeit

Nachhaltiges Verändern besagt nicht, dass etwas für die Ewigkeit geschaffen wird. Die Laufzeiten für Veränderungen können sehr unterschiedlich sein, aber ein gewisses Maß an Nachhall muss einer Veränderung gegeben sein, damit ein Wandel daraus wird und kein Aktionismus zurückbleibt. Wenn Veränderungen durchdacht sind und abgewogen werden gegen andere Möglichkeiten, nimmt die Wahrscheinlichkeit zu, dass das Neue nachwirkt. Dazu müssen einige Fragen beantwortet werden:

Leitfragen

- *Wie lässt sich Aktionismus erkennen?*
- *Wie kann Nachhaltigkeit verfolgt werden?*
- *Wie entsteht kritische Distanz?*
- *Wie funktioniert das Weiterdenken?*
- *Welche Möglichkeiten bestehen, Nachhaltigkeit zu bewerten?*

Tatsachen – das hat etwas mit sachlich zu tun, und das fordert eine objektivierte Bewertung. Ansonsten drohen Änderungen, die auf einen vermeintlichen Bedarf hin initiiert wurden, zu versanden und deren Wirkung zu verpuffen. Aus diesem Grund muss Bedarf stets in einer engen Beziehung zur Nachhaltigkeit gesehen und bearbeitet werden. Innovationen, die von außen kommen, fordern zur Reaktion und Integration des Neuen auf. Es ist wichtig, wie mit

Veränderungen umgegangen wird. Daher darf eine Handreichung nicht präskriptiv sein, sondern sie muss darauf ausgerichtet sein, konkrete Impulse mitzugeben. Hinter der Digitalisierung türmt sich ein fast unüberschaubarer Berg an Möglichkeiten auf, wie Prozesse sowie alltägliche Arbeit optimiert werden können.

Festzuhalten bleibt:

... das Neue hat einen besonderen Reiz, der allerdings gelegentlich die sachliche Prüfung von Möglichkeiten wie Mehrwert in den Hintergrund zu verdrängen vermag, was im Sinne der Nachhaltigkeit kontraproduktiv ist bei der Einführung möglicher Verbesserungen.

13.3 Kollektivität – mehr als ein Schlagwort

Leitfragen

- *Was steckt hinter dem Begriff Kollektivität?*
- *Wie lässt sich Gemeinschaftsgefühl schaffen ohne künstliche Events?*
- *Was lässt Teammitglieder Kollektivität spüren?*
- *Auf wie viel Gemeinsinn lassen sich Mitarbeiter ein?*

Kollektivität muss als Sammelbegriff dafür herhalten, wenn außer der sachorientierten Zusammenarbeit noch der Emotionalität Raum geboten wird. Zusammenhalt oder Teamgeist sind erst einmal Worthülsen, die mit Leben gefüllt sein wollen. Unterstützung, Gemeinsinn, Respekt und das Gefühl von Zugehörigkeit schlagen einen ersten Bogen über das weitverzweigte Thema *Kooperation*. Es kann auch nicht darum gehen, alle möglichen Facetten zu erfassen, denn eine deskriptive Annäherung bringt nur bedingt Bewegung in die Bildung eines Kollektivs, zumal Situation und Bedarf den operativen Weg vorzeichnen. Am Ende soll ja die Beschäftigung mit der Gemeinschaftlichkeit im Team das Empfinden von Zusammengehörigkeit hinterlassen. Führungskräfte müssen dieses Gespür mitbringen oder die Kompetenz aufbauen, die Teammitglieder angemessen und punktgenau anzusprechen. Das bedeutet in der Praxis, dass die Teamleitung weiß, welche Anreize Mitarbeiter in Bewegung versetzen, wo die Stärken der Einzelnen liegen und welche Schwächen es zu kompensieren gilt. Mit dem Wissen um die Chemie im Team werden die Einzelnen in Bewegung versetzt. Dann gilt es, die Schnittstellen zwischen den Teammitarbeitern zu definieren. Diese Verknüpfungsstellen brauchen die entsprechende Bearbeitung, damit ein festes, starkes Netzwerk entsteht. Diese Art der Vernetzung ist noch funktionaler und lässt sich sowohl steuern als auch von außen festigen.

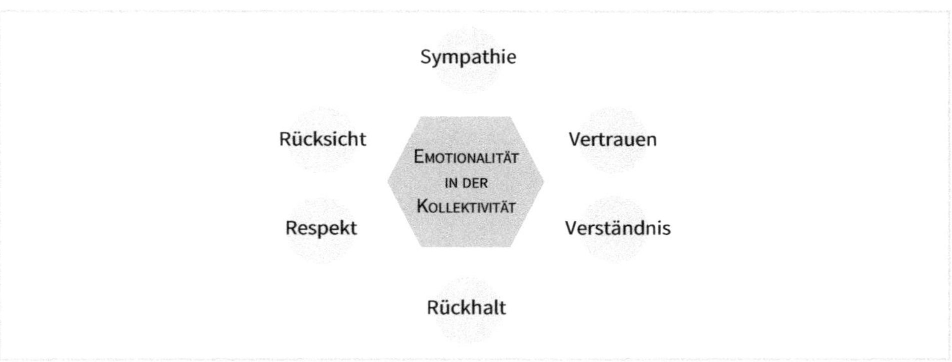

Abb. 78: Emotionalität in der Kollektivität

Anders sieht es auch beim Gemeinsinn aus, der mehr einen emotionalen Hintergrund hat. Damit die Chemie stimmt, müssen Gelegenheiten geschaffen werden, die Mitarbeiter in einem Team zusammenbringen (siehe Abb. 78). Letztlich sind es nicht allein die gemeinsamen Handgriffe, die Kooperation ausmachen, sondern genauso Respekt, Rücksicht und Unterstützung, die eine Atmosphäre der Kollektivität schaffen. Außer dem Bewusstsein für die besondere Wirkung eines Kollektivs, dem Verständnis für Befindlichkeiten, für Emotionalität im Beziehungsgeflecht eines Teams und für das Potenzial an Synergien brauchen Führungskräfte das Gespür dafür, wann und wie sie Teammitglieder zusammenbringen und wie sie die Kollegen dazu bringen, sich auf das Gemeinsame einzulassen. Betrachtet man das Ganze mit Blick auf den Mehrwert, wird schnell die simple Funktionsweise der Kollektivität und des Gemeinschaftsgefühls klar. Sehen Mitarbeiter einen persönlichen Vorteil in ihrem Handeln am Arbeitsplatz, werden sie animiert sein, sich einzubringen, Leistung zu zeigen oder Aufgaben zu erfüllen. Ähnlich unkompliziert funktioniert das Gemeinsame auf emotionaler Ebene. Erkennen Mitarbeiter einen Mehrwert in der Nähe zu den Kollegen, werden sie bereit sein, eine Beziehung aufzubauen. Allerdings muss der Mehrwertbegriff dazu inhaltlich weiter gefasst werden. Während Mehrwert oft nüchtern mit konkreten Kennzahlen verknüpft wird, muss das Spektrum deutlich erweitert werden. Im Hinblick auf eine emotionale Bindung rücken Werte wie Sympathie, Vertrauen, Rückhalt, Verständnis, Respekt und Interesse in den Vordergrund. Sie können gleichfalls eine Arbeitsbeziehung begründen resp. aufrechterhalten. Das kann dann sogar unabhängig von gemeinsamen Arbeitsaufgaben geschehen.

Festzuhalten bleibt:

… die Stärke der Digitalisierung besteht vor allem in der Vernetzung, etwas, das auf die Teamarbeit zu übertragen und für die Wissenswirtschaft im Unternehmen zu nutzen ist.

13.4 Wissenskollektiv – Utopie oder Wirklichkeit?

Die Vorstellung zu einem Wissenskollektiv ist die Richtschnur zur Vernetzung von Wissen in einem Unternehmen. Dies sollte jedoch keineswegs nur auf Idealismus oder eine unklare Vorstellung von der Zusammenarbeit in einem Unternehmen gestützt sein. Der Transfer von Wissen, oder besser gesagt die damit verbundenen Strukturen und Prozesse, sind zwar kein Mysterium, aber letztgültige Antworten dazu stehen noch aus. Trotz zahlreicher Forschungsansätze zu Erfahrungswissen gibt es unterschiedliche Ansichten darüber, wie Erfahrungswissen am besten zugänglich gemacht werden kann.[39] Und obgleich es einige Antworten zum Transfer von Wissen und von Erfahrungswissen im Besonderen gibt, ist das Feld zur Steuerung von Transferprozessen sowie zur Wissenssicherung noch an einigen Orten unbestellt.

Festzuhalten bleibt:

… es lässt sich kaum prägnanter formulieren: Wissen macht Zukunft.

13.4.1 Das Wissenskollektiv als moderne Teamform

Ein Wissenskollektiv zu begründen, hat wenig mit operativem Sozialismus zu tun. Die meisten Teams sind heutzutage mehr als eine zusammengewürfelte Gruppe, die *To-do*-Listen abarbeitet. Daher wird man auch nicht müde, in den Unternehmen den Teamgeist zu beschwören. Angebote zur Teamentwicklung und außergewöhnliche *Outdoor-Events* sollen dann als flankierende Maßnahmen ihren Teil zum Teamerfolg beitragen – nicht immer mit dem erhofften Erfolg. Doch Teamkultur ist ebenfalls Unternehmenskultur und deshalb gehört eine Atmosphäre der Solidarität, um die politische Nomenklatur weiter zu strapazieren, genauso ins Konzert der Erfolgsfaktoren. Solidarität entsteht dort, wo man sich untereinander hilft und wo man aufrichtig gemeinsame Ziele verfolgt. Diese Art von gemeinschaftlicher Arbeit in den Unternehmen setzt selbstverständlich auf demokratische Entscheidungsprozesse. Doch darf dies nicht als unternehmerische Basisdemokratie missverstanden werden. Wie so oft ist es der Mix aus Delegation und Mitbestimmung. In wissensintensiven Unternehmen geht es künftig nicht mehr ohne das Wissenskollektiv. Denn bei der heutigen Dynamik in vielen Entwicklungsprozessen reicht das Wissen des Einzelnen nicht mehr aus. Vielmehr muss aus der Verknüpfung von Mitarbeiterwissen neues Wissen entstehen.

Doch an erster Stelle steht die Frage:

39 Siehe zum Erfahrungswissen u. a. Stephanie Porschen-Hueck (2008): *Austausch impliziten Erfahrungswissens. Neue Perspektiven für das Wissensmanagement*, Wiesbaden: VS Verlag für Sozialwissenschaften; Hans Gruber (2006): »Erfahrung als Grundlage von Handlungskompetenz«, in: *Bildung und Erziehung*, Heft 2/2006, S. 193–197; Fritz Böhle (2003): »Wissenschaft und Erfahrungswissen – Erscheinungsformen, Voraussetzungen und Folgen einer Pluralisierung des Wissens«, in: Stefan Böschen/Ingo Schulz-Schaeffer (Hg.) (2003): *Wissenschaft in der Wissensgesellschaft*, Wiesbaden: VS Verlag für Sozialwissenschaften, S. 143–177; Hans Gruber (1999): *Erfahrung als Grundlage kompetenten Handelns*, Bern/Göttingen/Toronto/Seattle: Huber.

Leitfrage

- *Welches Wissen ist relevant?*

Dies mag einerseits eine unternehmensspezifische Fragestellung sein, andererseits können einige Universalien zu Wissen und deren Bedeutung herausgearbeitet werden. Dazu zählen sowohl die allgemeingültigen Wissensformen als auch die Wissensobjekte. Insbesondere in Bezug auf die Wissensobjekte gilt es, Grundlegendes zu erarbeiten. Dies beginnt bei der Definition von Wissensobjekten und reicht bis zu den Methoden der Vernetzung und damit bis zu den Möglichkeiten der Wissensgenerierung. Das Ziel ist die Schaffung eines Wissenskollektivs – nicht nur eine Vision. Vielmehr ist es entscheidend, die konkreten Schritte und Maßnahmen zu definieren, die den Weg dorthin beschreiben. Demnach sind es Handlungsvorgaben, Handlungsempfehlungen und letztlich ein Vorgehensmodell, die das Rüstzeug für eine moderne Wissenswirtschaft mitgeben.

13.4.2 Demokratisierung des Wissens

Die Kapitalisierung von Wissen kann ganz unterschiedlich aufgefasst werden. Wissen im Unternehmen kann als unternehmerisches Gemeingut aufgefasst werden, sodass sich fast zwangsläufig der Gedanke der Demokratisierung von Wissen aufdrängt. Dies kann gleichzeitig mehrere Blickrichtungen implizieren. Am wesentlichsten sind zum einen die Besitzfrage und zum anderen die Zugangsmöglichkeiten. Selbst wenn das Wissen des Einzelnen etwas Individuelles ist, kann es eine moralische Verpflichtung zum Teilen von Wissen geben, sobald das erworbene Wissen mit Unterstützung anderer angeeignet wurde. Doch auch für den Fall, dass es keine Beteiligung gab, verlangt es im Grunde genommen das demokratische Grundverständnis, dass man das eigene Wissen und die persönlichen Erfahrungen mit anderen teilt. Kommt es in Unternehmen dagegen zur Kapselung oder zum Bunkern von Wissen, muss dies längst keine charakterliche Schwäche des Wissensträgers sein. Die Kultur im Unternehmen kann dafür genauso verantwortlich sein. Wertschätzung, Beteiligungsprozesse und Aufrichtigkeit, die notwendiges Vertrauen schaffen, sind Anreize für Bereitschaft. Damit wird gleichzeitig das Grundmuster skizziert und einige wichtige Eckpunkte für das Gelingen von Wissenstransfer gesetzt.

Spricht man von Demokratie und Demokratisierung des Wissens, steht an erster Stelle der freie Zugang zu den Wissensressourcen. Wo Wissen nicht gerecht verteilt und zum Machtinstrument umfunktioniert wird, entsteht verständlicherweise die Notwendigkeit, mithilfe der Demokratisierung eine Korrektur vorzunehmen. Oft wird übersehen, dass solche Fehlentwicklungen im Unternehmen darin begründet sind, dass die Wissenssicherung und -verteilung nicht institutionalisiert sind. Das bedeutet, dass einzelne Mitarbeiter im Unternehmen ihr Wissen für sich behalten und geradezu unzugänglich machen können, oft auch gegen die Interessen des Unternehmens. Sowohl demokratische Prinzipien als auch die reine Vernunft machen es unausweichlich, die Beteiligungsprozesse in Bezug auf die Wissenssicherung, den Wissensausbau und im Besonderen den Wissenstransfer von Anfang an einzubeziehen. Zeiten, in denen Produktivität noch über Verordnung sowie Plananweisung bestimmt werden konnte, sind längst vorbei. Mitarbeiter von heute wollen an Entwicklungen und Entscheidungen beteiligt werden. Sie machen ihre Motivation und ihre Einsatzbereitschaft davon abhängig und reagieren ablehnend auf verordnete Leistung.

Abb. 79: Wissen schafft Zukunft

Fachkräftemangel hat den praktischen Wert von Wissen aufgezeigt. Unternehmensführung muss den strategischen Wert in die Unternehmenspolitik wie -führung einbinden. Mitarbeiter müssen den Wert von Wissen erkennen und Lernen als persönlichen Wissensausbau verstehen. Die Teamführung sorgt dafür, dass sich das Team als Wissenskollektiv versteht und dass der Wissenstransfer unter den Teammitgliedern sowie die Vernetzung von Wissen diese Stärke nach außen tragen (siehe Abb. 79). Wissen, Kooperation und Vernetzung finden so zusammen. Digitale Werkzeuge und virtuelle Arbeitsformen können das fördern. Die Verlagerungen ins Virtuelle können aber in gleichem Maße die Vernetzung verhindern, wenn Mitarbeiter den virtuellen Raum zum Rückzug nutzen.

13.5 Lernen als Schlüssel zu Agilität, Innovation und Change

Mitarbeiter mögen eine Konstante in der Unternehmensplanung sein, aber hinsichtlich ihres Wissens sind sie eine Variable, weil sie sich ständig durch Lernen weiterentwickeln. Dieses Lernen muss nicht zwangsläufig strukturiert und gesteuert sein, dennoch darf man die persönliche Weiterentwicklung der Mitarbeiter nicht dem Zufall überlassen. Um ein Bewusstsein für die Bedeutung des Lernens zu entwickeln, muss die Logik zugrunde gelegt werden, dass durch Lernen sowie durch Erfahrungen Wissen aufgebaut und durch das Weiterlernen und das weitere Sammeln von Erfahrungen Wissen ausgebaut wird (siehe Abb. 80). Es muss aus Wissen keine Wissenschaft gemacht werden, ob es explizites Wissen in Form von Fachwissen oder implizites Wissen ist, das auf Erfahrungen zurückgeht, die nicht zur Schau gestellten werden. Auch Erfahrungen gehen auf Lernen zurück. Die zentrale Erkenntnis in diesem Zusammenhang lautet: Lernen verändert.

Abb. 80: Lernen als Weiterentwicklung von Wissen

Sowohl die digitale Transformation als auch die virtuellen Formate der Zusammenarbeit stehen weder für sich allein noch sind sie aus dem Nichts entstanden. Sie sind das Ergebnis von Entwicklungen, die wiederum auf Wissen und seine Verknüpfungen zurückgehen. Aus diesem Grund darf das Wissen in der Gestaltung von Zukunft nicht fehlen. Der ganzheitliche Blick auf die Moderne reicht noch weiter, denn Wissen ist ohne Lernen und Erfahrungen kaum vorstellbar. Deswegen sollten das Lernen und die Wissensvermittlung ihren festen Platz in den unternehmerischen Dynamikkonzepten haben. Digitale Vernetzung und virtuelle Kooperation erzeugen Netzwerke und gehen auf Netze zurück. Wissen mit seinen einzelnen Wissensinhalten bildet Knoten in Netzen und erzeugt über Verknüpfungen einen Ausbau vorhandener Vernetzungen (siehe Abb. 81). Pauschal betrachtet könnte man diesen Vorgang als Lernen betrachten. Daher sollte Lernen eine übergeordnete und zugleich eine verbindende Funktion in betrieblichen Dynamikmodellen haben. Um sicherzustellen, dass ein wirksamer Kreislauf entstehen kann, muss eine besonders sorgfältige Nahtstelle gelegt werden, nämlich dort, wo betriebliche Qualifizierungsmodelle auf das individuelle Lernen treffen. Neben Aufwand-Nutzen-Mehrwert zählt an diesem Nahtpunkt insbesondere das Zusammenfügen von Situation/Bedarf mit dem Wissensstand sowie der Wissensverarbeitung bei den Mitarbeitern. Es muss geschaut werden:

Leitfragen

- *Wie lernen Mitarbeiter voneinander?*
- *Wie können Mitarbeiter wissen erwerben?*
- *Wie kann Erfahrung zum Transfer systematisiert werden?*
- *Wie und wann lernen Mitarbeiter am besten?*
- *Welche Standardisierungen sind echte Lernhilfen?*
- *Wie kann externes Wissen bewertet werden?*
- *Wie können Leistungen von Bildungsanbietern bewertet werden?*

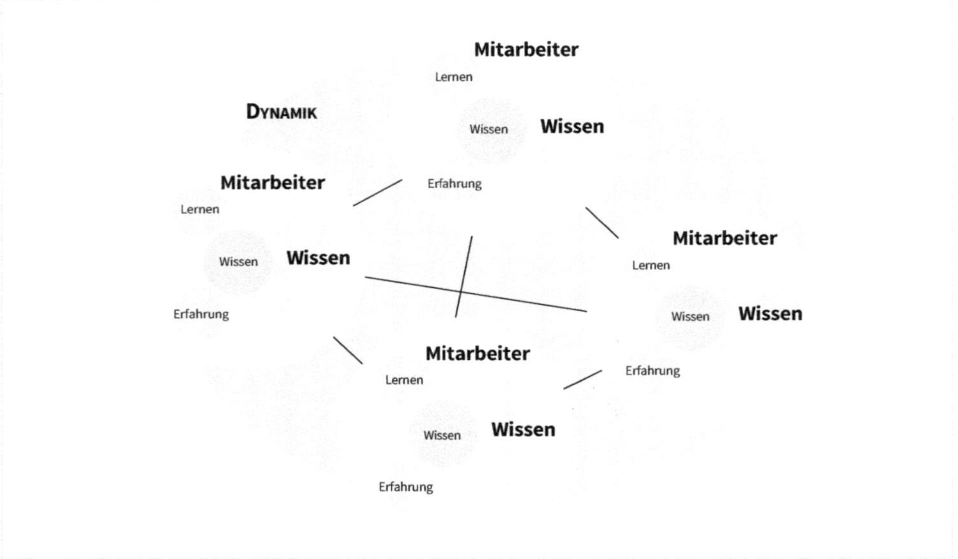

Abb. 81: Wissensvernetzung

Neues, Neugelerntes entsteht durch Anbindung an bereits Gelerntes, an Vorhandenes. Das Neue wird erkannt und durch Verstehen mit vorhandenem Wissen verknüpft. Wendet man das Neue an, belegt das, dass man gelernt hat. Selbst Nachahmen ist in diesem Sinne Lernen, weil man sein Verhalten dadurch ändert. Nachahmen ist an dieser Stelle lediglich von stereotypem, unreflektiertem Nachmachen zu unterscheiden. Wird Lernen in eine Struktur gefasst wie z.B. beim betrieblichen Lernen, müssen verschiedene Anforderungen erfüllt werden, damit Lernen gelingt. Soll obendrein Wissen vernetzt, Bewegung ins Team gebracht und Veränderung angestoßen werden, ergeben sich weitere Fragen aus den Anforderungen. Lernen ist mehr als das Austeilen von Lernplänen.

Leitfragen

- *Wo müssen Lernkonzepte an die Veränderungen angepasst werden?*
- *Sind Mitarbeiter auf das selbstorgansierte Lernen vorbereitet?*
- *Wie lässt sich ein attraktives Lernangebot aufbauen?*
- *Wie lassen sich Mitarbeiter an Lernen heranführen?*
- *Wie lässt sich Lernfreude fördern?*
- *Was erzeugt Lernbereitschaft?*
- *Wie lässt sich Wissen vernetzen?*
- *Was fördert Wissenstransfer?*

Unternehmen und Organisationen müssen dafür ihre Lernkonzepte und Lernmodelle anpassen und bei Bedarf sogar vollständig überarbeiten. Allein schon aufgrund des mobilen Arbeitens muss verstärkt das selbstorganisierte Lernen vermittelt bzw. gefördert werden.[40] Mit dem neuen Selbstverständnis für ein fortgesetztes Lernen wird ferner die Bewegung erzeugt, die Wandel in Gang hält. Wissen im Unternehmen darf währenddessen keine Privatsache bleiben, das Vernetzen von Wissen muss parallel betrieben werden. In der Fortsetzung und aus einer gewissen Logik heraus erzeugt dann die Vernetzung von Wissen eine zukunftssichernde Dynamik. Digitalisierung und Virtualisierung sind Treiber in diesem Zusammenspiel, weil sie einerseits Vernetzung unterstützen und weil andererseits z. B. computerunterstütztes Lernen, Simulationen, Lernnetze oder videounterstützte Anleitungen das betriebliche Lernangebot bereichert haben und in einigen Bereichen das klassische arbeitsplatzbezogene Lernen abgelöst haben.

Lernen im Betrieb hat sich mit der Digitalisierung wahrnehmbar verändert. Es ist spezifischer geworden, wodurch Lerninhalte besser auf den Arbeitsplatz bezogen vermittelt werden können. Selbstlernprogramme sowie videogestützte Lerneinheiten senken überdies den Aufwand, der mit betrieblicher Weiterbildung verbunden ist. Wird dann zusätzlich noch eine Struktur geschaffen, die das Vernetzen von Wissen begünstigt, kann von moderner Wissenswirtschaft gesprochen werden. Wissen wird in ein digitales Netz gebunden und kann so abgerufen werden. Das erfordert dann allerdings einiges an Handwerk im Umgang mit Wissen. Dies fängt bei der Zerlegung in Wissensobjekte an und reicht bis zur Generierung neuen Wissens (siehe auch im vorangegangenen Abschnitt *Wissenskollektiv – Utopie oder Wirklichkeit?*). In der Wirklichkeit von Unternehmen wie Organisationen jedoch wird sich der systematisierten Weiterentwicklung der Einzelnen, deren Bedeutung als Wissensträger und der gesteuerten Wissensvernetzung oft nicht bewusst gewidmet. Schlimmstenfalls werden als Alibimaßnahmen losgelöste Fort- und Weiterbildungsmaßnahmen verordnet oder Qualifizierung schlechthin als überbewertet aufgefasst. Allen Entscheidern muss indessen bewusst sein, dass von Mitarbeitern, die sich nicht entwickeln, keine Dynamik ausgehen kann. Dagegen zeigt der Wettbewerb auf, dass nur diejenigen mithalten können, die sich einer aktuellen Entwicklungsgeschwindigkeit anpassen. Ab irgendeinem Punkt gelingt dieses Mithalten nur, wenn alle mitmachen. Agilität und *Change* gehören zur Normalität einer modernen Arbeitsumgebung, die dazugehörige Bewegung entsteht selten von selbst, Führung ist in diesem Fall besonders gefordert, da sie Bewegungsstrukturen schaffen und Bewegung selbst sowohl initiieren als auch fördern und erhalten muss. Aber vorrangig muss Führung das Lernen unterstützen, da Lernen Bewegung erzeugt.

Festzuhalten bleibt:

… vernetztes Wissen erzeugt Dynamik, aber dafür braucht das Wissen in Strategie sowie Unternehmensführung einen festen Platz und einen besonderen Raum, wenn nicht sogar eine Priorität.

40 Siehe dazu Werner Bünnagel (2012): *Selbstorganisiertes Lernen im Unternehmen. Motivation freisetzen, Potenziale entfalten, Zukunft sichern*, Wiesbaden: Springer Gabler.

13.6 Über die Perspektiven zum Handeln – Ziel aller Veränderungen

Wer handeln will, trifft vorab Entscheidungen. Dieser Prozess beeinflusst dann entscheidend die Wirksamkeit des eigenen Handelns. Verständlicherweise grenzt die Zeit, die eine Entscheidung braucht, verfügbare Zeit und vorhandene Energie ein, die zum Handeln benötigt wird. So wichtig Entscheidungen sind, so bewusst muss damit umgegangen werden. Im Umkehrschluss darf das nicht zu Aktionismus verleiten, sodass Entscheidungen ungeprüft wie unüberlegt getroffen werden. Das rechte Maß an Abwägung hat auch etwas Intuitives, wobei die Intuition ein nützlicher Begleiter von Entscheidungsprozessen ist. Doch letzten Endes muss genauso das Abwägen und Prüfen/Hinterfragen damit verknüpft sein. Die Ausgewogenheit des Entscheidungsprozesses macht die Professionalität und Angemessenheit aus. Um dahin zu finden, ist es manchmal notwendig, die Perspektive zu wechseln, weil man so einen klareren Blick auf die Dinge gewinnt. Entscheidungsfähigkeit ist somit keine nette Kompetenzerweiterung, sondern eine notwendige und für Führungskräfte unabdingbare Fähigkeit zur Organisation von Arbeitsabläufen.

Nicht beim Betrachten verharren, sich nicht bei einem Argument in einer Sicht verfangen, nicht stehen bleiben, sondern weiterdenken, weitergehen und das Drumherum erkunden, ist keine Aufforderung, im Analysieren und im Beschreiben stecken zu bleiben. Der Mechanismus des Anhaltens und Heraustretens hat eine Fortsetzung, denn sowohl eine Beschreibung als auch eine Analyse oder eine Besprechung brauchen eine Konsequenz, eine Umsetzung oder zumindest eine Maßnahme, die ein Handeln einleitet. Im Perspektivwechsel entsteht die Gelegenheit, eine objektivierte Lösung zu finden und ein angemessenes Handeln folgen zu lassen.

Leitfaden

- *Was ist über das Problem/die Aufgabe bekannt?*
- *Welche Blickwinkel bieten sich an?*
- *An welcher Stelle kann man heraustreten?*

Das ist keine Propagierung einer Szenariotechnik, die ausschließlich Beispiele generiert, es bleibt das Ziel, über die Möglichkeiten zum Handeln zu finden. Der Perspektivwechsel führt durch den Dschungel des Möglichen. Eine Entscheidung kann schnell einem Kurzschluss gleichkommen, wenn aus einer einzigen Richtung auf eine Situation geschaut wird und dann daraus Handlungsoptionen abgeleitet werden und wenn ungeprüft an die richtige Wahl zum Vorgehen geglaubt wird. Erst ein Blick aus einem anderen Winkel hilft, pauschale Bewertungen zu hinterfragen und weitere Bewertungsmöglichkeiten zu erkennen.

Der Perspektivwechsel ist vielgestaltig, zum Beispiel können Führungskräfte in einem Mitarbeitergespräch statt auf den Anlass auf die Wirkung und die Ausrichtung schauen: Anerkennung, Einbindung, Arbeitsklima, individuelle Förderung und Verhaltensänderung bereichern ein Mitarbeitergespräch, wenn auch der Anlass zum Gespräch die Mitarbeiterbewertung war. Mit all den Differenzierungen wird aber nur eine weitgehend deskriptive Annäherung an das

Thema *Mitarbeitergespräch* betrieben. Darüber hinaus sind gleichfalls Emotionen, Erwartungen und Ansprüche mit im Spiel. Diese Faktoren beeinflussen wiederum die Systematik des Gespräches. So hat der Mitarbeiter den Anspruch, ein Gespräch mit einem Vorgesetzten zu führen, und er erwartet Verbindlichkeit. Vom Vorgesetzten erwartet man, dass er das Gespräch sachlich führt und entsprechend der Anforderungen nachbereitet. Dazu gehört eine umsichtige organisatorische und inhaltliche Vorbereitung, so wechseln vielfach die Perspektiven und alles mit Ziel, Veränderungen voranzutreiben, also zu handeln.

Während die Digitalisierung eine fast unüberschaubare Vielfalt an Blickwinkeln bietet, werden die Unternehmen im Allgemeinen vorwiegend die aktuellen technologischen Möglichkeiten bei der Arbeitsplatzgestaltung, beim Daten- und Wissensmanagement, bei der Automatisierung und der Kommunikation in den Mittelpunkt stellen. Perspektiven werden in einer integrativen IT-Landschaft zu einer integrierten Wissenswirtschaft gesehen. Ein ganzheitliches und übergreifendes IT-System soll bei der Prozess- wie Wissensoptimierung helfen. So wird die umgebende Dynamik in den Technologien in Unternehmen wie Organisationen zu interner Veränderungsdynamik und Flexibilisierung umgewandelt. Unmittelbares Reagieren und schnelles Umsetzen werden als Fundament der Unternehmenssicherung verstanden. Digitalisierung ist eine Chance für Qualitätssteigerung, kann aber auch eine Herausforderung darstellen, wenn es darum geht, das volle Optimierungspotenzial auszuschöpfen. Der Perspektivwechsel hat etwas Programmatisches, dabei darf nicht vergessen werden, dass dessen Wirkkraft sich erst entfaltet, wenn daraus Handeln folgt. Dazu werden die Perspektiven gewechselt, so werden Perspektiven sowie der Perspektivwechsel zum Handlungskonzept.

Festzuhalten bleibt:

… Handlungsentscheidungen brauchen den Perspektivwechsel, da mit einem objektivierten Vorgehen eher eine sachgemäße Entscheidung getroffen wird.

13.7 Perspektiven in Digitalität und Virtualität erkennen – ganz nach Bedarf

Der Bedarf ist die Grundlage allen Handelns. Dieser kann aus der Situation entstehen, er kann aber auch auf die Zukunft gerichtet sein. Von außen suggerierter Bedarf, der dann z. B. in Form neuer Technologie daherkommt, muss darauf geprüft werden, ob dieser mit den realen Anforderungen in Einklang steht. Bedarf steht im Zentrum des Handelns, was jegliche Form von Veränderungen betrifft und die Digitalisierung im Besonderen. Bedarfsermittlung darf dabei nicht leichtfertig betrieben werden, von den Gefahren zeugen all die Entscheidungen, die vorgeblich einem Bedarf zugeordnet werden, der kaum quantifiziert ist. Quantifizierung bedeutet in diesem Zusammenhang, dass der finanzielle Aufwand berechnet wird, dieser in eine Relation zum betriebswirtschaftlichen Nutzen gesetzt wird, um daraus einen Mehrwert zu erhalten, der im günstigsten Fall als eine mathematische Größe die Entscheidung zum Handeln begründet.

Die Bedarfsermittlung geht jedoch noch über das mathematische Schema hinaus, denn am Anfang muss zunächst kritisch geprüft werden, ob der angenommene oder unterstellte Bedarf tatsächlich ein Bedarf ist. Wer hat nicht schon miterlebt, dass von einem Bedarf gesprochen wird, obwohl dieser nicht konkret zu erkennen ist? In der Folge eines vagen Vorgehens auf der Grundlage einer vielleicht ungeprüften oder emotionalen Entscheidung können vermeintliche Bedarfe Fehlinvestitionen begründen. Die Bedarfsermittlung muss infolgedessen ein strukturierter Prozess sein. Dazu gehört es dann, die Perspektive zu wechseln, um der der Forderung nach Objektivierung Genüge zu leisten.

Elektronische Akten und mobiles Arbeiten schaffen eine Arbeitsumgebung, die es den Mitarbeitern erlaubt, ihre Arbeitszeit flexibel zu gestalten und elektronische Hilfsmittel wertbringend zur Optimierung der eigenen Arbeitsprozesse einzusetzen. Dezentralisierung der betriebswirtschaftlichen Anwendungssoftware und Aufbau eines Applikationsbaukastens erlauben es, bedarfskonform auf die Anforderungen an einen modernen Arbeitsplatz einzugehen. Insbesondere die Applikationsbaukästen gewährleisten Dynamik und Flexibilisierung. Denn während Veränderungen in einem großen komplexen Gesamtsystem immer schwieriger und aufwendiger umzusetzen sind, können einzelne Komponenten in einem Baukasten leichter ausgetauscht resp. angepasst werden. Das alles geht auf den Perspektivwechsel zurück. Entscheider müssen einen neuen Blick auf das Unternehmen und die Zukunft gewinnen, um Veränderungspotenziale zu erkennen. Die technologischen Veränderungen geben immer wieder die Gelegenheit, bestehende Konzepte neu zu überdenken. In der Vollendung tragen dann Vernetzungskonzepte auf der Grundlage eines objektorientierten Ansatzes mit intelligenten Algorithmen zur Wissensvernetzung bei. Die in all diesen Entwicklungen enthaltenen Perspektiven haben in der Vergangenheit sowie in der Gegenwart Veränderungen angestoßen und werden dies auch in der Zukunft tun. Veränderung wird durch Perspektiven genährt, die Innovationen mit sich bringen.

Leitfragen

- *Wie viel Digitalisierung brauchen Projekte?*
- *Wie viel virtuelle Zusammenarbeit passt in die vorhandene Teamkultur?*
- *Welche Technologie bringt die Teamarbeit voran?*

Die Fragen zu digitalen Neuerungen führen am eindrucksvollsten vor, wie über die Objektivierung hinweggegangen wird. Wenn außerhalb von Teams entschieden wird, welche digitale Technik dort zum Einsatz kommen soll, dann wird die Notwendigkeit der Bedarfsentwicklung negiert. Vertrauen in die Verheißungen digitaler Innovationen, ohne die Situation sowie den Bedarf sorgfältig zu prüfen und ohne die Mitarbeiter einzubinden, die mit der neuen Technologie umgehen sollen, ist unüberlegt und riskant.

Festzuhalten bleibt:

... nicht die digitale Transformation bestimmt die Integration von digitalen Neuerungen, sondern der Bedarf. Allerdings müssen sich darin gültige Zukunftsaussichten wiederfinden.

13.8 Mehrwert Raum geben

So wie Mitarbeiter Mehrwert erkennen wollen, um sich zu bewegen, brauchen Innovationen eine objektivierte Bemessung dessen, was sie leisten sollen und welche Bedeutung dies für die Wertschöpfung hat. Es mag eine Menge Ausreden geben, sich der Messung von Leistung zu entziehen. Dabei müsste aus Gründen der Wirtschaftlichkeit die Leistungsbewertung Dreh- und Angelpunkt sein.

Leitfragen

- *Warum begnügt man sich oft mit einer pauschalen Produktionsleistung?*
- *Wieso reichen heruntergebrochene Quartalszahlen, um mit einem Team ins Gericht zu gehen?*
- *Warum reichen oft Leistungszahlen einer neuen Software, um auf deren Wirkung im eigenen Betrieb zu vertrauen?*
- *Warum reichen Behauptungen, die vorgeben, dass beim Mitbewerber mit den Innovationen außergewöhnliche Ergebnisse erzielt wurden?*

Unsicherheit im Umgang mit Kennzahlen und bei der Ermittlung von Werten wird wohl häufig die Ursache dafür sein, dass Leistungsmessung beiseitegelassen wird. Die Unsicherheit erzeugt in einigen Fällen eine Form von Furcht vor der Konfrontation. Nicht selten müssen unterschiedliche Auffassungen zur Leistung zusammengeführt werden. Wenn dann die Verantwortlichen nicht einmal den Mehrwert dieser Anstrengung erkennen können, rückt das Messbarmachen schnell in den Hintergrund.

Abb. 82: Eigenschaften von Mehrwert

Quantifizierung ist eine Notwendigkeit, keine betriebswirtschaftliche Zahlenspielerei. Sie muss, damit sie einen Wert erfährt, objektiviert, sachdienlich, bedarfskonform und situationsspezifisch sein. Ein Ziel des Messens und der Messbarkeit besteht schließlich darin, den

Mehrwert erkennbar zu machen (siehe Abb. 82). Für diejenigen, die sich ans Quantifizieren begeben, heißt das, dass nicht einfach irgendwelche Kennzahlen aus dem Unternehmenscontrolling oder irgendwelche Ergebnisse der Kostenrechnung auf einen herausgelösten Teil des Wertschöpfungsprozesses übertragen werden. Im Idealfall nutzen sowohl das Controlling als auch das Finanzwesen einen ausgewählten Blick auf die Teamleistung. Dieser Blick sorgt dafür, dass nicht starr etwas vorgegeben und eine allgemeine Systematik aufgesetzt wird. Vielmehr werden alle Beteiligten einbezogen, wenn es an die Bemessung einer Teamleistung oder einer Einzelleistung geht. Im Verlauf dessen darf nicht vergessen werden, dass nicht die Leistung, sondern die Bedeutung der Leistung für die Wertschöpfung im Mittelpunkt steht. Das Abgleichen von erwarteter Leistung mit spezifischer Team-/Einzelleistung eröffnet dann die Möglichkeit, an der Optimierung bzw. der Verbesserung einer Leistung oder ganz einfach an der Erfüllung einer Leistungserwartung zu arbeiten.

Mit der Priorisierung des Mehrwertes sind Bedingungen verbunden, da Verfahren nur objektiv sein können, wenn Wertestabilität geschaffen wird. Ähnlich wie bei der Kontinuität von Kulturwerten erfordert das Bewertungssystem für Leistung Stabilität. Der Blick auf die Leistung muss konstant bleiben. Die ständige Besinnung auf den Mehrwert schafft die Grundlage für Wirtschaftlichkeit. Das bedeutet jedoch nicht, dass man betriebswirtschaftliches Controlling starr verfolgen sollte. Führungskräfte müssen ihre Kennwerte parat haben, um in ihrer jeweiligen Situation das Erreichen der gesteckten Ziele bemessen zu können. Mehrwert ist mehr wert als eine Prognose, die beim Steuern hilft, aber zum Schluss müssen Aufwand und Nutzen den tatsächlichen Wert anzeigen.

Festzuhalten bleibt:

… Handeln braucht eine klare Vorgabe, erst der Mehrwert einer Handlung begründet die Sinnhaftigkeit des Tuns.

13.9 Freiheit in Grenzen – ein Widerspruch?

Leitfrage

- *New Work, Agilität und Selbstorganisation, welche Bedeutung hat die Freiheit in dieser neuen Umgebung?*

Wenn daraufhin unmittelbar von Grenzen gesprochen wird, hat das einen guten Grund, weil beim Aufbruch hin zu *New Work* Führung und Mitarbeiter erst verstehen müssen, was es bedeutet, selbstbestimmt zu arbeiten und selbstorganisiert zu lernen. Vor allem wenn Teammitarbeiter jahrelang in traditionellen Arbeitsstrukturen unterwegs waren, fällt es ihnen womöglich schwer, neu gewonnene Freiheiten sinnvoll zu nutzen. Es kann nicht erwartet werden, dass alle Mitarbeiter mit dem selbstbestimmten Arbeiten umgehen können. Führungskräfte helfen, indem sie die Mitarbeiter über ein Coaching heranführen. Sie klären, wie sich Mitarbeiter am besten neues Wissen beibringen können und welche Wissensinhalte ihnen ggf. andere Mitarbeitern vermitteln können. Bei der Arbeitsorganisation sind es zu Anfang die ganz fundamentalen Regeln, die vermittelt werden – ein kleiner Leitfaden mit den wichtigsten Anleitungen und mit Hinweisen darauf, wo Fallstricke drohen. Zeitpläne, Aktivitätenlisten, selbst auferlegte Regelarbeitszeit und immer wieder der kritische Blick darauf, wie die eigene Arbeit optimiert werden könnte, sind weitere Hilfen. Von außen helfen klare Arbeitsaufträge, regelmäßige Rückmeldungen und fixe Zeitpläne. In *New Work* bleiben bekannte Rahmenbedingungen und die grundlegende Arbeitsorganisation bestehen.

Grenzen werden im Interesse der Unternehmen gezogen, denn die Selbstorganisation des Handelns wie Lernens soll nicht in einem grenzenlosen selbst gewählten Handeln enden. Das würde einer selbstständigen Tätigkeit gleichkommen und das ist weniger im Unternehmensinteresse. Mitarbeiter sind im Sinne der Unternehmensführung den Unternehmenszielen verpflichtet. Aber Mitarbeitern Vertrauen zu schenken und Verantwortung zu übertragen, muss zum Grundverständnis moderner Unternehmensführung werden. Selbstorganisation und Selbstbestimmung sind Kräfte und Entwicklungspotenziale, die bislang eher punktuell genutzt wurden. Sie müssen von der marginalen Bedeutung befreit werden und als eine Art Führungsinstrument genutzt werden. Dass dies nicht dem Team verordnet werden kann, versteht sich von selbst, weil nicht erwartet werden darf, dass alle im Team unmittelbar mit solchen Freiheiten klarkommen. Führung selbst muss begreifen, dass die Teammitglieder nicht ständig unter Kontrolle sind. Das Kontrollieren sorgt für eine Atmosphäre der Überwachung, was Mitarbeitern höchstwahrscheinlich dazu bringen wird, dass sie ihr Potenzial nicht zur Geltung bringen.

Festzuhalten bleibt:

… innerhalb der Grenzen ihrer Freiheit können Mitarbeiter ihre Selbstorganisation entwickeln und sich in der Eigenständigkeit Motivation holen.

13.10 Noch einmal ein kurzer Blick auf die Gefahren und Risiken

Digitale Transformation hinterlässt tiefe Spuren durch das damit verbundene finanzielle Engagement, folglich gehört es zu den grundsätzlichen Tugenden, bei derartigen Projekten auf die Kosten zu achten. Allzu schnell kann sich eine finanzielle Investition als Fehlinvestition entpuppen. Oft überrollt die Digitalisierung Unternehmen förmlich, sodass solche kritischen Überlegungen untergehen. Die schiere Masse an Neuerungen lässt kaum Zeit für eine sorgfältige Evaluierung.

Auch im Bezug auf die Datenflut und die Datenhaltung findet das Kritische oft keine Aufmerksamkeit. Der Umgang mit Daten wird an manchen Stellen im Privatleben auf die leichte Schulter genommen, viele machen sich keine Gedanken dazu, was mit all dem geschieht, was sie über den Mobilfunk kommunizieren und was sie im Internet so treiben. Im Arbeitsalltag versucht der Datenschutz, Grenzen zu ziehen, damit Datenmissbrauch keine Chancen hat. Hin und wieder hat das den Anschein von Kosmetik, weil von der Kontrolle nicht in alle Datenecken geschaut wird, geschaut werden kann. Im Privaten haben sich viele daran gewöhnt, dass Datenschutz ein Vorhaben ist, von dem sie nur sehr eingeschränkt Kenntnis haben.

Ein Risiko ist auch der Verlust von Kooperation, der dann droht, wenn der persönliche Kontakt verloren geht. So kann trotz digitalem Netz ein Netzwerk auseinanderbrechen. Am Ende steht eventuell die Isolation des Einzelnen (siehe Abb. 83).

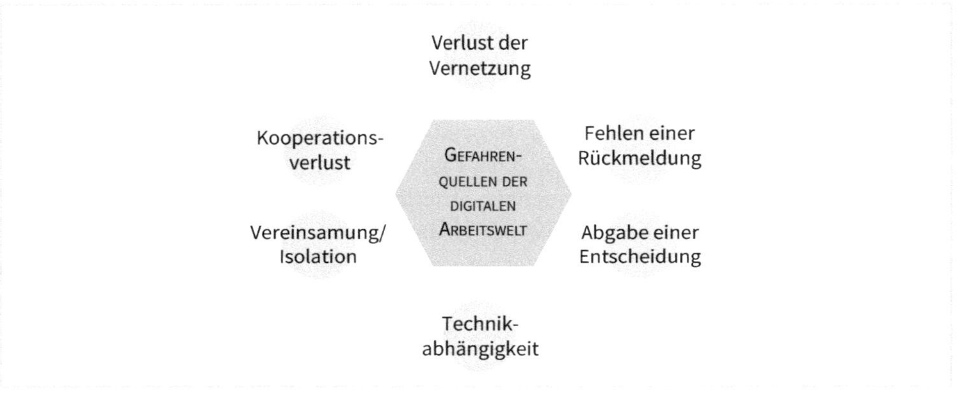

Abb. 83: Gefahrenquellen

Eine weitere Gefahrenquelle besteht darin, dass Mitarbeiter mit Neuerungen überfordert werden. Sei es die Anzahl der Neuerung oder die rasche Aufeinanderfolge von Veränderungen, nicht alle können sich unmittelbar sowie problemlos einer neuen Situation anpassen. Neue Technologien führen dies eindrucksvoll vor Augen, wenn zum Beispiel ältere Mitarbeiter sich mit neuer Informationstechnologie oder neuen Anwenderprogrammen schwertun. Zudem hat der Anteil der digitalen Arbeit enorm zugenommen und die direkte, persönliche Zusammenarbeit scheint abzunehmen. Einige Feststellungen bedürfen zweifelsfrei der Objektivierung, eine Gefahr droht dagegen ständig in der Form eines Verlustes möglicher wie notwendiger Kommunikation. Schon die Situation der Mitarbeiter in der mobilen Arbeit lässt erahnen, wie auf einmal Kommunikation zu kurz kommen kann. Trotz der technologischen Möglichkeiten kann es passieren, dass einzelne Mitarbeiter sich wie Soloselbstständige in ihrer Arbeitswelt bewegen. Wenn sie darüber hinaus noch ohne Bedürfnis nach Sozialkontakten sind, werden sie schnell den Draht zu Vorgesetzten, Kollegen und zum Team verlieren. Führung übernimmt in diesem Fall die Verantwortung, Kommunikation aufrechtzuerhalten.

Leitfragen

- *Werden Mitarbeiterinteressen noch unmittelbar wahrgenommen?*
- *Wie kommen gemeinschaftliche Interessen in der mobilen Arbeit zum Ausdruck?*

Längst sind Dezentralisierung und Mobilität kein Privileg des Managements mehr. Auch können nicht nur Fachkräfte den Vorzug genießen, mobil zu arbeiten. Die Interessenvertretung muss sich bei dieser Entwicklung neu sortieren und neue Strukturen schaffen. Die moderne Arbeitswelt ist dennoch nicht ausschließlich ein kollektivrechtliches Problem, es gibt mit dem Wandel einige individualarbeitsrechtliche Fragen zu klären, immerhin verlagert sich der Arbeitsschutz von den Betrieben in die mobile Welt.

Ein Grundproblem[41] der virtuellen Welt ist die Abbildung der Wirklichkeit selbst. Betrachter, Mitarbeiter, die in der dargestellten Wirklichkeit nicht leibhaftig präsent sind, wissen nicht, wie wirklich diese Realität ist. Da mag in der Videokonferenz die Präsenz der anderen noch spürbar sein und nachvollziehbar als wirklich empfunden werden. Risiken und Gefahren sollen der Digitalisierung keine Grenzen setzen, sie können der Dynamik keinen Einhalt gebieten, werden eher von der Veränderungskraft überrollt. Ein paar Handlungsoptionen bleiben trotz allem. Das Heraustreten, die kritische Distanz, der Perspektivwechsel und zum guten Schluss die Objektivierung bilden das Handlungsgerüst dafür, Gefahren und Risiken zu minimieren.

Festzuhalten bleibt:

… trotz aller Gefahren sowie Risiken, die mit der digitalen Transformation und mit Changeprozessen verbunden sind, bleibt Wandel das zentrale Bestreben in der Teamarbeit.

Bei allen Chancen dürfen die Risiken nicht unbeachtet bleiben. Dies muss nicht dazu führen, dass alles Neue pedantisch, übertrieben kritisch oder sogar misstrauisch betrachtet wird. Die Chancen, die mit einer Innovation einhergehen, sollten Vorrang vor Kritik haben, da neue Entwicklungen Bewegung und Veränderung mit sich bringen, die wiederholt als wesentlich für die Existenzsicherung betont wurden.

41 Inwieweit es wirklich ein Grundproblem ist, hängt von der Sicht des Betrachters ab, jede Abbildung der Wirklichkeit muss kritisch hinterfragt werden.

14 Alles zusammen – modernes Changemanagement und *New Work*

Digitalisierung, Virtualisierung, Quantifizierung ist als Ganzes Dynamik, Bewegung, Mehrwert, Wissen, Lernen, Weiterentwicklung, Kooperation, Teamgeist und Handeln – nicht mehr und nicht weniger (siehe Abb. 84). Darauf kann man wiederum aus verschiedenen Richtungen schauen und wird weitere Wesensmerkmale erkennen. Aber auch dies muss in einem Veränderungsmanagement zusammengeführt werden, das auf Handeln beruht. Der Blick auf die Unternehmensentwicklung wird dies zeigen. *New Work* hat Bewegung in die Unternehmens- sowie Mitarbeiterführung gebracht. Ob *New Work* nun eine Reaktion auf die digitale Transformation und Revolution darstellt oder als Treiber von Digitalisierung wie Virtualisierung agiert, bleibt ohne Bedeutung. Es sind die Veränderungen selbst, die das Geschehen bestimmen. Dazu kommt noch das Bewusstsein, dass ohne Mitarbeiter nichts möglich ist. Bei aller technologischer Finesse und der vielfältigen Möglichkeiten zur Virtualiserung von Geschäftsprozessen werden Mitarbeiter einen wesentlichen Anteil am Unternehmensergebnis haben.

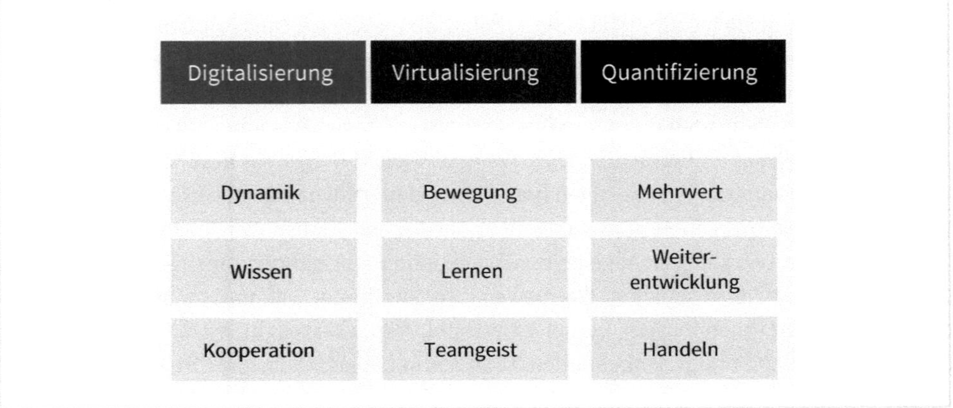

Abb. 84: Das Ganze auf einen Blick

Wissen und Mitarbeiterkompetenzen werden gelegentlich nicht so ernst genommen. Zwar zeigen einige Unternehmen und Organisationen große Anstrengungen zur Wissenssicherung und Mitarbeiterbindung, doch an anderen gehen diese Bemühungen vorbei. Das Klagen über Fachkräftemangel, das Abwandern von Unternehmen oder das gelegentlich blinde Vertrauen auf Digitalisierung sind Anzeichen einer riskanten Politik. Dabei sollte bewusst sein, dass Digitalisierung und digitale Transformation nicht ohne Mitarbeiter funktionieren und dass das Wissen im Unternehmen steckt und nicht durchweg teuer eingekauft werden kann. Digitalisierung muss unternehmensspezifisch sein und dafür muss das Wissen im Unternehmen genutzt werden. Wissen an sich ist ein dynamisches Element. Wer Wissen als ein starres Datenarchiv versteht, hat Wissensmanagement falsch verstanden. Wissen und Mitarbeiter sind dabei enger verknüpft, als ein rein technisches Wissensmanagement dies wahrhaben will. Sobald wird über die Tellerränder der Datenbanken blicken, wird klar, dass das Wissen der Mitarbeiter mit zum Wissenskapital eines Unternehmens gehört. Wissen verändert, Mitarbeiter verändern mit ihrem Wissen, beides zusammen sind Zündfunken, Zukunftsverdichter und Entwicklungsantrieb. Digitale Technologien und die externen Experten können Veränderungen anstoßen, doch am Ende ist *Change* eine interne Angelegenheit, denn dort wird die Grundlage für Nachhaltigkeit gelegt.

»Zukunft ist digital« darf kein Werbespruch sein. Zukunft in Unternehmen wie Organisationen ist ohne digitale Werkzeuge bzw. technologische Unterstützung kaum denkbar. All das Neue, was aus der digitalen Transformation in den Alltag der Teams hineinschwappt, muss erst den Weg hinein ins Changemanagement, in die Arbeitsprozesse und in die Anwendung finden. Veränderungen, egal ob technologischer oder anderer Art, müssen in vorhandene Arbeiten wie Abläufe integriert werden. Ein *Change* ist ein ganzheitlicher Prozess und weniger eine isolierte Aktion. Bevor Veränderungen angegangen werden, steht eine Prüfung an, welchen Mehrwert eine Neuerung bringen soll. Digitalisierung hat durchaus ihren Wert, gleichwohl muss sie einen betriebswirtschaftlichen Mehrwert für Unternehmen bzw. Organisationen haben. Außer den technischen Neuerungen müssen dann noch die Mitarbeiter in Innovationsprozesse eingebunden sein. Im Nachgang bleibt schließlich zu prüfen, ob resp. in welchem Umfang die gesteckten Ziele erreicht wurden.

Durch diese grundlegenden Betrachtungen tritt offen zutage, dass Innovationen mittlerweile als etwas Alltägliches zu betrachten sind. *Change* ist nicht länger ein besonderes oder seltenes Ereignis. Veränderung hat in Zeiten hoher Entwicklungsdynamik eine existenzielle Bedeutung. Dynamik ist das Lebenselixier sowohl in der Organisationsentwicklung als auch in der Unternehmensentwicklung im Allgemeinen. Wer kontinuierlich *Change* anstrebt, muss Beweglichkeit bei Mitarbeitern schaffen. Wer bewegliche Mitarbeiter will, muss Motivationsanreize bereithalten und Lernen fördern. Lernen ist Wandel, Wandel erzeugt Dynamik, die Anpassung über Lernen in Gang bringt. Eingebunden ist all das in bedarfskonforme Strukturen des organisationalen Changemanagements und in einer modernen Wissenswirtschaft, die Organisationen und Unternehmen bei der Kapitalisierung von Wissen unterstützt. Die Wissenswirtschaft umfasst das Managen von Wissen, das Vernetzen von Kompetenzen, die Bewertung von Wissen – was die Quantifizierung einschließt – und sowohl die Sicherung als auch den Ausbau von Wissen. Die digitale Dimension ist ein integraler Bestandteil, kann dabei Werkzeug sein oder als Treiber von *Change* Veränderungen anstoßen.

Vieles, das auf dem Weg der digitalen Revolution in Markt und Arbeitsmarkt hineingeschwemmt wird, sorgt längst nicht mehr für großes Aufsehen, weil das Neue sozusagen als normal empfunden wird. Vom Mobiltelefon über Kurznachrichten und soziale Medien ist ein digitales Umfeld entstanden, das bis in alle Lebensbereiche hineinreicht. Nutzen wie Notwendigkeit derartiger Vernetzungen werden recht unterschiedlich bewertet. In der Arbeitswelt werden die Vorteile gern gesehen und gelegentlich wird durch eine rosa Brille geblickt und etwas leichtfertig allein das Positive als Bewertungsmaßstab genommen. Zeit zu einem längeren Nachverfolgen bleibt kaum, weil eine Neuerung die andere jagt. Dennoch ist eine angemessene Bewertung unerlässlich, auch wenn die Zeiträume für solche Überlegungen kürzer werden. Tatsächlich gestaltet es sich schwierig, das Neue im Kontext des digitalen Wandels klar abzugrenzen, sei es, weil es schnell zur Normalität wird oder weil es bereits Etabliertes ablöst. Digitale Neuerungen sind in sich normalerweise mindestens genauso dynamisch wie ihre Umgebung, sodass sich digitale Bausteine ständig verändern und irgendwann die Frage auftaucht, ob der Baustein nun ein ganz neuer ist. Digitale Telefonanlagen sind heutzutage Konferenzsysteme und haben mit dem fernmündlichen Dialog aus früheren Zeiten nur wenig gemein. Mittlerweile könnte man sogar von einem algorithmisierten Lebensumfeld reden, da fast überall ein Chip oder einer Programmierung integriert ist. Dies führt zwangsläufig zu gewissen Abhängigkeiten. Durch Verknüpfungen und Verbindungen entstehen Netzwerke. Vernetzungen werden so zur Stärke, aber auch zum Machtmittel. Deshalb gewinnen die Themen *Schutz*, *Sicherheit* und *Kontrolle* an Bedeutung.

Gleichzeitig erzeugen Vernetzungen Bewegung und werden damit zu Trägern der Dynamik. Dass dies keine rein technische Bewegung ist, davon zeugt die moderne Wissenswirtschaft, denn Vernetzung ist bei genauer Betrachtung gleichfalls eine Wissensvernetzung. Wissen wird damit zur Grundlage eines gesteuerten Dynamikprozesses. Über das Lernen wird Wissen erweitert. Einen Wissensknoten in einem Netzwerk mit einem anderen Wissensknoten zu verknüpfen, ist Lernen, wodurch etwas Neues entsteht. Die Digitalisierung beschleunigt diesen Lernprozess, da sie Schritt für Schritt Verbindungen herstellt. Der Mensch wird bei diesem Lernen zunehmend an den Rand gedrängt, während künstliche Intelligenz sein Denken zu ersetzen versucht. Nun muss die *KI* nicht das Menetekel für den Einsatz der menschlichen Arbeitskraft sein, aber die Informationstechnologie hat zumindest schon einmal *New Work* in Gang gebracht und neue Anforderungen an die Organisation von Arbeit gestellt. Einer Anforderung gebührt dabei besondere Beachtung: die kontinuierliche Bereitschaft zum Wandel.

Changemanagement umfasst mehr als den Wandel durch Technologisierung, allerdings bestimmen die Technologien weitgehend die Inhalte von Wandel. Damit all dies berechenbar bleibt, ist es notwendig, den Wert einer Veränderung, den Wert des technologischen Wandels mit Kennzahlen zu verfolgen und auf diese Weise objektivierbar zu machen. Das bedeutet, dass neben dem Erfassen alltäglicher Teamleistungen und der Leistungsfähigkeit der Einzelnen in gleicher Weise Bewertungen von Innovationen und Veränderungen vorzunehmen sind. Digitale Transformation darf kein Freibrief sein und als Trend darf sie nicht dazu verleiten, auf jeden Zug aufzuspringen, der gerade vorbeirauscht. Virtualität muss auch mehr sein als schickes Format, es muss in die Prozesse hineinpassen. Gewiss kann es hin und wieder vorkommen, dass das Format passt, die Mitarbeiter jedoch nicht bereit sind, das Neue anzuwenden. Einerseits kann es ein grundsätzlicher Mangel an Bereitschaft sein, andererseits können Mitarbeiter mit dem Neuen überfordert sein, weil ihnen zum Beispiel nicht ausreichend vermittelt wurde, wie eine technologische Neuerung handzuhaben ist. An dieser Stelle wird ein weiteres Mal unterstrichen, dass Vernetzung über das Technische hinausgeht und dass sie nie nur in eine Richtung stattfindet. Mitarbeiter wirken in die Vernetzung zurück, dafür müssen sie die Handhabung der technologischen Vernetzung beherrschen und die Gelegenheit haben, zurückzuwirken und Impulse ins Netz hineinzugeben.

Die Begeisterung für die Vernetzung und das Neue sollte nicht den Blick auf die Gefahren verstellen. Stress durch häufige Veränderungen oder Druck durch Leistungserhebung fordert geradezu dazu heraus, zwischendurch Abstand zu gewinnen, um den bestmöglichen Weg zu finden. Die Technologie mag Taktgeber sein, aber sie allein bestimmt nicht die Richtung, denn jede Technologie steht am Ende mit Menschen in Beziehung. Technologie und technologische Entwicklung existieren nicht zum Selbstzweck. An irgendeiner Stelle kommt der Mensch ins Spiel. Daher haben der Umgang, die Nutzung und die Weiterentwicklung von Technologien auch etwas Menschliches, dass es zu berücksichtigen und einzubeziehen gilt. Digitale Innovationen und die Möglichkeiten der virtuellen Zusammenarbeit können nicht einfach z. B. in einem Team eingeführt werden oder in die Prozesslandschaft implementiert werden. Der Prozess der digitalen Transformation sollte bilateral sein oder zumindest eine Rückkopplung haben. Es ist entscheidend zu analysieren, wie die Benutzer diese Veränderungen aufnehmen und die Anwender sollten die Gelegenheit haben, ihren Standpunkt darzulegen und zu erläutern, in welchem Umfang sie von den Neuerungen profitieren können. Der Mehrwert, den Anwender empfinden oder wahrnehmen, ist genauso wichtig wie der betriebswirtschaftliche Mehrwert, den Strategen oder Controller einer Technologie beimessen. Der Mensch setzt seinen Verstand ein, um Entscheidungen zu treffen und zu lernen, aber das überlässt er zunehmend den Maschinen. Noch unterscheiden sich Mensch und Maschine u. a. durch die Intuition, eine Fähigkeit, die bisher nicht in Algorithmen abgebildet werden konnte.

Bieten Digitalisierung und Virtualisierung umfangreiche Möglichkeiten, darf die angemessene Umsetzung des Neuen nicht unberücksichtigt bleiben. Zum einen muss Bedarf vorhanden sein und zum anderen bewegen sich alle besser in kleinen Schritten auf ein Ziel zu, als dass große Sprünge versucht werden, die schnell zum *Flop* mit harter Landung werden. Trotz der Vielfalt bleiben einige Digitalisierungs- wie Virtualisierungsmöglichkeiten unerschlossen. Allen Umsetzungen ist gemein, dass sie unter dem Strich einen Mehrwert aufweisen und dass Bedarfskonformität wie Angemessenheit geprüft sind. Vor der Umsetzung stehen das Analysieren und das Beschreiben, weil daraus die Strategie hervorgeht und so die Vorstufe für das zielgerichtete Handeln erreicht wird. Und Handeln ist eine Bewegung, die Zukunft schafft.

Digitale Transformation, Virtualität und Quantifizieren erzeugen Bewegung, die Wandel bringen. Modernes Changemanagement umfasst jedoch mehr als die Dynamik, dazu gehören in gleichem Maße die Arbeitsformate und Kommunikationsstrukturen, was am Ende dann in *New Work* mündet. Digitalisierung und Virtualisierung sind Werkzeuge, die bestenfalls geschickt eingesetzt werden, die Wertschöpfung zu optimieren. Der Kreis schließt sich dadurch, dass stets nach dem Mehrwert geschaut wird. Digitale Neuerungen und die Möglichkeiten der Virtualisierung dürfen keine Spielweise sein. Im Sinne von Aufwand und Nutzen muss unter dem Strich eine positive Kennzahl stehen. Die Quantifizierung schlägt den großen Bogen über alle digitalen und virtuellen Elemente, die den Arbeitsplatz verändern und verbessern mögen.

Vieles aus dem Themenkreis zur Digitalisierung und Virtualisierung lässt sich komprimieren und auf ein paar wenige Universalien reduzieren. Die Wirkung, die Intensität und der Erfolg von Wandel bestimmen die Entwicklung im Allgemeinen und die Unternehmensentwicklung im Besonderen. In diesem Zusammenhang von Universalien zu sprechen, mag vermessen sein, doch gibt es den Hinweis darauf, dass einige wenige Wirkkräfte die Weiterentwicklung in Gang halten und Fortschritt sowie Zukunft im Unternehmen bestimmen (siehe Abb. 85). Haben Begriffe wie Kommunikation, *Teaming* und Lernen einen eher pauschalen Charakter, steckt doch enorme Veränderungskraft dahinter. Dies wiederum muss Anlass sein, das Wesen, die Mechanismen und die Steuerungsmomente dieser drei Energieträger zu erfassen und zu erfahren. Darüber hinaus führt dies zu einer höheren Wertschätzung der Mitarbeiter in Bezug auf die Unternehmensentwicklung und den Unternehmenserfolg, weil sie mit ihrem Wissen und ihrer Motivation die Dynamik und den Wandel prägen. Die Freiheit, die Selbstbestimmung und die Selbstorganisation der Mitarbeiter tragen zur Entfaltung von Motivation bei und bestimmen über die Einsatz- wie Veränderungsbereitschaft die Unternehmensdynamik mit. Versteht es Führung dann, aus den einzelnen Wissensträgern ein Team zu formen und Kooperation lebendig werden zu lassen, sind möglichen Synergien keine Grenzen gesetzt.

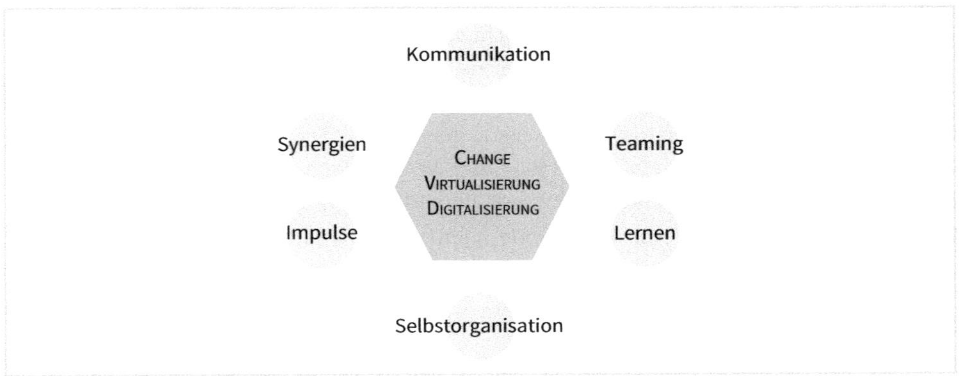

Abb. 85: Universalien der Unternehmensentwicklung, des Fortschritts und des Wandels

Ob digitale Transformation, virtuelle Arbeitsformate oder künstliche Intelligenz, alles läuft in Wissen und Lernen zusammen. Lernen ist dabei mehr als das Sammeln und Speichern von Informationen und Daten. Lernen ist Verhaltensänderung, was beim *Auswendiglernen* eines Gedichts nicht erkennbar ist. Es deutet sich die Komplexität von Lernen an. Lernen als ein kognitiver, kognitionspsychologischer, neurophysiologischer oder lernpsychologischer Prozess kann so vielfältig sein, dass die vollständige Abbildung dieser Prozesse in Algorithmen wohl noch etwas dauern wird. Jedenfalls ist Lernen mehr als bloßes Speichern von Wissen. Wissen wiederum ist Erzeugen, Verknüpfen, Vernetzen, Kombinieren, Weiterdenken und Anwenden. Eine scheinbar begrenzte Zahl von Universalien, sei es beim Lernen oder in der Entwicklung, können unendlich viele Möglichkeiten erzeugen.

Reine Euphorie, was die Möglichkeiten und die Potenziale betrifft, ist jedoch fehl am Platz. Nicht alles Neue hat eine Erfolgsgarantie im Schlepptau. Der kritische Blick aufs Neue und der Perspektivwechsel, der hilft, objektiviert die Dinge anzugehen, erzeugen eine Grundhaltung zum Managen von Veränderungen. Bei allen Neuerungen, egal wie der Wandel gestaltet ist, ungeachtet der technologischen Möglichkeiten, trotz mobiler Arbeit und virtueller (verteilter) Teams bleibt ein Grundgedanke zum Team übergreifend und richtungsweisend: Alle gemeinsam, zusammen Ziele erreichen. Der Wert der Digitalisierung muss keine Entscheidung zwischen Wirtschaftlichkeit und Menschlichkeit sein. Der betriebswirtschaftliche Mehrwert sollte dort Beachtung erfahren, wo virtuelle Plattformen zur Verwaltung verkümmern und sich verselbstständigen, sodass der Bezug zu den Nutzern verloren geht. Das trifft auf so manche Internet- und Intranetplattformen zu, wo sich die Verwalter der Vernetzung mehr mit der Plattform als mit den eigentlichen Zielen der Plattform und den Anwendern beschäftigen.

Ob Digitalisierung und Virtualisierung, ob Optimierung und Einsparung – das betriebswirtschaftliche Kalkül darf nicht einfach über alles gestellt werden. Die Neuerungen und technologischen Innovationen dürfen nicht gleichgültig machen gegenüber den Leistungen der Mitarbeiter. Mögen Maschinen an einigen Stellen Menschen ersetzen können, sollte nicht als Erstes über Personalanpassungen nachgedacht werden. Die Weiterentwicklung von Mitarbeiter, also das betriebliche Lernen, muss die gleiche Gewichtigkeit haben wie neue Technologien. Es sei daran erinnert, das künstliche Intelligenz ihr Potenzial erst mit dem Lernen entfalten kann und dann das Attribut *intelligent* verdient. Warum soll dies dann nicht in gleicher Weise auf die Mitarbeiter angewendet werden? Mit dieser Wertschätzung werden Energien gebunden, die Zukunft mitgestalten können, wenn deren Veränderungskraft zur Geltung gebracht wird. Wandel reicht bis zu den Mitarbeitern, Wandel kann von den Mitarbeitern ausgehen:

Zukunft gestalten, alle zusammen.

Teil 3
Anhang

Fragen als Impulsgeber

Fragen paralysieren nicht und sie machen auch nicht sprachlos. Fragen sind keine Blockaden, sondern können als Impulsgeber genutzt werden und sensibilisieren für Lösungen. Deshalb gehören Fragen zu einem Impulspaket. Durch den Versuch, die Fragen zu beantworten, können Lösungswege gefunden werden. Im Nachfolgenden sind alle bisherigen Fragen erneut aufgeführt. Zum einen dienen sie als Übersicht, zum anderen geben sie Gelegenheit, eigene Antworten zu finden. Zusammen ergeben sie Impulse, die für Bewegung sorgen (siehe Abb. 86).

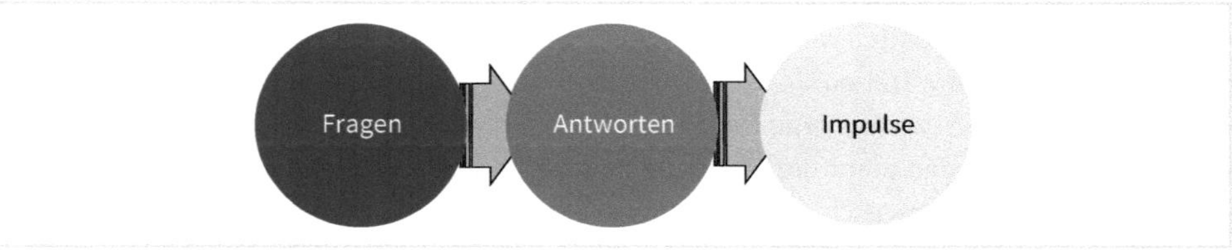

Abb. 86: Fragen – Antworten – Impulse

- Was ist bei der Digitalisierung sowie Virtualisierung wichtig für die Gestaltung des Arbeitsalltags?
- Wo greifen die Veränderungen?
- Wie verändern sich die Arbeitsformate?
- Wie wird das Neue in die Abläufe integriert?
- Wie können Mitarbeiter mitgenommen werden?
- Was sind konkrete Maßnahmen, damit Veränderungen greifen?
- Welchen Anteil hat die digitale Transformation beim Changemanagement?
- Wo hat die Digitalisierung tiefe Spuren hinterlassen?
- Von wo bis wohin reicht die Virtualisierung in der Praxis der Teamarbeit?
- Wo leistet die virtuelle Arbeit einen Beitrag zur Prozessoptimierung?
- Wie kann die moderne Informationstechnologie das Quantifizieren von Zielvorgaben voranbringen?
- Wie wirken Digitalisierung, Virtualisierung und Quantifizierung zusammen?
- Wie werden diese drei Themen in die Praxis eingebracht und prägen Veränderungsdynamik?
- Was ist das Neue bei allen drei Themen?
- Was soll denn in *New Work* anders sein?
- Warum muss man sich neuen Arbeitsformaten stellen?
- Was soll besser an sein an *New Work*?
- Wie führt man *New Work* ein?
- Was braucht man dafür?
- Wo kommt das Neue denn an?
- Wie weit reicht die Wirkung einer Neuerung?
- Wie wird das Neue aufgenommen?

- Welche Nachwirkung haben Innovationen?
- Warum ist Dynamik wichtig?
- Wie wird sie intern erzeugt?
- Wer sind die Protagonisten bei der Gestaltung von Wandel?
- Welche Möglichkeiten schafft das betriebliche Lernen?
- Wo muss sich betriebliches Lernen an *New Work* anpassen?
- Wie lässt sich betriebliches Lernen mit dem außerbetrieblichen Lernen verbinden?
- Was kann Lernen bewirken?
- Wie entsteht Agilität?
- Was soll Agilität erzeugen?
- Wie kann Agilität erhalten werden?
- Wofür soll *New Work* stehen?
- Was soll sich mit *New Work* grundlegend verändern?
- Sind die Änderungen mehr Anpassungen oder einer sich ändernden Umwelt bzw. irgendwelchen Neuerungen geschuldet, die als viel- bzw. Erfolg versprechende Erkenntnisse propagiert werden?
- Was macht zielgerichtetes Handeln aus?
- Wie kann der kürzeste Weg zum Handeln gefunden werden?
- Wie kann auf Handeln fokussiert werden?
- Welche Aufgabe hat Führung im Zuge des Initiierens von Handeln?
- Welche Werkzeuge stehen zum Erzeugen von Handeln zur Verfügung?
- Wie lässt sich Handeln bewerten?
- Wie können Teambildung und Teamentwicklung in Zeiten von *New Work* gelingen?
- Wie kommt Innovation im Team an?
- Schöne neue Welt am Arbeitsplatz?
- Wie soll Leistung bewertet werden?
- Was hat das Unternehmen/die Organisation davon?
- Was haben die Einzelnen davon, Leistung zu bringen?
- Warum sollen Teammitarbeiter nicht mehr gemeinsam an einem Tisch sitzen?
- Wozu sollen all die Statistiken und Datensammlungen dienen?
- Wie kann in der virtuellen Zusammenarbeit Sicherheit vermittelt werden?
- Wie kann Unsicherheit aufgespürt werden?
- Was kann zum Festigen von Sicherheit gemacht werden?
- Wie kann eine Führungskraft die Mitarbeiter in der Distanz erreichen?
- Wie können Mitarbeiter in der dezentralen, vernetzten Arbeit bewegt werden?
- Welche Freiräume sollen zur Verfügung stehen?
- Was darf der Mitarbeiter selbst entscheiden?
- Wie viel Selbstorganisation ist tragbar?
- Ist selbstorganisiertes Lernen eine Entwicklungsperspektive?
- Sind Mitarbeiter leistungsbereiter und effizienter, wenn sie Freiheiten haben und wenn man ihnen Anreize zur Leistungserbringung verschafft?
- Ist die Motivation der Mitarbeiter eine kalkulierbare Erfolgsgröße?

- Oder sind es letztlich doch Disziplin, Unnahbarkeit der Führung, hierarchisches Denken und Anweisung, die Erfolg kalkulierbar machen?
- Wie erkennt man, dass eine neue Technologie optimal genutzt wird?
- Wo hat künstliche Intelligenz bislang was bewirkt?
- Welche Anwendungen der *KI* sind bahnbrechend?
- Welche Stärken der *KI* sind identifizierbar?
- Wie kann *KI* gesteuert werden?
- Quo vadis Virtualisierung?
- Doch wie verhält es sich mit dem Austausch, wenn das virtuelle Format so weit etabliert ist, dass es ausschließlich verwendet wird?
- Was ist Virtualisierung?
- Was leistet das Virtuelle?
- Wie virtuell ist Virtualität?
- Wie soll Virtualisierung geschaffen werden?
- Wie optimiert das Virtuelle?
- Welche Vorteile sind bisher kaum oder gar nicht genutzt worden?
- Wie lässt sich Bedarf erkennen?
- Was sind die besonderen Merkmale der Virtualität in *New Work*?
- Wo setzt sich das Virtuelle ab?
- Was kann das Virtuelle nicht?
- Wie wichtig ist der Vernetzungsaspekt bei Veranstaltungen?
- Wie können virtuelle Events eine Vernetzung von Teilnehmern erreichen?
- Wie lassen sich persönliche Kontakte im virtuellen Raum abbilden?
- Sollen Maschinen Menschen nachbilden und diese ersetzen?
- Wie geht man damit um, wenn Maschinen ihre neu gewonnene Intelligenz ohne Steuerung von außen nutzen wollen?
- Lässt sich menschlicher Wille in einer künstlichen Sprache abbilden und wohin sollen derartige Entwicklungen führen?
- Welche Vorteile soll eine Vermenschlichung digitaler Systeme haben?
- Wie ist Lernen und Intelligenz in der Programmierung in Bezug auf das menschliche Lernen und die menschliche Intelligenz abbildbar?
- Was ist Intelligenz?
- Inwieweit sind künstliche und menschliche Intelligenz vergleichbar?
- Was sind die Merkmale des Künstlichen?
- Was ist Wissen?
- Was ist Lernen?
- Welche Rolle spielt Lernen bei der Intelligenz?
- Wie kann künstliche Intelligenz beim operativen Wissensmanagement greifen?
- Welche vorhandenen Entwicklungen können nutzbringend in der Organisation implementiert werden?
- Welcher Aufwand ist damit verbunden und welcher Nutzen wird erwartet?
- Rechtfertigt der Mehrwert das Engagement?

- Welche Folgekosten sind damit verbunden?
- Was ist im Bezug auf den Umgang der Zielgruppe mit neuen Möglichkeiten zu erwarten?
- Wie können Mitarbeiter einbezogen werden?
- Wie können Informationen verknüpft werden?
- Wie können Informationen gefunden werden?
- Wie sollen die vertrauten Ideenrunden in die virtuelle Welt übertragen werden?
- Wie kann das vorhandene Potenzial transformiert werden, wenn das Erprobte wegfällt?
- Wie können Teammitarbeiter im virtuellen Raum zum Austausch zusammenkommen?
- Wie können die Flurgespräche in die neue Arbeitswelt übertragen werden?
- Welche Kriterien werden angesetzt?
- Wie zuverlässig und eindeutig sind die eingesetzten Skalierungen?
- Was bestimmt den Grad der Erreichung?
- Und wie entsteht Konsens zum Leistungsurteil?
- Was lässt sich messbar machen?
- Was steht zum Messen zur Verfügung?
- Was wird zum Messen vorgegeben?
- Was genau ist die Leistung, die gemessen werden soll?
- Welche Formen von Leistungen gibt es?
- Woraus setzt sich die Leistung zusammen?
- Inwieweit lässt sich eine Leistung segmentieren?
- Welche messbaren Bewertungen lassen sich den Leistungsteilen zuordnen?
- Warum wird Leistung gemessen?
- Wie sollen Ergebnisse ermittelt werden?
- Was soll mit den erhobenen Ergebnissen gemacht werden?
- Wann, wo und wie lässt sich Wissen in der Wertschöpfung messen?
- Wo wird die Wirkung von Wissen ganz deutlich erkennbar?
- Wie lässt sich dieses Wissen in Operationen zerlegen?
- Welche Quantitäten resp. Qualitäten lassen sich hinsichtlich der Bewertung solcher Wissensteile erkennen?
- Wie kann verfolgt werden, ob ein Wissenstransfer stattgefunden hat?
- Welche Anreize zum Teilen von Wissen können eingesetzt werden?
- Wie kann ganz allgemein die Bedeutung von Wissen aufgewertet werden?
- Wird tatsächlich das gemessen, was gemessen werden soll?
- Was interessiert an einer Leistung, warum soll sie gemessen werden?
- Was sind die Vorgaben?
- Was sind die Erwartungen?
- Was sind die Ziele?
- Was genau soll sich ändern?
- Welche Expertise ist notwendig?
- Was macht hinsichtlich der geplanten Neuerung einen Fachexperten aus und wo sind solche Experten im Unternehmen zu finden?
- Wie lassen sie sich einbinden?

- Welche Vision steht dahinter?
- Was bewegt den Mitarbeiter?
- Wie wird erkennbar, ob die richtigen Anreize gefunden wurden?
- Wie kann Verbindlichkeit hergestellt werden, dass auf Anreize im Gegenzug die erwartete Leistung erbracht wird?
- Wie viel Spielraum ist in Bezug auf die Anreize vorhanden?
- Was muss unbedingt hinein in die Vereinbarung zur Leistung?
- Hat Kommunikation im Team einen besonderen Stellenwert?
- Gibt es ausreichend Gelegenheit für den Austausch?
- Wie lässt sich Sachlichkeit in der Problemlösung oder in der Konfliktsituation sicherstellen?
- Wo trägt der persönliche Kontakt zur Vernetzung bei?
- Was macht einen respektvollen Dialog aus?
- Wie wird die Kommunikation vor Missverständnissen geschützt, die aus der mittelbaren Kommunikation hervorgehen (z. B. E-Mail, Kurznachrichten, schriftliche Informationen)?
- Wie lässt sich Aktionismus erkennen?
- Wie kann Nachhaltigkeit verfolgt werden?
- Wie entsteht kritische Distanz?
- Wie funktioniert das Weiterdenken?
- Welche Möglichkeiten bestehen, Nachhaltigkeit zu bewerten?
- Was steckt hinter dem Begriff »Kollektivität«?
- Wie lässt sich Gemeinschaftsgefühl ohne künstliche Events schaffen?
- Was lässt Teammitglieder Kollektivität spüren?
- Auf wie viel Gemeinsinn lassen sich Mitarbeiter ein?
- Welches Wissen ist relevant?
- Wie lernen Mitarbeiter voneinander?
- Wie können Mitarbeiter wissen erwerben?
- Wie kann Erfahrung zum Transfer systematisiert werden?
- Wie und wann lernen Mitarbeiter am besten?
- Welche Standardisierungen sind echte Lernhilfen?
- Wie kann externes Wissen bewertet werden?
- Wie können Leistungen von Bildungsanbietern bewertet werden?
- Wo müssen Lernkonzepte an die Veränderungen angepasst werden?
- Sind Mitarbeiter auf das selbstorgansierte Lernen vorbereitet?
- Wie lässt sich ein attraktives Lernangebot aufbauen?
- Wie lassen sich Mitarbeiter an Lernen heranführen?
- Wie lässt sich Lernfreude fördern?
- Was erzeugt Lernbereitschaft?
- Wie lässt sich Wissen vernetzen?
- Was fördert Wissenstransfer?
- Was ist über das Problem/die Aufgabe bekannt?
- Welche Blickwinkel bieten sich an?
- An welcher Stelle kann man heraustreten?

- Wie viel Digitalisierung brauchen Projekte?
- Wie viel virtuelle Zusammenarbeit passt in die vorhandene Teamkultur?
- Welche Technologie bringt die Teamarbeit voran?
- Warum begnügt man sich oft mit einer pauschalen Produktionsleistung?
- Wieso reichen heruntergebrochene Quartalszahlen, um mit einem Team ins Gericht zu gehen?
- Warum reichen oft Leistungszahlen einer neuen Software, um auf deren Wirkung im eigenen Betrieb zu vertrauen?
- Warum reichen Behauptungen, die vorgeben, dass beim Mitbewerber mit den Innovationen außergewöhnliche Ergebnisse erzielt wurden?
- Freiheit in Grenzen – ein Widerspruch?
- *New Work*, Agilität und Selbstorganisation, welche Bedeutung hat die Freiheit in dieser neuen Umgebung?
- Werden Mitarbeiterinteressen noch unmittelbar wahrgenommen?
- Wie kommen gemeinschaftliche Interessen in der mobilen Arbeit zum Ausdruck?

Auswahlbibliografie

Aicher, Otl (2015): *Analog und digital*, 2. Aufl., Berlin: Ernst.

Appelfeller, Wieland/Feldmann, Carsten (2023): *Die digitale Transformation des Unternehmens. Systematischer Leitfaden mit zehn Elementen zur Strukturierung und Reifegradmessung*, 2., überarb. u. erw. Aufl., Berlin: Springer.

Aßmann, Sandra (Hg.) (2023): *Bildung und Digitalität. Analysen – Diskurse – Perspektiven*, Wiesbaden: Springer Fachmedien.

Augsten, Katrin (2021): *Mobile Arbeit – Homeoffice – Telearbeit. Praxisratgeber für Betriebs- und Personalräte*, 2., aktual. Aufl., Frankfurt am Main: Bund-Verlag.

Bartel, Susanne (2023): *Kanban – kurz & gut*, Heidelberg: O'Reilly.

Berner, Winfried (2022): *Reorganisation und Restrukturierung. Strukturen weiterentwickeln, ohne die Unternehmenskultur zu ruinieren*, Stuttgart: Schäffer-Poeschel.

Bertsche, Oliver/Como-Zipfel, Frank (2023): *Digitalisierung. Herausforderungen und Handlungsansätze für die Soziale Arbeit*, Stuttgart: Kohlhammer.

Bilgri, Anselm/Singh, Maurizio (2022): *Agiles Arbeiten – agile Führung. Wo bleibt der Mensch bei Agilität? Impulse aus der benediktinischen Regel*, München: Vahlen.

Böhle, Fritz (2003): »Wissenschaft und Erfahrungswissen – Erscheinungsformen, Voraussetzungen und Folgen einer Pluralisierung des Wissens«, in: Stefan Böschen, Ingo Schulz-Schaeffer (Hg.) (2003): *Wissenschaft in der Wissensgesellschaft*, Wiesbaden: VS Verlag für Sozialwissenschaften, S. 143–177.

Borchers, Sebastian/Verweinen, Marcel (Hg.) (2023): *Betriebliche Transformation gestalten. Konzepte und Umsetzungen für die Zukunftsfähigkeit von Unternehmen*, München: Hanser.

Böschen, Stefan/Schulz-Schaeffer, Ingo (Hg.) (2003): *Wissenschaft in der Wissensgesellschaft*, Wiesbaden: VS Verlag für Sozialwissenschaften.

Braun, Gregor (2013): *Verstehensprozesse modellieren und analysieren,* Berlin: Frank & Timme.

Braun, Timo/Müller-Seitz, Gordon (2023): *Digitale Transformation: Wandel durch Projekte*, München: Vahlen.

Breidenbach, Joana/Rollow, Bettina (2019): *New Work needs Inner Work. Ein Handbuch für Unternehmen auf dem Weg zur Selbstorganisation*, 2. Aufl., München: Vahlen.

Buck, Marc Fabian/Zulaica y Mugica, Miguel (Hg.) (2023): *Digitalisierte Lebenswelten. Bildungstheoretische Reflexionen*, Berlin/Heidelberg: Springer.

Bünnagel, Werner/Tarnowska, Beata Teresa (2023): *Innovative Teamarbeit. Wie Teambildung und Teamentwicklung in Zeiten von New Work gelingen können*, Freiburg: Haufe.

Bünnagel, Werner/Pfefferle, Alwine (2023): »Digitale Zukunft braucht moderne Führung«, in: *wissensmanagement. Das Magazin für Digitalisierung, Vernetzung und Collaboration*, Heft 2/2023, S. 38–41.

Bünnagel, Werner/Pfefferle, Alwine (2023): *Praxisleitfaden Führungskompetenz. Professionelle Führung mit System*, Stuttgart: Schäffer-Poeschel.

Bünnagel, Werner (2021): »In Bewegung bleiben, Mitarbeiter als Treiber der Unternehmensdynamik«, in: *wissensmanagement. Das Magazin für Führungskräfte*, Heft 2021/6, S. 29–31.

Bünnagel, Werner (2021): *Mitarbeiter als Change Agents. Dynamik im Unternehmen neu denken, Strategie und Führung neu ausrichten*, Wiesbaden: Springer Gabler.

Bünnagel, Werner (2017): »Virtualisieren, vernetzen und teilen. Wissensmanagement beim DGB Rechtsschutz«, in *wissensmanagement. Das Magazin für Führungskräfte*, Heft 8/2017, S. 12–14.

Bünnagel, Werner (2014): »Nach der Operationalisierung ist vor der Operationalisierung«, in: *Community of Knowledge* unter https://www.community-of-knowledge.de/beitrag/nach-der-operationalisierung-ist-vor-der-operationalisierung/index.html [abgerufen am 23.10.2022].

Bünnagel, Werner (2013): »Kick-and-Rush – Wie Projekte dynamisch werden«, in: *wissensmanagement. Das Magazin für Führungskräfte*, Heft 8/2013, S. 38–41.

Bünnagel, Werner (2012): *Selbstorganisiertes Lernen im Unternehmen. Motivation freisetzen, Potenziale entfalten, Zukunft sichern*, Wiesbaden: Springer Gabler.

Bünnagel, Werner (2012): »Wissen vernetzen – Potenziale fördern«, in *wissensmanagement. Das Magazin für Führungskräfte*, Heft 8/2012, S. 41–43.

Bünnagel, Werner (2011): *Handbuch zur Einführung einer modernen Wissenswirtschaft. Das Unternehmenswissen im Visier*, München/Mering: Rainer Hampp.

Bünnagel, Werner (2011): »Fachkräftemangel – ein Gerücht«, in: *PERSONAL. Zeitschrift für Human Resource Management*, Heft 4/2011, S. 26.

Bünnagel, Werner (2009): »Nutzen spüren«, in: *PERSONAL. Zeitschrift für Human Resource Management*, Heft 10/2009, S. 46.

Burgwinkel, Daniel (Hg.) (2023): *Basiswissen für die Digitale Transformation. Content Services – Blockchain – Knowledge Graphen*, Berlin: De Gruyter Oldenbourg.

Coplien, James/Sutherland, Jeff/Heasman, Lachlan/Hollander, Mark/Oliveira Ramos, Cesário/The Scrum Patterns Group, The Scrum Patterns (2022): *Scrum – ein Buch über Zusammenarbeit. 94 Muster, die helfen, die Arbeit mit Scrum zu verbessern*, München: Vahlen.

Dechow, Niels/Homrighausen, Frank/Schulte, Martin/Sekol, Thilo (2022): *Digitale Transformation managen*, Freiburg: Haufe.

Dittmann, Karen (2023): *Hybrides Projektdesign*, Freiburg: Haufe.

Döbler, Thomas/Pentzold, Christian/Katzenbach Christian (Hg.) (2021): *Räume digitaler Kommunikation. Lokalität – Imagination – Virtualisierung*, Köln: Herbert von Halem.

Dolle, Ulrike/Dolle, Andreas (2023): *Mega Trend New Work. Chancen hybrider Arbeitskultur*, Paderborn: ADM Akademie des Managements.

Dreyhaupt, Klaus/Placke, Frank (2007): *Kosten- und Leistungscontrolling auf der Basis von NKF. Eine Arbeitsanleitung zur Effizienzsteigerung in öffentlichen Verwaltungen*, Stuttgart: Kohlhammer.

Duden, Antje (Hg.) (2018): *Zusammenarbeit analog und digital*, Berlin: wvb Wissenschaftlicher Verlag.

Dull, Doris (2023): *New Work – die Illusion der großen Freiheit. Ausprägungen der neuen Arbeitswelt*, Wiesbaden: Springer Fachmedien.

Erpenbeck, John/Sauter, Werner (2021): *Future Learning und New Work. Das Praxisbuch für gezieltes Werte- und Kompetenzmanagement*, Freiburg: Haufe.

Felgentreu, Jessica/Gloerfeld, Christina/Grüner, Claudia/Karolyi, Heike/Leineweber, Christian/Weßler, Linda/Wrede, Silke (Hg.) (2023): *Bildung und Medien. Theorien, Konzepte und Innovationen*, Wiesbaden: Springer Fachmedien.

Fleischer, Werner/Fleischer, Benedikt/Monninger, Martin (Hg.) (2023): *Change Management. Problemlösungen, Krisen und Veränderungen führen*, Stuttgart: Kohlhammer.

Frischmuth, Carlos (2021): *New Work Bullshit. Was wirklich zählt in der Arbeitswelt*, Frankfurt am Main: Frankfurter Allgemeine Buch.

Fuchs, Christian (2023): *Der digitale Kapitalismus. Arbeit, Entfremdung und Ideologie im Informationszeitalter*, Weinheim: Juventa.

Gegg, Stefan F. (2017): *Leistungscontrolling für komplexe Leistungen*, Wiesbaden: Springer Gabler.

Glaser, Lena Marie (2022): *Arbeit auf Augenhöhe. Die New Work Revolution: Kreativ denken, neue Wege wagen und die Arbeit der Zukunft solidarisch gestalten*, Wien: Kremayr & Scheriau.

Gloger, Boris (2023): *Scrum Think big*, 2., aktual. Aufl., München: Hanser.

Gloger, Boris/Rösner, Dieter (2022): *Selbstorganisation braucht Führung. Die einfachen Geheimnisse agilen Managements*, 3., überarb. Aufl., München: Hanser.

Grawe, Christian (2023): *Business/IT-Integration. Neuausrichtung der IT-Funktion in Organisationen im Kontext der Digitalisierung*, Wiesbaden: Springer Fachmedien.

Greßer, Katrin/Freisler, Renate (2021): *Agile Arbeitswelt und die Führung im Wandel*, Bonn: managerSeminare.

Gröbel, Rainer/Dransfeld-Haase, Inga (Hg.) (2021): *Strategische Personalarbeit in der Transformation. Partizipation und Mitbestimmung für ein erfolgreiches HRM*, Frankfurt: Bund-Verlag.

Gruber, Hans (2006): »Erfahrung als Grundlage von Handlungskompetenz«, in: *Bildung und Erziehung*, Heft 2/2006, S. 193–197.

Gruber, Hans (1999): *Erfahrung als Grundlage kompetenten Handelns*, Bern/Göttingen/Toronto/Seattle: Huber.

Haar, Rebecca (2019): *Simulation und virtuelle Welten. Theorie, Technik und mediale Darstellung von Virtualität in der Postmoderne*, Dissertation, Universität Tübingen, Bielefeld: transcript.

Harwardt, Mark/Niermann, Peter F.-J./Schmutte, Andre M./Steuernagel, Axel (Hg.) (2023): *Lernen im Zeitalter der Digitalisierung. Einblicke und Handlungsempfehlungen für die neue Arbeitswelt*, Wiesbaden: Springer Fachmedien.

Heckhausen, Heinz (1965): »Leistungsmotivation (Kap. 13)«, in: Hans Thomae (Hg.) (1965): *Handbuch der Psychologie. Bd. 2*, Göttingen: Hogrefe, S. 602–702.

Heerwagen, Silke/Hernández Vera, Monique/Krug-Gottwald, Daniela/Lübbers, Sven/Rohmann, Nicholas/Westerhoff, Thomas (2023): *Digitale Transformation wirksam gestalten. Handlungsimpulse für Strategie, Struktur, Führung und Kultur*, Wiesbaden: Springer Fachmedien.

Helmold, Marc/Landes, Miriam/Steiner, Eberhard/Dathe, Tracy/Jeschio, Lars (2023): *New Work, Neues Arbeiten virtuell und in Präsenz. Konzepte und Werkzeuge zu innovativer, agiler und moderner Führung*, Wiesbaden: Springer Fachmedien.

Hildebrandt, Ralf (2023): *Die dynamikrobuste Organisation. Von echter Teamarbeit, Dynamikinseln und der Sackgasse Change Management*, München: Vahlen.

Holtschulte, Andreas (2021): *Großbaustelle digitale Transformation. Wie Unternehmen zukunftsfähig bleiben*, Frankfurt: Campus.

Jeschke, Sabina/Kobbelt, Leif/Dröge, Alicia (Hg.) (2014): *Exploring virtuality. Virtualität im interdisziplinären Diskurs*, Wiesbaden: Springer Spektrum.

Kasprowicz, Dawid/Rieger, Stefan (Hg.) (2020): *Handbuch Virtualität*, Wiesbaden: Springer Fachmedien.

Kauffeld, Simone/Rothenbusch, Sandra (Hg.) (2023): *Kompetenzen von Mitarbeitenden in der digitalisierten Arbeitswelt. Chancen und Risiken für kleine und mittlere Unternehmen*, Berlin: Springer.

Klein, Susanne (2020): *60 Tools für den New Work Coach. Transformation aktiv gestalten,* Offenbach: GABAL.

Knuppertz, Thilo/Ahlrichs, Frank (2022): *Prozessmanagement und Agilität. Unternehmen in einem dynamischen Umfeld erfolgreich führen*, Freiburg: Haufe.

Koch/Joachim (2004): *Betriebswirtschaftliches Kosten- und Leistungscontrolling in Krankenhaus und Pflege*, 2., überarb. Aufl., München/Wien: Oldenbourg.

König, Sebastian/Drescher, Simon/Hemel, Ulrich (2022): *Digitale Kompetenz im Beruf*, Stuttgart: Kohlhammer Verlag.

Malanowski, Norbert (2023): *Künstliche Intelligenz im Kontext von Arbeit und Arbeitsforschung*, Aachen: Universitätsbibliothek der RWTH Aachen.

Männel, Wolfgang (1997): *Modernes Ergebniscontrolling für mittelständische Unternehmen. Funktionale Kostenstellenrechnung und Leistungsrechnung – flexible Plankostenrechnung – Leistungscontrolling und Prozesskostenrechnung – genaue Vor-, Plan- und Nachkalkulationen – differenzierende Deckungsbeitragsrechnungen – geschlossene Betriebsergebnisrechnung – schlanke Gesamtlösungen für den Mittelstand*, Lauf an der Pregnitz: Verlag der GAB (Gesellschaft für Angewandte Betriebswirtschaft).

Matheus, Andrea (2021): *Crashkurs New Work. Psychologische Sicherheit für Teamarbeit und Führung*, Freiburg: Haufe.

Meier-Vieracker, Simon/Bülow, Lars/Marx, Konstanze/Mroczynski, Robert (Hg.) (2023): *Digitale Pragmatik*, Berlin/Heidelberg: Springer.

Niodusch, Sabine (2022): *Agiles Projektmanagement nach SCRUM. Dreitägiges Trainingskonzept + Follow-up-Tag*, Bonn: managerSeminare.

Niranjanamurthy, M./Peng, Sheng-Lung/Naresh, E./Jayasimha, S. R./Balas, Valentina Emilia (Hg.) (2022): *Advances in Industry 4.0. Concepts and Applications*, Berlin/Boston: De Gruyter.

Noller, Jörg (2023): *Philosophie der Digitalität. Realität – Virtualität – Normativität*, Heidelberg: J.B. Metzler.

Noller, Jörg (2022): *Digitalität. Zur Philosophie der digitalen Lebenswelt*, Basel: Schwabe Verlagsgruppe.

Nolte, Rüdiger (2022): *New Work & Smart Change. Die digitale Transformation: Staats- und Verwaltungsreform »reloaded«*, Brühl: Hochschule des Bundes für Öffentliche Verwaltung.

Oberländer, Maren (2023): *Digital Competencies at Work*, Dissertation, Heidelberg: Universität Heidelberg.

Obermaier, Robert (Hg.) (2023): *Handbuch Industrie 4.0 und Digitale Transformation. Betriebswirtschaftliche, technische und rechtliche Herausforderungen*, Wiesbaden: Springer Fachmedien.

Opelt, Andreas/Gloger, Boris/Pfarl, Wolfgang/Mittermayr, Ralf (2023): *Der agile Festpreis. Leitfaden für wirklich erfolgreiche IT-Projekt-Verträge*, 4., überarb. Aufl., München: Hanser.

Otte, Timo (2022): *Auswirkungen der Digitalisierung auf die Arbeit in der Produktion unter besonderer Berücksichtigung von New Work*, Masterarbeit, Hamburg: Hochschule für Angewandte Wissenschaften Hamburg.

Pechstein, Arndt/Schwemmle, Martin (2023): *Future Skills Navigator. Eine neue Menschlichkeit für die Welt von morgen*, München: Vahlen.

Peschke, Friedrich/Eckardt, Carsten (2023): *Flexible Produktion durch Digitalisierung. Entwicklung von UseCases*, München: Hanser.

Piwinger, Götz (2020): *New Work für Praktiker. Das unverzichtbare Handbuch für die Personal- und Organisationsentwicklung*, Stuttgart: Schäffer-Poeschel.

Polz, Christian (2024): *Souverän in Führung. Strategien und Mindset für erfolgreiches Leadership in Zeiten von New Work*, Weinheim: Wiley.

Porschen-Hueck, Stephanie (2008): *Austausch impliziten Erfahrungswissens. Neue Perspektiven für das Wissensmanagement*, Wiesbaden: VS, Verlag für Sozialwissenschaften.

Preußig, Jörg/Sichart, Silke (2018): *Agiles Führen. Aktuelle Methoden für moderne Führungskräfte*, Freiburg: Haufe.

Pröbstl, Heike (2023): *Crashkurs Change Management. Transformation erfolgreich gestalten*, Freiburg: Haufe.

Rödler, Erwin (2022): *Entwicklung von Kennzahlensystemen. Ein Konzept zur Prüfung und Steuerung von Geschäftsprozessen*, Stuttgart/Freiburg: Schäffer-Poeschel.

Ruchhöft, Mattias (2023): *Mobile Arbeit aktiv gestalten. Rahmenbedingungen für mobile Arbeit und Homeoffice,* 2., neu bearb. Aufl., Frankfurt: Bund-Verlag.

Rump, Jutta/Eilers, Silke (Hg.) (2022): *Arbeiten in der neuen Normalität. Sieben Trilogien für die neue Arbeitswelt*, Berlin/Heidelberg: Springer.

Schäl, Manfred (1990): *Markoffsche Entscheidungsprozesse*, Stuttgart: Teubner.

Schermuly, Carsten (2022): *New Work Utopia. Zukunftsvision einer besseren Arbeitswelt*, Freiburg: Haufe.

Schröer, Andreas/Blättel-Mink, Birgit/Schröder, Antonius/Späte, Katrin (Hg.) (2023): *Soziale Innovationen in und von Organisationen. Sozialwissenschaftliche Studien zur Transformation von Organisation*, Wiesbaden: Springer Fachmedien.

Schuh, Günther/Zeller, Violett (Hg.) (2022): *Digitalisierungs- und Informationsmanagement*, Berlin: Springer Vieweg.

Seibold, Bettina/Mugler, Walter (2022): *New Work: Neue Arbeitswelten, neue Chancen? Beschäftigteninteressen mit zukunftsorientierten Arbeitsformen verbinden*, Düsseldorf: Hans-Böckler-Stiftung.

Siegmann, Cornelia/Sick, Tobias/Lutz, Elisa/Eichel, Torsten (2023): *Digitale Transformation in der Steuerkanzlei umsetzen. Organisationsstruktur, Arbeitsprozesse und Mandantenbeziehungen 2.0*, Stuttgart: Schäffer-Poeschel.

Stegmaier, Ralf (2023): *Führen in Veränderungsprozessen. Psychologisches Wissen für Change Leader*, Göttingen: Hogrefe.

Stroh, Dominique (2021): *Mythos Agilität: Wie New Work wirklich gelingt,* Stuttgart: Schäffer-Poeschel.

Ternès von Hattburg, Anabel/de Grancy, Clarissa-Diana (Hg.) (2023): *Agenda HR – Digitalisierung, Arbeit 4.0, New Leadership. Was Personalverantwortliche und Management jetzt nicht verpassen sollten*, 2., aktual. u. erg. Aufl., Wiesbaden: Springer Fachmedien.

Thiel, Christine (2021): *New Work. Der mobile Alltag Digitaler Nomaden zwischen Hype und Selbstverwirklichung*, Frankfurt am Main: Campus Verlag.

Thomae, Hans (Hg.) (1965): *Allgemeine Psychologie, Teil 2, Motivation*, Göttingen: Hogrefe.

Weiner, Bernard (1984): *Motivationspsychologie (Human motivation, dt.)*, Weinheim/Basel: Beltz.

Weiner, Bernard (1976): *Theorien der Motivation (Theories of motivation, from mechanism to cognition, dt.)*, Stuttgart: Klett.

Werther, Simon (2023): *New Work oder New Normal? Frag doch einfach! Klare Antworten aus erster Hand!*, Konstanz: UTB.

Wilmott, Paul (2020): *Grundkurs: Machine Learning (Übersetzung aus dem Englischen: Machine Learning. An Applied Mathematics Introduction*), Bonn: Rheinwerk.

Witt, Peter (2023): *Beziehungskompetenz. Soziale Bindung in Zeiten von Digitalisierung und gesellschaftlichen Krisen*, Stuttgart: Kohlhammer.

Zeller, Elmar (2023): *Qualität durch Digitalisierung. Qualitätsmanagement mit KI, Data Mining, Chatbots und Co.*, München: Hanser.

Zornek, Walter (2021): *Agile Strategieumsetzung. Wirkungsvoll führen durch aktives Selbstmanagement*, Freiburg: Haufe.

Stichwortverzeichnis

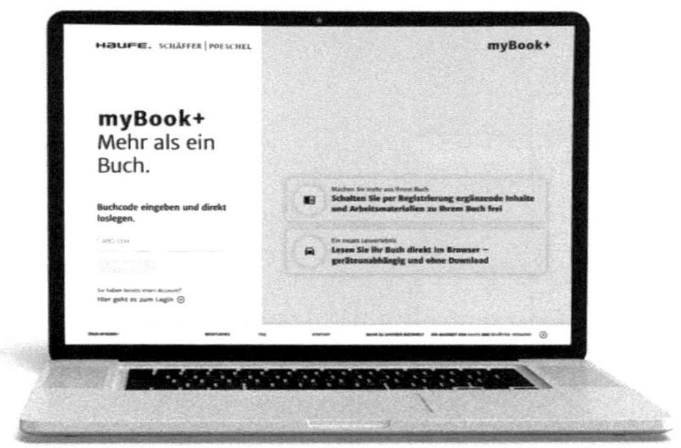

Ihre Online-Inhalte zum Buch: Exklusiv für Buchkäuferinnen und Buchkäufer!

- https://mybookplus.de
- Buchcode: **OMI-42925**